油品销售企业环保系列丛书

环境保护与治理基础知识

王靓 主编

中国石化出版社
HTTP://WWW.SINOPEC-PRESS.COM

内 容 提 要

《环境保护与治理基础知识》是“油品销售企业环保系列丛书”之一。本书从油品销售企业环境保护管理实际需求出发，收集整理了大量现行法律、法规、制度、技术标准等资料，充分结合油库、加油站环境保护方面好的传统和做法，以及新形势下环境保护的管理要求，将环境保护理论依据和实践经验有机融合。本书以油品销售企业油库、加油站以及新业态相关的环境保护基本管理要求作为基础，重点阐述与销售企业相关的环保法律法规及要求，主要污染物的特征、治理方法和监测等知识点，包括环境保护法律法规及相关要求、建设项目环境保护管理、环境污染物、污染防治、污染物排放标准及环境监测、环境突发事件应急管理共六章。

《环境保护与治理基础知识》适合油品销售企业机关、片区、库站等从业者阅读参考。

图书在版编目（CIP）数据

环境保护与治理基础知识 / 王靓主编 . — 北京：中国石化出版社，2020.5

（油品销售企业环保系列丛书）

ISBN 978-7-5114-5761-5

Ⅰ . ①环… Ⅱ . ①王… Ⅲ . ①石油化工企业－企业环境保护－基本知识 Ⅳ . ① X74

中国版本图书馆 CIP 数据核字（2020）第 056258 号

中国石化出版社出版发行

地址：北京市东城区安定门外大街58号

邮编：100011　电话：（010）57512500

发行部电话：（010）57512575

http：//www. sinopec-press. com

E-mail：press@ sinopec. com

北京富泰印刷有限责任公司印刷

*

710×1000毫米　16开本　17.5印张　292千字

2020年6月第1版　2020年6月第1次印刷

定价：72.00元

《环境保护与治理基础知识》

编　委　会

主　　编：王　靓

副 主 编：赵志海

主　　审：李　援　周　进　赵　亮

编写人员：庄旭鹏　牛思雅　腾天骄　肖海明

前言
PREFACE

好书不厌百回读，熟读深思子自知。收获一本好书犹如结识一位挚友，在安静中相识，在交流中收获，在深入后自省。《油品销售企业环保系列丛书》正是这样一位良师益友，通过反复地阅读，会让每位读者对成品油零售行业的环保工作有了崭新的认识，也更深刻地领悟"绿水青山就是金山银山""山水林田湖草是生命共同体"的真谛。

近年来，生态环境的持续恶化已经严重影响了正常的生产生活秩序。国家重拳出击，以雷霆之势迅速打响蓝天、碧水、净土污染防治"三大战役"。绿色环保已经成为企业健康快速发展的前置条件，更成为在严苛市场竞争中的金字招牌、企业的核心竞争力。

作为"美丽中国"的践行者，中国石化销售企业的员工必须要有"打铁还需自身硬"的态度，扎实工作，努力让环保工作再上一个新台阶。这套从实践中来再到实践中去的丛书，深入浅出、简洁明了地讲解知识，以点带面，易读好用。不仅系统进行了知识梳理，还从突发事件的应急处置到前车之鉴的事故案例，提示了各类环保隐患和风险，同时还创新性地融入了互动交流模式，提纲挈领、阐述要点，值得推荐。

进学致和，行方思远。希望我们每一位读者在此书的阅读中，学有所思、学有所获、学以致用，共同建设美丽中国。

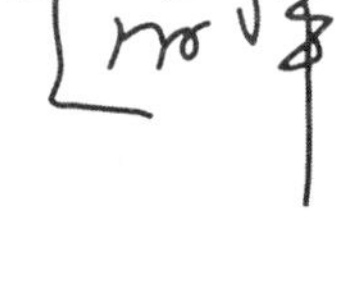

目录

CONTENTS

第一章

环境保护法律法规及相关要求

扫码即获更多阅读体验

本章主要介绍环境保护法律、法规和标准体系概况，阐述了油品销售企业涉及的环境影响评价、环境保护税、排污许可、总量控制等重要环境保护制度，以及环境保护有关的标准体系，并对按日连续处罚、信息公开、查封扣押等重要环境保护办法做介绍。

要点导图

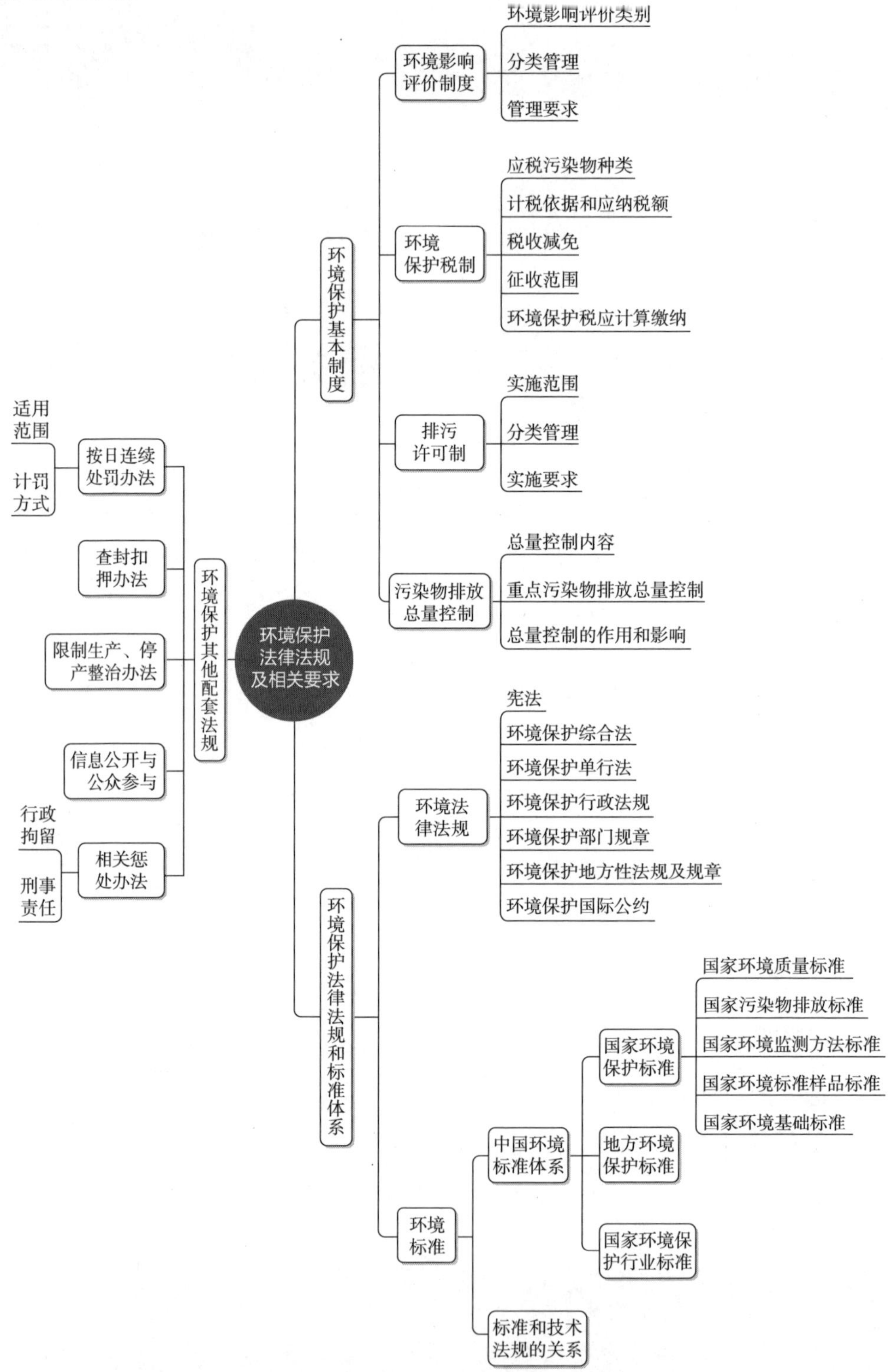

环境保护法律法规及相关要求
环境保护基本制度
环境影响评价制度
环境影响评价类别
分类管理
管理要求
环境保护税制
应税污染物种类
计税依据和应纳税额
税收减免
征收范围
环境保护税应计算缴纳
排污许可制
实施范围
分类管理
实施要求
污染物排放总量控制
总量控制内容
重点污染物排放总量控制
总量控制的作用和影响
环境保护法律法规和标准体系
环境法律法规
宪法
环境保护综合法
环境保护单行法
环境保护行政法规
环境保护部门规章
环境保护地方性法规及规章
环境保护国际公约
环境标准
中国环境标准体系
国家环境保护标准
国家环境质量标准
国家污染物排放标准
国家环境监测方法标准
国家环境标准样品标准
国家环境基础标准
地方环境保护标准
国家环境保护行业标准
标准和技术法规的关系
环境保护其他配套法规
按日连续处罚办法
适用范围
计罚方式
查封扣押办法
限制生产、停产整治办法
信息公开与公众参与
相关惩处办法
行政拘留
刑事责任

第一节　环境保护法律法规和标准体系

环境保护法律法规是我国防治污染、保护环境的行为准则，是组织和公众的必修课，也是世界各国保护资源环境共同的手段。国际标准化组织颁布的ISO 14001：2015《环境管理体系–要求及使用指南》中明确指出，组织的环境方针要对遵守有关环境的法律法规和组织应遵守的其他要求做出承诺。这个要求明确表明，遵守国家和地方的环境保护法律、法规和其他要求是一个组织最起码的义务，也是组织建立环境管理体系的基本要求。

环境保护法律、法规内容十分广泛，涉及社会、经济、自然环境等方方面面，要想全面掌握需对环保法律、法规的条文进行认真的阅读和研究，本章就环境法律法规体系结构详细介绍。

一　环境法律法规

从我国现行立法体系下法律法规的效力来看，环境法律法规体系主要由如下几个层次构成，如图1–1所示。

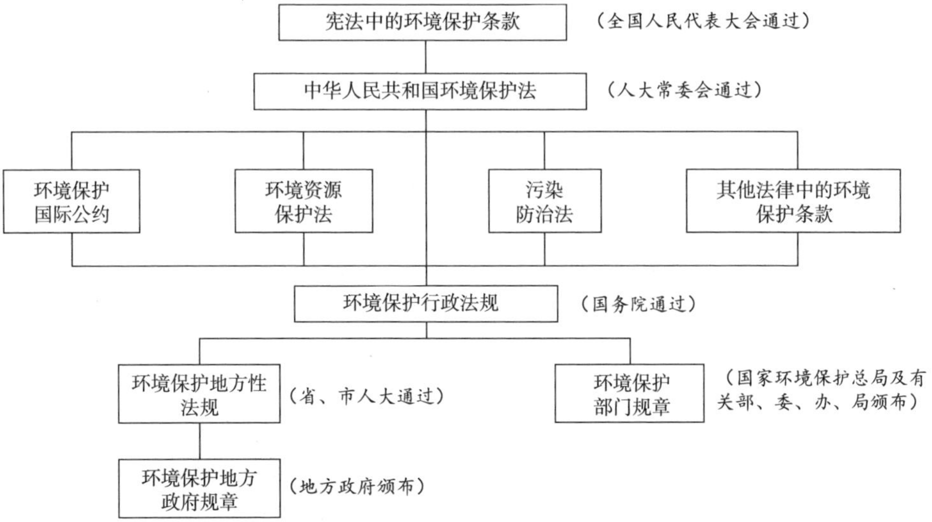

图1–1　环境保护法律体系结构图

（一）宪法

宪法关于环境保护的规定，在我国环境保护法律法规体系中处于最高的地位，是环境保护法的基础，是各种环境保护法律、法规、规章制定的依据。

《中华人民共和国宪法》（2018年修正）是环境保护立法的依据和指导原则，主要规定了国家在合理开发、利用、保护、改善环境和自然资源方面的基本权利、义务、方针和政策等基本问题。国家宪法中涉及的环境保护的主要条款有：

第9条规定："国家保障自然资源的合理利用，保护珍贵的动物和植物。禁止任何组织或者个人用任何手段侵占或者破坏自然资源。"

第10条规定："一切使用土地的组织或个人必须合理地利用土地。"

第26条规定："国家保护和改善生活环境和生态环境，防治污染和其他公害。国家组织和鼓励植树造林，保护林木。"

（二）环境保护综合法

环境保护综合法在环境保护法律法规体系中，除宪法外占有核心地位，有"环境宪法"之称。中国的环境保护综合法是指《中华人民共和国环境保护法》，该法于1989年通过，2014年最新修订，2015年1月1日起施行。

（三）环境保护单行法

环境保护单行法是针对特定的环境保护对象、领域或特定的环境管理制度而进行专门调整的立法，是宪法和环境保护综合法的具体化，是实施环境管理、处理环境纠纷的直接法律依据，其地位和效力仅次于环境保护综合法。

环境保护单行法包括污染防治法（如水污染防治法、大气污染防治法、土壤污染防治法、固体废物污染防治法、噪声污染防治法、放射性污染防治法等），生态（资源）保护法（如水土保持法、野生动物保护法、防沙治沙法等），海洋环境保护法、环境保护税法和环境影响评价法等。

（四）环境保护行政法规

环境保护行政法规是中华人民共和国国务院（以下简称国务院）依照宪法和法律的授权，按照法定程序颁布或通过的关于环境保护方面的行政法规，其效力低于环境保护综合法和环境保护单行法；起解释法律、规定环境执法的行政程序等作用，在一定程度上弥补环境保护综合法和环境保护单行法的不足，对环境法律的执行起到补充和指导作用。例如《城镇排水与污水处理条例》《中华人民共和国环境保护税法实施条例》《建设项目环境保护管理条例》等。

（五）环境保护部门规章

环境保护部门规章是由环境保护行政主管部门以及其他有关行政机关依照《立法法》授权制定的关于环境保护的行政规章，效力低于环境保护行政法规。一般是由国务院环境保护行政主管部门单独发布或与国务院有关部门联合发布的环境保护规范性文件，以及国务院各部门依法制定的环境保护规范性文件。主要是指国务院所属各部、委和其他依法有行政规章制定权的国家行政部门制定的有关合理开发、利用、保护、改善环境和资源方面的行政规章。

政府部门行政规章是以环境保护法律和行政法规为依据而制定的，或者是针对某些尚未有相应法律和行政法规调整的领域做出相应规定。与国务院制定的行政法规相比，国务院所属各部门制定的部门规章和标准数量更大、技术性更强，是实施环境与资源保护法律法规的具体规范，例如《建设项目竣工环境保护验收暂行办法》《排污许可证管理暂行办法》《固定污染源排污许可分类管理名录》《国家危险废物名录》《突发环境事件调查处理办法》《环境保护主管部门实施按日连续处罚办法》等。

（六）环境保护地方性法规及规章

环境保护地方性法规及规章位阶较低，其内容不得与法律、行政法规相抵触。它是享有立法权的地方权力机关和地方政府机关依据宪法和相关法律制定的环境保护规范性文件，一般由各省、自治区、直辖市人民政府和其他依法有地方行政规章制定的地方人民政府制定的有关合理开发、利用、保护、改善环境和资源方面的地方行政规章。它是根据本地实际情况和特定环境问题制定的，并在本地区实施，有较强的可操作性。例如，《北京市大气污染防治条例》《广东省饮用水源水质保护条例》《北京市固定污染源自动监控管理办法》《北京市生活垃圾管理条例》等。

（七）环境保护国际公约

环境保护国际公约与我国环境法有不同规定的，优先适用国际公约的规定，但我国声明保留的条款除外。例如《联合国气候变化框架公约》《京都议定书》《关于消耗臭氧层物质的蒙特利尔议定书》《关于在国际贸易中对某些危险化学品和农药采用事先知情同意程序的鹿特丹公约》《关于持久性有机污染物的斯德哥尔摩公约》《生物多样性公约》《（生物多样性公约）卡塔赫纳生物安全议定书》和《联合国防治荒漠化公约》等，除中国宣布予以保留的条款外，它们都构成中国环境法体系的一个组成部分。

二 环境标准

标准化和标准的实施是现代社会的重要标志。所谓标准化，按国际标准化组织（ISO）的定义是：为了所有有关方面的利益，特别是为了促进最佳的全面经济效果，并适当考虑产品使用条件与安全要求，在所有有关方面的协作下，进行有秩序的特定活动，制定并实施各项规则的过程。而标准则是“经公认的权威机构批准的一项特定标准化工作成果”，它通常以一项文件，并规定一整套必须满足的条件或基本单位来表示。

环境标准是标准中的一类，目的是为了防止环境污染，维护生态平衡，保护人群健康，对环境保护工作中需要统一的各项技术规范和技术要求所作的规定。环境标准是政策、法规的具体体现，是环境管理的技术基础。

环境标准也是环境保护法律法规体系的一个组成部分，是环境执法和环境管理工作的技术依据。我国的环境标准分为国家环境保护标准、地方环境保护标准和国家环境保护行业标准。

国家环境保护标准包括国家环境质量标准、国家污染物排放标准（或控制标准）、国家环境监测方法标准、国家环境标准样品标准、国家环境基础标准。地方环境保护标准包括地方环境质量标准和地方污染物排放标准。

（一）中国环境标准体系

中国环境标准体系分为国家环境保护标准、地方环境保护标准和国家环境保护行业标准，其体系构成见图1–2。

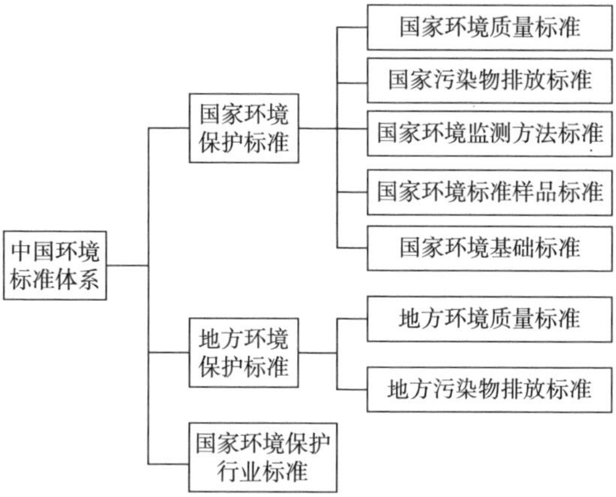

图1-2　中国环境标准体系

1. 国家环境保护标准

国家环境保护标准包括国家环境质量标准、国家污染物排放标准、国家环境监测方法标准、国家环境标准样品标准和国家环境基础标准共5类。

1）国家环境质量标准

国家环境质量标准目的是为了保障人群健康、维护生态环境和保障社会物质财富，并留有一定安全余量，对环境中有害物质和因素所作的限制性规定。它是衡量环境质量的依据、环保政策的目标、环境管理的依据，也是制定污染物排放标准的基础。

2）国家污染物排放标准

根据国家环境质量标准，以及采用的污染控制技术，并考虑经济承受能力，对排入环境的有害物质和产生污染的各种因素所作的限制性规定。一般也称为污染物控制标准。

3）国家环境监测方法标准

国家环境监测方法标准是为监测环境质量和污染物排放，规范采样、样品处理、分析测试、数据处理等所作的统一规定，包括对分析方法、测定方法、采样方法、实验方法、检验方法等所作的统一规定。环境中最常见的是分析方法、测定方法和采样方法。

4）国家环境标准样品标准

国家环境标准样品标准是为了保证环境监测数据的准确、可靠，对用于量值传递或质量控制的材料、实物样品研制标准物质，形成标准样品。标准样品在环境管理中起着甄别的作用，不仅可用来评价分析仪器，鉴别其灵敏度而且可验证分析方法，评价分析者的技术，使操作技术规范化。

5）国家环境基础标准

对环境标准工作中需要统一的技术性术语、符号、代号（代码）、图形、量纲、单位，以及信息编码等所作的统一规定，称为国家环境基础标准。

除上述环境标准外，在环境保护工作中，对还需要统一的技术要求也制定了一些标准，包括：执行各项环境管理制度、检测技术、环境区划、规划的技术要求、规范、导则等。例如环保仪器、设备标准等，它是为了保证污染治理设备的效率和环境监测数据的可靠性和可比性，对环保仪器、设备的技术要求所作的规定。

2. 地方环境保护标准

中国幅员辽阔，自然条件、环境基本状况、经济基础、产业分布、主要污染因子差异较大，有时一项标准很难覆盖和适应全国。制定地方环境保护标准是对国家环境保护标准的补充和完善。但应注意，拥有地方环境保护标准制定权限的单位为省、自治区、直辖市人民政府。

地方环境保护标准包括地方环境质量标准和地方污染物排放标准。环境标准样品标准、环境基础标准等不制定相应的地方标准。地方标准通常增加国家标准中未作规定的污染物项目，或制定“严于”国家污染物排放标准中的污染物浓度限值。

所以，国家环境保护标准与地方环境保护标准的关系在执行方面，地方环境保护标准优先于国家环境保护标准。近年来为控制环境质量的恶化趋势，一些地方已将总量控制指标纳入地方环境保护标准。

3. 国家环境保护行业标准

污染物排放标准分为综合排放标准和行业排放标准。各类行业的生产特点不同，排放污染物的种类、强度、方式差别很大。例如，冶金行业废水以重金属污染物为主，有机化工厂废水以有机污染物为主，印染废水特征污染物是色度。行业排放标准是针对特定行业生产工艺，产污、排污状况和污染控制技术评估、污染控制成本分析，并参考国外排放法规和典型污染源达标案例等综合情况后制定的污染排放控制标准；而综合排放标准适用于没有行业排放标准的所有领域。显然行业排放标准是根据行业的污染情况所制定的，它更具有可操作性。根据技术、人力和经济可能性，应该逐步、大幅度增加行业排放标准，逐步缩小综合排放标准的适用面。

综合排放标准与行业排放标准不交叉执行，行业排放标准优先执行。有行业排放标准的单位，其污染物排放执行行业排放标准；没有行业排放标准的单位，其污染物排放执行综合排放标准。

（二）标准和技术法规的关系

目前中国环境标准分为强制性环境标准和推荐性环境标准。环境质量标准和污染物排放标准及法律、法规规定必须执行的其他环境标准为强制性环境标准。强制性环境标准必须执行，超标即违法。强制性环境标准以外的环境标准属于推荐性环境标准。国家鼓励采用推荐性环境标准。如果推荐性环境标准被强制性环境标准采用，也必须强制执行。

第二节　环境保护基本制度

在油品销售企业，环境保护法规主要涉及废水、废气、固废、噪声等污染防治要求，此外，建设项目环境影响评价、环境保护税、排污许可等要求在日常管理中也经常涉及，是油品销售企业环境保护管理的重要基础。

一　环境影响评价制度

环境影响评价，是指对规划和建设项目实施后可能造成的环境影响进行分析、预测和评估，提出预防或者减轻不良环境影响的对策和措施，以及进行跟踪监测的方法与制度。法律强制规定环境影响评价为指导人们开发活动的必须行为，成为环境影响评价制度，是贯彻“预防为主”环境保护方针的重要手段。

（一）环境影响评价类别

1. 按时间顺序分类

环境影响评价按时间顺序分为环境现状评价、环境影响预测与评价及环境影响后评价。

（1）环境现状影响评价。在项目已经建设、稳定运行一段时间后，产生的各类污染物达标排放，与周围环境已经形成稳定系统，根据各类污染物监测结果来评价该建设项目建设后对该地域环境是否产生影响，是否在环境可接受范围内。

（2）环境预测与评价。根据地区发展规划对拟建立的项目进行环境影响分析，预测该项目建设后产生的各类污染物对外环境产生的影响，并做出的评价。在油品销售企业，新建、改建、扩建项目的环境影响评价一般来说都属于环境预测与评价，建设项目未经环境影响评价并取得政府主管部门批复不得开工建设。

（3）环境影响后评价，也称为跟踪评价。主要是针对大型建设项目和环评规划，在建设过程中或者建设后项目实施过程中进行跟踪评价，当项目出现了与预定的结果有较大差异时必须改进的一种评价制度，跟踪评价是现阶段环境管理的重要手段之一。

2. 按评价对象分类

按照评价对象，环境影响评价分为规划和建设项目环境影响评价。

（1）规划评价是指国务院有关部门、设区的市级以上地方人民政府及其有关部门，对其组织编制的土地利用的有关规划，区域、流域、海域的建设、开发利用规划，应当在规划编制过程中组织进行环境影响评价，编写该规划有关环境影响的篇章或者说明。

（2）建设项目是指环境影响评价对于新建、改建、扩建项目和技术改造项目，为了防止建设项目产生的污染、破坏生态环境，在开工建设前按照相关要求开展的环境影响评价。

3. 按环境要素分类

按照环境要素，可以分为大气、地表水、地下水、土壤、声、固体废物和生态环境影响评价等。

（二）环境影响评价分类管理

国家根据建设项目特征和所在区域的环境敏感程度，综合考虑建设项目对环境的影响程度，对建设项目的环境影响评价实行分类管理。建设单位应当按照相关规定组织编制环境影响评价文件。环境影响评价分类管理的具体要求在第二章有详细介绍。

（三）环境影响评价管理要求

1. 环境影响评价报告的主要内容

环境影响评价报告的主要内容，应包括以下几方面：

（1）建设项目概况。

（2）建设项目周围环境状况调查。

（3）建设项目对周围环境近期和远期的影响分析和预测。

（4）环境影响的损益分析。

（5）环境保护措施及其经济、技术论证。

（6）对建设项目实施环境监测的建议。

（7）环境影响评价结论，要对建设项目是否符合环保要求，防治污染的措施是否可行，经济是否合理做出科学的回答。

2. 环境影响评价的编制管理要求

（1）环境影响评价文件中的环境影响报告书或者环境影响报告表，应当由具有相应编制能力的机构编制。

（2）建设项目的环境影响报告书、报告表，由建设单位按照国务院的规定报有审批权的环境保护行政主管部门审批。

（3）建设项目的环境影响评价文件未依法经审批部门审查或者审查后未予批准的，建设单位不得开工建设。

3. 环境影响评价报告的执行落实

（1）建设项目的环境影响评价文件经批准后，建设项目的性质、规模、地点、采用的生产工艺或者防治污染、防止生态破坏的措施发生重大变动的，建设单位应当重新报批建设项目的环境影响评价文件。

（2）建设单位必须按照地方政府环境保护部门的环境影响批复意见，逐项落实项目环境保护措施。

（3）项目投产运行后，建设项目的环境影响评价文件自批准之日起超过五年，方决定该项目开工建设的，其环境影响评价文件应当报原审批部门重新审核；原审批部门应当自收到建设项目环境影响评价文件之日起十日内，将审核意见书面通知建设单位。

二　环境保护税

2016年12月25日，十二届全国人大常委会第二十五次会议通过了环境保护税法，自2018年1月1日起施行。环境保护税法是我国第一部专门体现“绿色税制”的单行税法，对保护和改善环境、减少污染物排放、推进生态文明建设具有重要意义。

征收环境保护税有利于构建绿色税制体系，进一步强化税收在生态环境方面的调控作用，形成有效约束和激励机制，加快建立绿色生产和消费的法律制度和政策导向，倒逼高污染、高耗能产业转型升级，推动经济结构调整和发展方式转变。

（一）应税污染物种类

现行环境保护税征税对象包括大气污染物、水污染物、固体废物和噪声四类污染物，以污染物排放量为计税依据进行核算。

现行标准大气污染物税额幅度为每污染当量1.2~12元，水污染物税额幅度为每污染当量1.4~14元，具体适用税额由各省（自治区、直辖市）统筹考虑本地区环境承载能力、污染物排放现状和经济社会生态发展目标要求确定。环境保护税税目税额详见表1–1。

固体废物按不同种类，税额标准为每吨5~1000元。噪声按超标分贝数，税额标准为每月350~11200元。

环境保护税采取“企业申报、税务征收、环保协同、信息共享”的征管模式。

表1–1　环境保护税税目税额表

<table>
<tr><th colspan="2">税目</th><th>计税单位</th><th>税额/元</th><th>备注</th></tr>
<tr><td colspan="2">大气污染物</td><td>每污染当量</td><td>1.2~12</td><td></td></tr>
<tr><td colspan="2">水污染物</td><td>每污染当量</td><td>1.4~14</td><td></td></tr>
<tr><td rowspan="2">固体废物</td><td>危险废物</td><td>每吨</td><td>1000</td><td rowspan="2"></td></tr>
<tr><td>冶炼渣、粉煤灰、炉渣、其他固体废物（含半固态、液态废物）</td><td>每吨</td><td>25</td></tr>
<tr><td rowspan="6">噪声</td><td rowspan="6">工业噪声</td><td>超标1~3dB</td><td>350（每月）</td><td rowspan="6">（1）一个单位边界上有多处噪声超标，根据最高一处超标声级计算应纳税额；当沿边界长度超过100m有两处以上噪声超标，按照两个单位计算应纳税额。
（2）一个单位有不同地点作业场所的，应当分别计算应纳税额，合并计征。
（3）昼、夜均超标的环境噪声，昼、夜分别计算应纳税额，累计计征。
（4）声源一个月内超标不足15天的，减半计算应纳税额。
（5）夜间频繁突发和夜间偶然突发厂界超标噪声，按等效声级和峰值两种指标中超标分贝值高的一项计算应纳税额</td></tr>
<tr><td>超标4~6dB</td><td>700（每月）</td></tr>
<tr><td>超标7~9dB</td><td>1400（每月）</td></tr>
<tr><td>超标10~12dB</td><td>2800（每月）</td></tr>
<tr><td>超标13~15dB</td><td>5600（每月）</td></tr>
<tr><td>超标16dB以上</td><td>11200（每月）</td></tr>
</table>

注：本表节选自《环境保护税法》附表一。

（二）计税依据和应纳税额

依照我国环境保护税法规定征收环境保护税，不再征收排污费，应税污染物的计税依据，按照下列方法确定。

1. 应税大气污染物

应税大气污染物按照污染物排放量折合的污染当量数确定。每一排放口或者没有排放口的应税大气污染物，按照环境保护税法所附《应税污染物和当量值表》，根据计算出来的污染当量数从大到小排序，对前三项污染物征收环境保护税。在油品销售企业，成品油挥发性有机物里的主要应税污染物为苯、甲苯、二甲苯，其相关污染物当量值详见表1–2。

表1–2　大气染物污染当量值

污染物	污染当量值/kg	污染物	污染当量值/kg
1. 二氧化硫	0.95	21. 苯	0.05
2. 氮氧化物	0.95	22. 甲苯	0.18
3. 一氧化碳	16.70	23. 二甲苯	0.27
11. 一般性粉尘	4.00	25. 甲醛	0.09
12. 石棉尘	0.53	28. 甲醇	0.67
20. 烟尘	2.18	29. 酚类	0.35

注：本表节选自《环境保护法》附件二。

2. 应税水污染物

应税水污染物按照污染物排放量折合的污染当量数确定。每一排放口的应税水污染物，按照环境保护税法附件二《应税污染物和当量值表》，区分第一类水污染物和其他类水污染物，按照污染当量数从大到小排序，对第一类水污染物按照前五项征收环境保护税，对其他类水污染物按照前三项征收环境保护税。在油品销售企业，常规的水污染物为第二类水污染物，其各类污染物当量值详见表1–3，pH值、色度等水污染物污染当量值详见表1–4，其他水污染物的当量计算可参照表1–5。

表1–3　水污染物污染当量值

污染物	污染当量值/kg	备注
11. 悬浮物（*SS*）	4.00	

续表

污染物	污染当量值/kg	备注
12. 生化需氧量（BOD_5）	0.50	同一排放口中的化学需氧量、生化需氧量和总有机碳，只征收一项
13. 化学需氧量（COD_{Cr}）	1.00	
14. 总有机碳（*TOC*）	0.49	
15. 石油类	0.10	
16. 动植物油	0.16	
17. 挥发酚	0.08	
20. 氨氮	0.80	
25. 阴离子表面活性剂（LAS）	0.20	
30. 总磷	0.25	
31. 单质磷（以P计）	0.05	
43. 苯	0.02	
44. 甲苯	0.02	
45. 乙苯	0.02	
54. 苯酚	0.02	

注：本表节选自《环境保护税法》附表二。

表1-4　pH值、色度、大肠菌群数、余氯量水污染物污染当量值

污染物		污染当量值	备注
1. pH值	①0～1，13～14	0.06t废水	pH5～6指pH值大于等于5，小于6；pH9～10指pH值大于9、小于等于10；其余类推
	②1～2，12～13	0.125t废水	
	③2～3，11～12	0.25t废水	
	④3～4，10～11	0.5t废水	
	⑤4～5，9～10	1t废水	
	⑥5～6	5t废水	
2. 色度		5t水·倍	
3. 大肠菌群数（超标）		3.3t废水	大肠菌群数和余氯量只征收1项
4. 余氯量（用氯消毒的医院废水）		3.3t废水	

注：本表节选自《环境保护税法》附表二。

表1-5　养殖业、小型企业和第三产业水污染物污染当量值

类型	污染当量值		备注
禽畜养殖场	1. 牛	0.1头	仅对存栏规模大于50头牛、500头猪、5000羽鸡鸭等的禽畜养殖场征收
	2. 猪	1头	
	3. 鸡、鸭等家禽	30羽	
4. 小型企业	1.8t废水		

续表

类型	污染当量值		备注
5. 饮食娱乐服务业	0.5t废水		
6. 医院	消毒	0.14床	医院病床数大于20张的按照本表计算污染当量
		2.8t废水	
	不消毒	0.07床	
		1.4t废水	

注：本表仅适用于计算无法进行实际监测或者物料衡算的畜禽养殖业、小型企业和第三产业等小型排污者的水污染物污染当量数。

本表节选自《环境保护税法》附表二。

3. 应税固体废物

应税固体废物按照固体废物的排放量确定。固体废物的排放量为当期应税固体废物的产生量减去当期应税固体废物的储存量、处置量、综合利用量的余额。其中固体废物的储存量、处置量，是指符合国家和地方环境保护标准的设施、场所储存或者处置的固体废物数量；固体废物的综合利用量，是指按照国务院发展改革、工业和信息化主管部门关于资源综合利用要求以及国家和地方环境保护标准进行综合利用的固体废物数量。如果发生非法倾倒应税固体废物或进行虚假纳税申报，则需缴纳相应的固体废物环境保护税。

因此，当油库、加油站按照符合国家和地方环境保护标准的设施、场所储存危险废物，委托有资质单位按照联单转移管理办法处置固体废物，实现合规处置，则无须缴纳固体废物环境保护税。

4. 应税噪声

应税噪声按照超过国家规定标准的分贝数确定，详见表1-1。

5. 应税污染物计算方法

应税大气污染物、水污染物、固体废物的排放量和噪声的分贝数，按照下列方法和顺序计算。

（1）纳税人安装使用符合国家规定和监测规范的污染物自动监测设备的，按照污染物自动监测数据计算。

（2）纳税人未安装使用污染物自动监测设备的，按照监测机构出具的符合国家有关规定和监测规范的监测数据计算。

（3）因排放污染物种类多等原因不具备监测条件的，按照国务院生态环境主管部门规定的排污系数、物料衡算方法计算。

（4）不能按照第（1）～第（3）项规定的方法计算的，应按照省、自治区、直辖市人民政府生态环境主管部门规定的抽样测算的方法核定计算。

6. 应纳税额计算

环境保护税应纳税额按照下列方法计算：

（1）应税大气污染物的应纳税额为污染当量数乘以具体适用税额。

（2）应税水污染物的应纳税额为污染当量数乘以具体适用税额。

（3）应税固体废物的应纳税额为固体废物排放量乘以具体适用税额。

（4）应税噪声的应纳税额为超过国家规定标准的分贝数对应的具体适用税额。

（三）税收减免

纳税人排放应税大气污染物或者水污染物的浓度值低于国家和地方规定的污染物排放标准30%的，减按75%征收环境保护税。纳税人排放应税大气污染物或者水污染物的浓度值低于国家和地方规定的污染物排放标准50%的，减按50%征收环境保护税。环境保护税减免征收如图1-3所示。

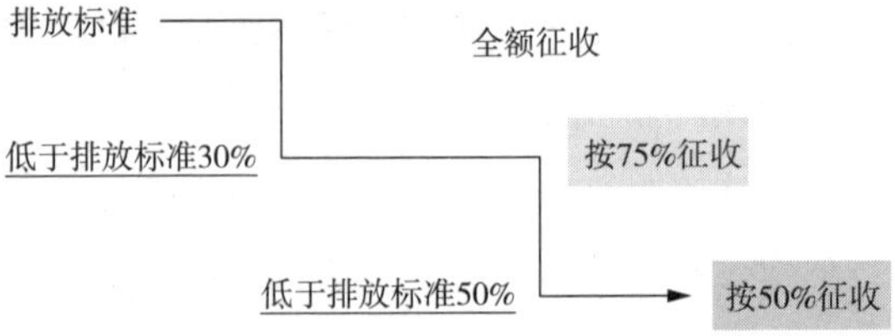

图1-3 环境保护税减免征收示意图

（四）征收范围

环境保护税的征收范围是直接向环境排放应税污染物（包括废水、废气、噪声、固废）的经营者。例如，油库、加油站废气经油气回收处理后达标排放，应按照地方政府的要求缴纳环境保护税，其计算方式可按照相关行业标准或地方标准执行。油库、加油站、服务区等废水直接向周边江河湖海排放污染物需缴纳环保税；油库、加油站等废水达标排入市政管道后在市政废水厂集中处理的，不属于环保税范畴，应按地方政府要求缴纳污水处理费。

（五）环境保护税应计算缴纳

环境保护税法将直接向环境排放应税污染物的企业事业单位和其他生产经营者确定为纳税人，将大气污染物、水污染物、固体废物和噪声四类污染物列为征税对象。对税务机关和纳税人来说，环境保护税计算缴纳方式如下。

$$E = Q + S + G + Z$$

式中　E——应纳税总金额，元；

Q——大气污染物环境保护税，元；

S——水污染物环境保护税，元；

G——固体废物环境保护税，元；

Z——噪声环境保护税，元。

1. 应税大气污染物

环境保护税法第八条规定，应税大气污染物、水污染物的污染当量数，以该污染物的排放量除以该污染物的污染当量值计算。每种应税大气污染物、水污染物的具体污染当量值，依照环境保护税法附表二《应税污染物和当量值表》执行。

依据环保税法第九条第一款规定，每一排放口或者没有排放口的应税大气污染物，按照污染当量数从大到小排序，对前三项污染物征收环境保护税。

第十一条第（一）项规定，应税大气污染物的应纳税额为污染当量数乘以具体适用税额。

计算方式如下：

应税大气污染物的应纳税额＝污染当量数（前三项）×具体适用税额

应税大气污染物污染当量数＝该污染物排放量/该污染物的污染当量值

【案例1】 某企业2019年1月向大气直接排放二氧化硫、氟化物各10kg，一氧化碳、氯化氢各100kg。如其所在省大气污染物适用税额为1.2元/每污染当量。这家企业只有一个排放口，计算该企业1月大气污染物应缴纳的环境保护税。0.95、0.87、16.7、10.75分别为相应污染物的污染当量值（单位：kg）。其计算方式如下。

第一步，计算各污染物的污染当量数（单位：kg）。

二氧化硫：10÷0.95=10.53；

氟化物：10÷0.87=11.49；

一氧化碳：100÷16.7=5.99；

氯化氢：100÷10.75=9.3。

第二步，按污染物的污染当量数排序，如下：

氟化物（11.49）＞二氧化硫（10.53）＞氯化氢（9.3）＞一氧化碳（5.99）。

第三步，计算应纳税额。

氟化物：11.49×1.2=13.79；

二氧化硫：10.53×1.2=12.63；

氯化氢：9.3×1.2=11.16；

应纳税额=13.79+12.63+11.16=37.58（元）。

在油品销售企业，大气污染物主要是排放VOCs中的苯、甲苯、二甲苯，其应税额计算方式如下：

第一步，计算大气污染物排放数量W_i

$$W_i = L \times C$$

式中 L——VOCs总排放量，kg；

C——汽油、柴油中的三苯质量比例系数，见表1-6也可采用实测数据。

表1-6 油三苯质量比系数

项 目	汽油（C_G）	柴油（C_D）
苯	1.0517	0.8229
甲苯	1.2464	0.3774
二甲苯	0.3606	0.0914

注：企业可以自行监测分析。其监测分析方法经提交环保部门审查合格后，其监测分析结果可予以采纳。

第二步，计算VOCs中苯、甲苯、二甲苯的应纳税额。

$$Q_{苯} = (W_{苯} \div 0.05) \times \text{大气污染物苯的当量税额}$$

式中 $W_{苯}$——大气污染苯的排放量；

0.05——污染物苯的当量值，kg。

$$Q_{甲苯} = (W_{甲苯} \div 0.18) \times \text{大气污染物甲苯的当量税额}$$

式中 $W_{甲苯}$——大气污染甲苯的排放量；

0.18——污染物甲苯的当量值，kg。

$$Q_{二甲苯} = (W_{二甲苯} \div 0.27) \times \text{大气污染物二甲苯的当量税额}$$

式中 $W_{二甲苯}$——大气污染二甲苯的排放量；

0.27——污染物二甲苯的当量值，kg。

第三步，计算大气污染物的应纳税总额。

$$Q = Q_{苯} + Q_{甲苯} + Q_{二甲苯}$$

式中　$Q_{苯}$——苯的环保税额，元；

$Q_{甲苯}$——甲苯的环保税额，元；

$Q_{二甲苯}$——二甲苯的环保税额，元。

2. 应税水污染物

环境保护税法第九条第二款规定，每一排放口的应税水污染物，按照环境保护税法附表二《应税污染物和当量值表》，区分第一类水污染物和其他类水污染物，按照污染当量数从大到小排序，对第一类水污染物按照前五项征收环境保护税，对其他类水污染物按照前三项征收环境保护税。

第十一条第（二）项规定，应税水污染物的应纳税额为污染当量数乘以具体适用税额。

计算方式：

应税水污染物的应纳税额 = 污染当量数（第一类前五项、其他类前三项）× 具体适用税额。

应税水污染物污染当量数 = 该污染物排放量 / 该污染物的污染当量值。

【案例2】 某企业2019年1月向水体直接排放第一类水污染物总汞、总镉、总铬、总砷、总铅、总银各10kg。排放第二类水污染物悬浮物（*SS*）、总有机碳（*TOC*）、挥发酚、氨氮各10kg。如其所在省水污染物适用税额为1.4元/每污染当量。计算该企业1月水污染物应缴纳的环境保护税。0.0005、0.005、0.04、0.02、0.025、0.02分别为第一类水污染物的污染当量值；4、0.49、0.08、0.8分别为第二类水污染物的污染当量值（单位：kg）。

第一步，计算第一类水污染物的污染当量数（单位：kg）。

总汞：10 ÷ 0.0005=20000

总镉：10 ÷ 0.005=2000

总铬：10 ÷ 0.04=250

总砷：10 ÷ 0.02=500

总铅：10 ÷ 0.025=400

总银：10 ÷ 0.02=500

第二步，对第一类水污染物污染当量数排序：

总汞（20000）＞总镉（2000）＞总砷（500）＝总银（500）＞总铅（400）＞总铬（250）。

第三步，计算第一类水污染物应纳税额（单位：元）。

总汞：20000 × 1.4=28000

总镉：2000 × 1.4=2800

总砷：500 × 1.4=700

总银：500 × 1.4=700

总铅：400 × 1.4=560

因此，第一类水污染物应纳税金额 =28000+2800+700+700+560=32760（元）。

第四步，计算第二类水污染物的污染当量数（单位：kg）。

悬浮物（*SS*）：10 ÷ 4=2.5

总有机碳（*TOC*）:10 ÷ 0.49=20.41

挥发酚：10 ÷ 0.08=125

氨氮：10 ÷ 0.8=12.5

第五步，对第二类水污染物污染当量数排序：

挥发酚（125）＞总有机碳（20.41）＞氨氮（12.5）＞悬浮物（2.5）。

第六步，计算第二类水污染物应纳税额（单位：元）。

挥发酚：125 × 1.4=175

总有机碳：20.41 × 1.4=28.57

氨氮：12.5 × 1.4=17.5

第一类水污染物应纳税金额 =175+28.57+17.5=221.07（元）。

在油品销售企业，污水中常规量比较大的有第二类污染物中的石油类、化学需氧量（COD_{Cr}）、悬浮物（*SS*）、氨氮，以及pH值、色度等指标，其应税额计算方式如下：

第一步，计算污染物排放总量。

$$P_t = P \times C_t$$

式中 P_t——t类污染物的排放量，kg；

C_t——t类污染物的排放浓度，mg/L；

P——污水排放总量，kg。

其中，污染物的排放浓度C_t，按日常监测出具的检测报告数据。污水排放总量P，如排放口有流量计则按照流量计读数；污水处理装置可按运行小时数和处理能力估算；生活污水排放量，与环保税征收部门协商同意后可依照自来水用量（水表或缴费单，如有消防用水应剔除）乘以系数0.8～0.9测算。

第二步，计算污染物应税金额

$$S_t = P_t \div N_t \times \text{水污染物当量税额}$$

式中　P_t——t类污染物的排放量，kg；

N_t——t类污染物的污染当量值，kg。

第三步，根据计算出来水污染物的污染当量数从大到小排序，对前三项收费。

【案例3】 某加油站排污口排放标准为：悬浮物浓度70mg/L，*COD*浓度100mg/L，石油类浓度5mg/L，氨氮浓度10mg/L，污水排放量10t，税额2.8元/当量。测得其排放污染物浓度分别为，浮物浓度40mg/L，*COD*浓度70mg/L，石油类浓度2mg/L，氨氮浓度6mg/L，其各类污染物的当量数计算详见表1-7。

表1-7　各类污染物当量数计算

类别	污染物当量数	当量数计算过程	税额		
			高于排放标准70%	低于排放标准30%	低于排放标准50%
悬浮物	0.1	=10000L×40mg/L÷(1000mg/g)÷(1000g/kg)÷4	当量数×税额	当量数×税额×0.75	当量数×税额×0.5
COD	0.7	=10000L×70mg/L÷(1000mg/g)÷(1000g/kg)÷1	当量数×税额	当量数×税额×0.75	当量数×税额×0.5
石油类	0.2	=10000L×2mg/L÷(1000mg/g)÷(1000g/kg)÷0.1	当量数×税额	当量数×税额×0.75	当量数×税额×0.5
氨氮	0.075	=10000L×6mg/L÷(1000mg/g)÷(1000g/kg)÷0.8	当量数×税额	当量数×税额×0.75	当量数×税额×0.5

按照上述方式，其应税金额=(0.7×2.8+0.2×2.8×0.5+0.1×2.8×0.75)×=2.282（元）。

3. 应税固体废物

环境保护税法第四条第（二）项规定，企业事业单位和其他生产经营者在符合国家和地方环境保护标准的设施、场所储存或者处置固体废物的，不缴纳相应污染物的环境保护税。

第十一条第（三）项规定，应税固体废物的应纳税额为固体废物排放量乘以具体适用税额。

第十二条第（四）项规定，纳税人综合利用的固体废物，符合国家和地方环境保护标准的，暂予免征环境保护税。

计算方式：应税固体废物应纳税额=［产生量-综合利用量（免征）-储存或者处置量（不属于直接向环境排放污染物）］×具体适用税额

【案例4】 某企业2019年1月产生尾矿1000t，其中综合利用的尾矿300t（符合国家和地方环境保护标准），在符合国家和地方环境保护标准的设施储存200t。计算该企业1月尾矿应缴纳的环境保护税。尾矿适用税额为15元/t。

应纳环境保护税=（1000−300−200）×15=7500（元）。

4. 应税噪声

环境保护税法第十一条第（四）项规定，应税噪声按照超过国家规定标准的分贝数确定。

环境保护税税目税额表规定，一个单位有不同地点作业场所的应分别计算，合并计征；同一单位边界多处超标按最高处声级计算；沿边界长度超过100m有两处以上超标，按两处计算；声源一个月内超标不足15天的，减半计算。

计算方式：应税噪声应纳税额=超过国家规定标准的分贝数对应的具体适用税额

【案例5】 某企业2019年1月在甲、乙两地作业均存在夜间噪声超标。甲作业场地一个单位边界上有两处超标，分别为超标1～3dB、超标7～9dB，超标天数为16天；乙作业场地沿边界长度110m，有两处超标，分别为超标1～3dB、超标7～9dB，超标天数为14天。计算该企业1月噪声污染应缴纳的环境保护税。工业噪声超标1～3dB适用税额为350元/月，超标7～9dB适用税额为1400元/月。

甲作业场地应纳噪声环境保护税：1400（元）

乙作业场地应纳噪声环境保护税：（350+1400）÷2=875（元）

三 排污许可制

排污许可，是指环境保护主管部门依排污单位的申请和承诺，通过发放排污许可证法律文书形式，依法依规规范和限制排污单位排污行为并明确环境管理要求，依据排污许可证对排污单位实施监管执法的环境管理制度。

（一）实施范围

排污许可制是覆盖所有固定污染源的环境管理基础制度，排污许可证是排污单位生产运营期排放行为的唯一行政许可。纳入固定污染源排污许可分类管理名录的企业事业单位和其他生产经营者（简称排污单位）应当按照规定的时限申请并取得排污许可证；未纳入固定污染源排污许可分类管理名录的排污单位，暂不需申请排污许可证。

下列排污单位应当实行排污许可管理：

（1）排放工业废气或者排放国家依法公布的有毒有害大气污染物的企业事业单位；

（2）集中供热设施的燃煤热源生产运营单位；

（3）直接或间接向水体排放工业废水和医疗废水的企业事业单位和其他生产经营者；

（4）城镇废水集中处理设施的运营单位；

（5）设有废水排放口的规模化畜禽养殖场；

（6）依法实行排污许可管理的其他排污单位。

（二）分类管理

2017年8月，原国家环境保护部第一次公布了《固定污染源排污许可分类管理名录（2017年版）》，并在全国分批分步骤推进排污许可证管理。2019年中华人民共和国生态环境部（以下简称“生态环境部”）重新修订并发布了新的名录，部分名录见表1-8。国家根据排放污染物的企业事业单位和其他生产经营者（简称排污单位）污染物产生量、排放量、对环境的影响程度等因素，实行排污许可重点管理、简化管理和登记管理。对污染物产生量、排放量或者对环境的影响程度较大的排污单位，实行排污许可重点管理；对污染物产生量、排放量和对环境的影响程度较小的排污单位，实行排污许可简化管理。对污染物产生量、排放量和对环境的影响程度很小的排污单位，实行排污登记管理。

实行登记管理的排污单位，不需要申请取得排污许可证，应当在全国排污许可证管理信息平台填报排污登记表，登记基本信息、污染物排放去向、执行的污染物排放标准以及采取的污染防治措施等信息。

国家环保部还发布了火电、造纸、钢铁、水泥、石化、制药、氮肥、农药、焦化、印染、电镀、平板玻璃、制革、制糖、有色金属冶炼（铜、铅锌、铝）等15个重点行业的排污许可证申请与核发技术规范，编制和发布相关行业的自行监测指南等配套技术规范性文件。

根据《排污许可管理办法（试行）》，实行排污许可重点管理的排污单位应确定为市级以上重点排污单位，其应当如实向社会公开其主要污染物的名称、排放方式、排放浓度和总量、超标排放情况，以及防治污染设施的建设和运行情况，接受社会监督，并按照地方环境保护管理部门要求设置在线监测系统等管理要求。

油品销售企业相关固定污染源排污许可分类管理名录见表1-8。

表1-8　油品销售企业相关固定污染源排污许可分类管理名录

序号	行业类别	重点管理	简化管理	登记管理
四十二、零售业　52				
100	汽车、摩托车、零配件和燃料及其他动力销售526	—	位于城市建成区的加油站	其他加油站
四十四、装卸搬运和仓储业　59				
102	危险品仓储594	总容量$10\times10^4m^3$及以上的油库（含油品码头后方配套油，不含储备油库）	总容量$10000m^3$及以上$1\times10^4m^3$以下的油库（含油品码头后方配套油库，不含储备油库）	其他危险品仓储（含油品码头后方配套油库，不含储备油库）
四十八、机动车、电子产品和日用品修理业　81				
106	汽车、摩托车等修理与维护811	—	营业面积$5000m^2$及以上且有涂装工序的	—

注：本表节选自《固定污染源排污许可分类管理名录》（2019年版）。

另外，除《固定污染源排污许可分类管理名录》以外的企业事业单位和其他生产经营者，有以下情形之一的，也视同名录规定的重点管理行业，应当申请排污许可证。

（1）被列入重点排污单位名录的；

（2）二氧化硫或者氮氧化物年排放量大于250t的；

（3）烟粉尘年排放量大于500t的；

（4）化学需氧量年排放量大于30t，或者总氮年排放量大于10t，或者总磷年排放量大于0.5t的；

（5）氨氮、石油类和挥发酚合计年排放量大于30t的；

（6）其他单项有毒有害大气、水污染物污染当量数大于3000的。污染当量数按照《中华人民共和国环境保护税法》的规定计算。

（三）排污许可实施要求

排污单位应当按照排污许可证规定，安装或者使用符合国家有关环境监测、计量认证规定的监测设备，按照规定维护监测设施，开展自行监测，保存原始监测记录。实施排污许可重点管理的排污单位，应当按照排污许可证规定安装自动监测设备，并与环境保护主管部门的监控设备联网。对未采用污染防治可行技术的，应当加强自行监测，评估污染防治技术达标可行性。排污单位应当严格执行排污许可证的规定，遵守下列要求：

（1）排污口位置和数量、排放方式、排放去向、排放污染物种类、排放浓度和排放量、执行的排放标准等符合排污许可证的规定，不得私设暗管或以其他方式逃避监管。

（2）落实重污染天气应急管控措施，遵守法律规定的最新环境保护要求等。

（3）按照排污许可证规定的监测点位、监测因子、监测频次和相关监测技术规范开展自行监测并公开。

（4）按规范进行台账记录，主要内容包括生产信息、燃料、原辅材料使用情况、污染防治设施运行记录、监测数据等。

（5）按照排污许可证规定，定期在国家排污许可证管理信息平台填报信息，编制排污许可证执行报告，及时报送有核发权的环境保护主管部门并公开，执行报告主要内容包括生产信息、污染防治设施运行情况、污染物按证排放情况等。

（6）法律法规规定的其他义务。

（四）油品销售企业排污许可

在油品销售企业，排污许可主要执行《排污许可证申请与核发技术规范储油库、加油站》（HJ 1118—2020）。该标准适用于油库（包括码头配套的储油库区）、加油站排污单位排放水污染物、大气污染物的排污许可管理。对于上述标准未作规定的，可参照《排污许可证申请与核发技术规范总则（HJ 942—2018）》执行。

《排污许可证申请与核发技术规范储油库、加油站》（HJ 1118—2020）规定了油库、加油站排污许可基本情况填报要求、许可排放限值确定、实际排放量核算和合规判定方法，以及自行监测、环境管理台账和排污许可证执行报告等环境管理要求。油库、加油站在申请排污许可证时，应按照标准确定的产排污环节、排放口、污染物项目及许可排放限值等要求，制定自行监测方案，并在全国排污许可证管理信息平台填报。

1. 自行监测

申请排污许可的油库、加油站应制定自行监测方案，设置和维护监测设施，按照监测方案开展自行监测，做好质量保证和质量控制，记录和保存监测数据，依法开展信息公开工作。

自行监测方案中应明确排污单位的基本情况、监测点位及示意图、监测污染物项目、执行标准及其限值、监测频次、采样和样品保存方法、监测分析方法和仪器、质量保证与质量控制、自行监测信息公开等，其中监测频次为监测周期内至少获取一次有效监测数据。采用自动监测的排污单位应当如实填报采用自动监测的污染物项目、自动监测系统联网情况、自动监测系统的运行维护情况等；未采用自动监测的污染物项目，排污单位应当填报手工监测的污染物排放口和监测点位、监测方法、监测频率。油库、加油站环境监测技术相关要求详阅第五章。

排污单位可自行或委托第三方监测机构开展监测工作，并安排专人对监测数据进行记录、整理、统计和分析。排污单位对监测结果的真实性、准确性、完整性负责。

2. 环境管理台账记录与排污许可证执行报告编制要求

油库、加油站应按照HJ 944要求进行环境管理台账记录和排污许可证执行报告编制。排污许可证执行报告分为年度执行报告和季度执行报告。油库、加油站根据分类管理要求，应当按照排污许可证规定的时间提交执行报告，实行重点管理的应提交年度执行报告和季度执行报告，实行简化管理的应提交年度执行报告。

（1）实行重点管理的年度执行报告内容应包括排污单位基本信息、污染治理设施运行情况、自行监测情况、环境管理台账情况、实际排放情况及合规判定分析、信息公开情况、排污单位内部环境管理体系建设与运行情况、其他排污许可证规定的内容执行情况、其他需要说明的问题、结论、附件附图要求。具体内容要求参见HJ 944。

（2）实行重点管理的季度执行报告应包括污染物实际排放浓度和排放量、合规判定分析、超标排放或者污染治理设施异常情况说明等内容。

（3）油库、加油站实行简化管理的应提交年度执行报告，其年度执行报告内容应至少包括排污单位基本信息、污染治理设施运行情况、自行监测情况、环境管理台账情况、实际排放情况及合规判定分析、结论等。

四　污染物排放总量控制

污染物排放总量控制，是指在规定时间内，对某一区域或某一企业在生产过程中所产生的污染物最终排入环境的数量的限制。国家提出“总量控制”实际上是区域性的，也就是说，当局部不可避免地增加污染物排放时，应对同行业或区域内进行污染物排放量削减，使区域内污染源的污染物排放负荷控制在一定数量内，使污染物的受纳水体、空气等的环境质量可达到规定的环境目标。

（一）总量控制内容

（1）排放污染物的时间跨度。

（2）排放污染物总量的地域范围。

（3）排放污染物的总量。

（二）重点污染物排放总量控制

重点污染物主要指化学需氧量、氨氮、二氧化硫、氮氧化物，其排放总量控制指标由国务院下达，省、自治区、直辖市人民政府分解落实。企业事业单位在执行国家和地方污染物排放标准的同时，应当遵守分解落实到本单位的重点污染物排放总量控制指标。

对超过国家重点污染物排放总量控制指标或者未完成国家确定的环境质量目标的地区，省级以上人民政府环境保护主管部门应当暂停审批其新增重点污染物排放总量的建设项目环境影响评价文件。

为规范建设项目主要污染物排放总量指标审核及管理工作，严格控制新增污染物排放量，国家在2014年制定《建设项目主要污染物排放总量指标审核及管理暂行办法》，对主要污染物排放总量管理的总体要求、审核程序、指标来源、指标审核、监督管理等方面做出了具体的规定。对于污染物排放总量管理，各地方政府有更严格倍量替代要求的，应按照相关规定执行。

根据《固定污染源排污许可分类管理名录》（2019年版）规定，属于实施重点管理的行业在申报排污许可时，核发机关将核定总量控制指标，并在排污许可证上明确许可排放量。据此，在油品销售企业总容量$10 \times 10^4 m^3$及以上的油库以及被纳入环保重点监管的单位，其主要污染物排放具有总量指标控制要求，在日常排放时应注意做好污染物排放的总量控制。

（三）总量控制的作用和影响

实施污染物总量控制，将促进结构优化、技术进步和资源节约，有利于实现环境资源的合理配置，有利于贯彻国家产业政策，有利于提高治理污染的积极性，有利于推动经济增长方式的根本转变。一个地区、一个企业如不能腾出减排总量，就不可能再上新项目，总量作为环境资源的价值得到充分的体现。未完成总量削减任务的地区，可能会遭到“区域限批”的惩罚，未完成总量削减的企业，可能会遭到“项目限批”的惩罚。

因此，企业做好总量控制既是地区发展的需要，也是企业自身发展的需要。

第三节 环境保护其他配套法规

2014年4月24日十二届全国人大常委会第八次会议表决通过了新修改的环境保护法，并于2015年1月1日起施行。新法增加规定保护环境是国家的基本国策，并明确环境保护坚持保护优先、预防为主、综合治理、公众参与、污染者担责的原则。结合新修订的环保法，原国家环境保护部出台相关的配套法规，简单概括为按日连续处罚办法，查封扣押办法，限制生产、停产整治办法，环境信息公开办法等，具体如下：

《环境保护主管部门实施按日连续处罚办法》（环保部第28号令）；

《环境保护主管部门实施查封、扣押办法》（环保部第29号令）；

《环境保护主管部门实施限制生产、停产整治办法》（环保部第30号令）；

《企业事业单位环境信息公开办法》（环保部第31号令）。

一　按日连续处罚办法

多年来，国家环境立法不少，但违法成本低、守法成本高，是环境违法行为拒不改正、环境违法案件频发、违法企业屡罚屡犯的一个主要原因，长期以来广为诟病。据统计，新环保法出台以前，我国环境违法成本平均不及环境治理成本的10%，更不及环境危害代价的2%。企业往往只需偷排一两天，“省”下来的治污费用就会远远超过其因违法行为而承担的处罚。

新修订的《环境保护法》在实施前，由于法定的罚款方式单一、数额较低，低额的一次性处罚难以纠正持续性环境违法行为，更不足以震慑、遏制、制裁环境违法行为。这让部分“精明”的企业宁愿选择违法排污、宁可缴纳罚款也不治理污染，导致超标排污、恶意偷排、故意不正常运转污染防治设施、擅自闲置环保设施等持续性环境违法现象屡禁不止，其结果是严重损害了环境法制应有的威严。

“按日计罚”是创新性的行政处罚规则，也是新环保法最大亮点之一，其目的是为加大企业的主体责任和违法成本，建立起正确的激励导向，既有利于维护公平的市场竞争秩序，也有利于促进全社会守法氛围的形成。根据《环境保护主管部门实施按日连续处罚办法》（环保部第28号令），按日连续处罚主要内容如下。

（一）适用范围

排污者有下列行为之一，受到罚款处罚，被责令改正，拒不改正的，依法作出罚款处罚决定的环境保护主管部门可以实施按日连续处罚。

（1）超过国家或者地方规定的污染物排放标准，或者超过重点污染物排放总量控制指标排放污染物的。

（2）通过暗管、渗井、渗坑、灌注或者篡改、伪造监测数据，或者不正常运行防治污染设施等逃避监管的方式排放污染物的。

（3）排放法律、法规规定禁止排放的污染物的。

（4）违法倾倒危险废物的。

（5）其他违法排放污染物行为。

（二）实施程序

1. 初次检查

环境保护主管部门检查发现排污者涉嫌存在符合按日连续处罚适用范围行为的，应当依法立案调查并作出行政处罚或者行政处理决定。

2. 责令改正

对于依法应当或者可以处罚款处罚的环境违法行为，环境保护主管部门在认定环境违法行为之日，应当向排污者送达责令改正违法行为决定书，责令立即停止违法排污行为。通过环境监测认定环境违法的，在取得环境监测结果报告后，应在3个工作日内向排污者送达责令改正违法行为决定书，责令立即停止违法排污行为。

责令改正违法行为决定书应当载明下列事项：

（1）排污者的基本情况，包括姓名或名称、营业执照号码、组织机构代码、地址以及法定代表人或者主要负责人姓名等。

（2）环境违法事实和证据。

（3）违反法律、法规或者规章的具体条款和处理依据。

（4）责令立即改正的具体内容。

（5）拒不改正可能承担按日连续处罚的法律后果。

（6）申请行政复议或者提起行政诉讼的途径和期限。

（7）环境保护主管部门的名称、印章和决定日期。

3. 复查

环境保护主管部门应当在送达责令改正违法行为决定书之日起30日内，组织对排污者环境违法排污行为的改正情况实施复查。

4. 提交整改报告

排污者在环境保护主管部门实施复查前，可以向作出责令改正违法行为决定书的环境保护主管部门报告整改情况，并附具已改正环境违法行为的相关证明材料。

5. 提交整改报告

复查中发现排污者拒不改正违法排污行为的，环境保护主管部门可以对其实施按日连续处罚。

6. 再次责改

排污者被认定为拒不改正环境违法行为的，环境保护主管部门应按照本办法第六条的规定再次作出责令改正违法行为决定书并送达排污者，责令立即停止违法排污行为。

7. 处罚程序

环境保护主管部门实施按日连续处罚应当符合法律规定的行政处罚程序。

8. 处罚决定

环境保护主管部门决定按日连续处罚的，应当作出《处罚决定书》。

（三）计罚方式

按日连续处罚的计罚日数为责令改正违法行为决定书送达排污者之日的次日起，至环境保护主管部门复查发现违法排放污染物行为之日止。再次复查仍拒不改正的，计罚日数累计执行。

再次复查时违法排放污染物行为已经改正，环境保护主管部门在之后的检查中又发现排污者有本办法第五条规定的情形的，应当重新作出处罚决定，按日连续处罚的计罚周期重新起算。按日连续处罚次数不受限制。

按日连续处罚每日的罚款数额，为原处罚决定书确定的罚款数额。按照按日连续处罚规则决定的罚款数额，为原处罚决定书确定的罚款数额乘以计罚日数。

【案例】 2016年11月8日，泰兴市环保局执法人员对GY公司现场检查，发现该公司正常生产，生产车间相配套的两个废气处理设施正在运行，环境监测人员对两车间废气排放口外排废气进行了采样，监测结果显示两个废气排放口非甲烷总烃因子平均值分别超标2.46倍、45.9倍。2016年11月11日，泰兴市环保局现场送达了排放尾气《检测报告》，同时下达了《责令改正违法行为决定书》，责令其立即改正废气超标排放的违法行为，并告知如拒不改正，将依法实施按日连续处罚。

2016年11月20日，环保局执法人员对该公司整改情况进行后督查，再次对废气排放口外排废气进行了采样，监测结果显示两个废气排放口非甲烷总烃因子平均值分别超标2.12倍、34.8倍。2016年11月21日，泰兴市环保局送达了第二次排放尾气《检测报告》，并再次下发了《责令改正违法行为决定书》，责令该公司立即停止违法排放大气污染物的行为。

办理结果：2016年11月28日，环保局对该公司2016年11月8日废气超标排放的行为，依据《中华人民共和国大气污染防治法》第九十九条第（二）项、《中华人民共和国环境保护法》第六十条和《环境保护主管部门实施限制生产、停产整治办法》

第五条的规定处以罚款20万元，并责令其限制生产三个月，确保废气达标排放。

2016年12月5日，环保局对该公司2016年11月20日废气再次超标排放的行为分别依据《中华人民共和国环境保护法》第五十九条、《环境保护主管部门实施按日连续处罚办法》第五条第（一）项的规定，实施按日连续处罚（自2016年11月12日至2016年11月20日共9天），处以罚款180万元。

二 查封扣押办法

企业事业单位和其他生产经营者违反法律法规规定排放污染物，造成或者可能造成严重污染的，县级以上人民政府环境保护主管部门和其他负有环境保护监督管理职责的部门，可以查封、扣押造成污染物排放的设施、设备。其适用范围包括：

（1）非法排放、倾倒或者处置危险废物、有放射性的废物、含重金属污染物等有毒有害物质的。

（2）在饮用水水源保护区、自然保护区核心区非法排放、倾倒、处置污染物的。

（3）通过暗管、渗井、渗坑、灌注或者篡改、伪造检测数据，或者不正常运行防治污染设施等逃避监管的方式违法排放污染物的。

（4）非法排放、倾倒废水处理厂污泥及化工等工业污泥的。

（5）较大、重大和特别重大突发环境事件或中污染天气应急预案启动后，未按要求执行停产、停排措施继续违法排污的。

（6）其他。

三 限制生产、停产整治办法

排污者超过污染物排放标准或者超过重点污染物排放总量控制指标排放污染物的排污者（包括企业事业单位和其他生产经营者），县级以上环境保护主管部门可责令采取限制生产、停产整治措施。环境保护主管部门做出限制生产、停产整治决定时，应当责令排污者改正或者限期改正违法行为，并依法实施行政处罚。

排污者超过污染物排放标准或者超过重点污染物日最高允许排放总量控制指标的，环境保护主管部门可以责令其采取限制生产措施。

（一）可采取停产整治措施的违法行为

（1）通过暗管、渗井、渗坑、灌注或者篡改、伪造检测数据，或者不正常运行防治污染设施等逃避监管的方式排放污染物，超过污染物排放标准的。

（2）非法排放含重金属、持久性有机污染物等严重危害环境、损害人体健康的污染物超过污染物排放标准三倍以上的。

（3）超过重点污染物排放总量年度控制指标排放污染物的。

（4）被责令限制生产后仍然超过污染物排放标准排放污染物的。

（5）因突发事件造成污染物排放超过排放标准或者重点污染物排放总量控制指标的。

（6）法律、法规规定的其他情形。

城镇废水处理、垃圾处理、危险废物处置等公共设施的运营单位，城镇废水处理、垃圾处理、危险废物处置等公共设施的运营单位，生产经营业务涉及基本民生、公共利益的，或实施停产整治可能影响生产安全的排污单位，当其超过污染物排放标准或者超过重点污染物排放总量控制指标排放污染物时，环境保护主管部门应当按照有关环境保护法律法规予以处罚，可以不予实施停产整治。

（二）可采取停业、关闭措施的违法行为

（1）两年内因排放含重金属、持久性有机污染物等有毒物质超过污染物排放标准受过两次以上行政处罚，又实施前列行为的。

（2）被责令停产整治后拒不停产或者擅自恢复生产的。

（3）停产整治决定解除后，跟踪检查发现又实施同一违法行为的。

（4）法律法规规定的其他严重环境违法情节的。

四 信息公开与公众参与

2014年新修改的环境保护法专章规定了环境信息公开和公众参与，加强公众对政府和排污单位的监督。其主要内容包括以下几方面。

一是明确公众的知情权、参与权和监督权，规定公民、法人和其他组织依法享有获取环境信息、参与和监督环境保护的权利。各级人民政府环境保护主管部门和

其他负有环境保护监督管理职责的部门应当依法公开环境信息、完善公众参与程序，为公民、法人和其他组织参与和监督环境保护提供便利。

二是明确重点排污单位应当主动公开环境信息，规定重点排污单位应当如实向社会公开其主要污染物的名称、排放方式、排放浓度和总量、超标排放情况以及防治污染设施的建设和运行情况，并规定了相应的法律责任。

三是完善建设项目环境影响评价的公众参与，规定对依法应当编制环境影响报告书的建设项目，建设单位应当在编制时向公众说明情况，充分征求意见。

负责审批建设项目环境影响评价文件的部门在收到建设项目环境影响报告书后，除涉及国家秘密和商业秘密的事项外，应当全文公开；发现建设项目未充分征求公众意见的，应当责成建设单位征求公众意见。

（一）公众的环境知情权、参与权和监督权

（1）公民、法人和其他组织依法享有获取环境信息、参与和监督环境保护的权利。

（2）各级环保部门和其他部门，应当依法公开环境信息、完善公众参与程序，为公民、法人和其他组织参与和监督环境保护提供便利。

（二）公众的举报权

（1）公民、法人和其他组织发现任何单位和个人有污染环境和破坏生态行为的，有权向环保部门或者其他部门举报。

（2）公民、法人和其他组织发现地方各级政府、县级以上环保部门和其他部门不依法履行职责的，有权向其上级机关或者监察机关举报。

（3）接受举报的机关应当对举报人的相关信息予以保密，保护举报人的合法权益。

（三）环境信息发布

（1）国务院环保部门统一发布国家环境质量、重点污染源监测信息及其他重大环境信息。省级以上环保部门定期发布环境状况公报。

（2）县级以上环保部门和其他部门，应当依法公开环境质量、环境监测、突发环境事件以及环境行政许可、行政处罚、排污费的征收和使用情况等信息。

（四）“黑名单”制度

县级以上地方环保部门和其他部门，应当将企业事业单位和其他生产经营者的环境违法信息记入社会诚信档案，及时向社会公布违法者名单。

（五）企业信息公开

重点排污单位应当如实向社会公开其主要污染物的名称、排放方式、排放浓度和总量、超标排放情况，以及防治污染设施的建设和运行情况，接受社会监督。

（六）环评信息公开

（1）对依法应当编制环境影响报告书的建设项目，建设单位应当在编制时向可能受影响的公众说明情况，充分征求意见。

（2）负责审批建设项目环评文件的部门在收到环境影响报告书后，除涉及国家秘密和商业秘密的事项外，应当全文公开；发现建设项目未充分征求公众意见的，应当责成建设单位征求公众意见。

五　环境法律责任

环境法律责任，是指环境法主体因违反其法律义务而应当依法承担的，具有强制性否定性法律后果，按其性质可以分为环境行政责任、环境民事责任和环境刑事责任三种。

一是行为人违反国家或地方环境法律、法规的规定，实施某一环境行为或相关行为，造成或可能造成干扰该国家或地方之环境行政管理，污染和破坏境，危害公共或个人之财产或人身生命或健康的安全，所依法应当承担的行政、民事和刑事法律责任。

二是一国或地区违反国际法规定，违背其应履行的环境保护国际义务，致使他国或地区的环境或国民遭受污染与破坏之危害，所应承担的国际环境法和其他相关法规定的经济赔偿责任和道义责任。

（一）行政责任

环境行政责任，是指违反环境保护法，实施破坏或者污染环境的单位或者个人所应承担的行政方面的法律责任。环境行政责任的主体可以是行政相对人，也可以是环境行政主体。环境保护法主要规定了环境行政相对人的环境行政责任。

环境行政处罚的形式，是指环境管理部门对违法者实施行政处罚的类别。环境保护法规定了警告，罚款，责令停止生产或者使用，责令重新安装使用，责令停业、关闭5种。环境保护法对环境违法行为及相应的环境行政处罚措施作出了如下规定：

（1）拒绝环境保护行政主管部门或者其他依照法律规定行使环境监督管理权的部门现场检查或者在被检查时弄虚作假的，给予警告或处以罚款。

（2）拒报或者谎报国务院环境保护行政主管部门规定的有关污染物排放申报事项的，给予警告或处以罚款。

（3）不按国家规定缴纳超标排污费的，给予警告或处以罚款。

（4）引进不符合我国环境保护规定要求的技术和设备的，给予警告或处以罚款。

（5）将产生严重污染的生产设备转移给没有污染防治能力的单位使用的，给予警告或处以罚款。

（6）建设项目的防治污染设施没有建成或者没有达到国家规定的要求，投入生产或者使用的，责令停止生产或者使用，可以并处罚款。

（7）未经环境保护行政主管部门同意，擅自拆除或者闲置防治污染的设施，污染物排放超过规定排放的标准的，责令重新安装使用，并处罚款。

（8）对违反环境保护法的规定，造成环境污染事故的企事业单位根据所造成的危害后果处以罚款。

（9）对经限期治理未完成治理任务的企业事业单位，除依照国家有关规定加收超标准排污费外，可以根据所造成的危害后果处以罚款，或者责令停业、关闭。

（二）民事责任

环境民事责任，是指单位或者个人因污染危害环境而侵害了公共财产或者他人的人身、财产所应承担的民事方面的责任。

环境保护法规定：造成环境污染危害的，有责任排除危害，并对直接受到危害的单位或者个人赔偿损失。虽然环境保护法仅规定了排除危害和赔偿损失两种责任形式，但是民法通则中规定的十种民事责任形式中的停止侵害、排除妨碍、消除危险、恢复原状等都能适用于环境民事责任。

赔偿损失是环境民事责任形式中应用最广泛的一种责任形式。赔偿损失的范围，既包括财产损害赔偿，也包括对人身损害引起的财产损失赔偿；既包括直接损失，也包括间接损失。

排除危害也是环境民事责任形式中经常使用的形式。赔偿损失是事后补救，排除危害则是针对环境侵害的特点所采用的典型的预防性民事责任形式。排除危害既包括对实际发生的污染危害的排除，也包括对可能发生但尚未发生的污染危害的排除。

（三）刑事责任

环境刑事责任是指行为人故意或过失实施了严重危害环境的行为，并造成人身伤亡或公私财产的严重损失，已经构成犯罪要承担刑事制裁的法律责任。环境刑事责任的形式同一般的刑事责任的形式没有区别，主要分为主刑和附加刑。主刑的种类包括管制、拘役、有期徒刑、无期徒刑、死刑；附加型的种类包括罚金、剥夺政治权利、没收财产。

1. *拘留*

建设单位未依法提交建设项目环境影响评价文件或者环境影响评价文件未经批准，擅自开工建设的，由负有环境保护监督管理职责的部门责令停止建设，处以罚款，并可以责令恢复原状。按照环境保护法，未批先建项目不仅会收到严厉处罚，公安机关还可依照相关规定，对企业主管人员和其他直接责任人员处以拘留。

按照环境保护法，企业事业单位和其他生产经营者有下列行为之一，尚不构成犯罪的，除依照有关法律法规规定予以处罚外，由县级以上人民政府环境保护主管部门或者其他有关部门将案件移送公安机关，对其直接负责的主管人员和其他直接责任人员，处十日以上十五日以下拘留；情节较轻的，处五日以上十日以下拘留。具体适用违法违规行为包括：

（1）建设项目未依法进行环境影响评价，被责令停止建设，拒不执行的；

（2）违反法律规定，未取得排污许可证排放污染物，被责令停止排污，拒不执行的；

（3）通过暗管、渗井、渗坑、灌注或者篡改、伪造监测数据，或者不正常运行防治污染设施等逃避监管的方式违法排放污染物的；

（4）生产、使用国家明令禁止生产、使用的农药，被责令改正，拒不改正的。

2. *污染环境罪*

违反国家规定，排放、倾倒或者处置有放射性的废物、含传染病病原体的废物、有毒物质或者其他有害物质，严重污染环境的，处三年以下有期徒刑或者拘役，并处或者单处罚金；后果特别严重的，处三年以上七年以下有期徒刑，并处罚金。

3. 非法处置固体废物罪

非法处置进口的固体废物罪，擅自进口固体废物罪，走私固体废物罪。违反国家规定，将境外的固体废物进境倾倒、堆放、处置的，处五年以下有期徒刑或者拘役，并处罚金；造成重大环境污染事故，致使公私财产遭受重大损失或者严重危害人体健康的，处五年以上十年以下有期徒刑，并处罚金；后果特别严重的，处十年以上有期徒刑，并处罚金。

4. 违法篡改环境信息数据罪

违反国家规定，强令、指使、授意他人对环境质量监测系统修改参数或者监测数据，干扰采样致使监测数据严重失真，或其他破坏环境质量监测系统的行为，或者实施下列行为的，应当依照刑法相关的规定，以破坏计算机信息系统罪论处。

其中“严重污染环境”“后果特别严重”“从重处罚”“从宽处罚”“共同犯罪”等情形的认定，按照《最高人民法院　最高人民检察院关于办理环境污染刑事案件适用法律若干问题的解释》（法释〔2016〕29号）执行。例如，非法排放、倾倒、处置危险废物三吨以上，违法减少防治污染设施运行支出一百万元以上，属于严重污染环境行为；非法排放、倾倒、处置危险废物一百吨以上的，属于后果特别严重行为；明知他人无危险废物经营许可证，向其提供或者委托其收集、储存、利用、处置危险废物，严重污染环境的，以共同犯罪论处。

思考题

1. 如何理解环境保护法律、法规与标准之间的关系？

2. 在油品销售企业哪些单位可能涉及污染物排放总量控制？

3. 油品销售企业的油库、加油站在哪些情况下需要缴纳水污染环境保护税，哪些情况下需要缴纳污水处理费？

第二章

建设项目环境保护管理

建设项目环境保护的意义在于对环境的保护。建设环境保护工程能够体现人在社会活动中对于环境的保护，从而建设人与自然和谐共处的模式。在社会发展和建设过程中，注重对生态环境的保护，能加快对资源的整合，调整企业的发展模式，从而促进人与自然的和谐发展。建设环境保护工程能够减少经济活动中对资源的不合理开发和利用，制止对环境的破坏行为，促使企业在追求利益的同时能够考虑到社会利益，从而将环保工程的理念运用到企业的发展理念中，给企业带来更加长足的发展空间。只有注重对环境的保护，才能为经济发展提供可持续动力。

要点导图

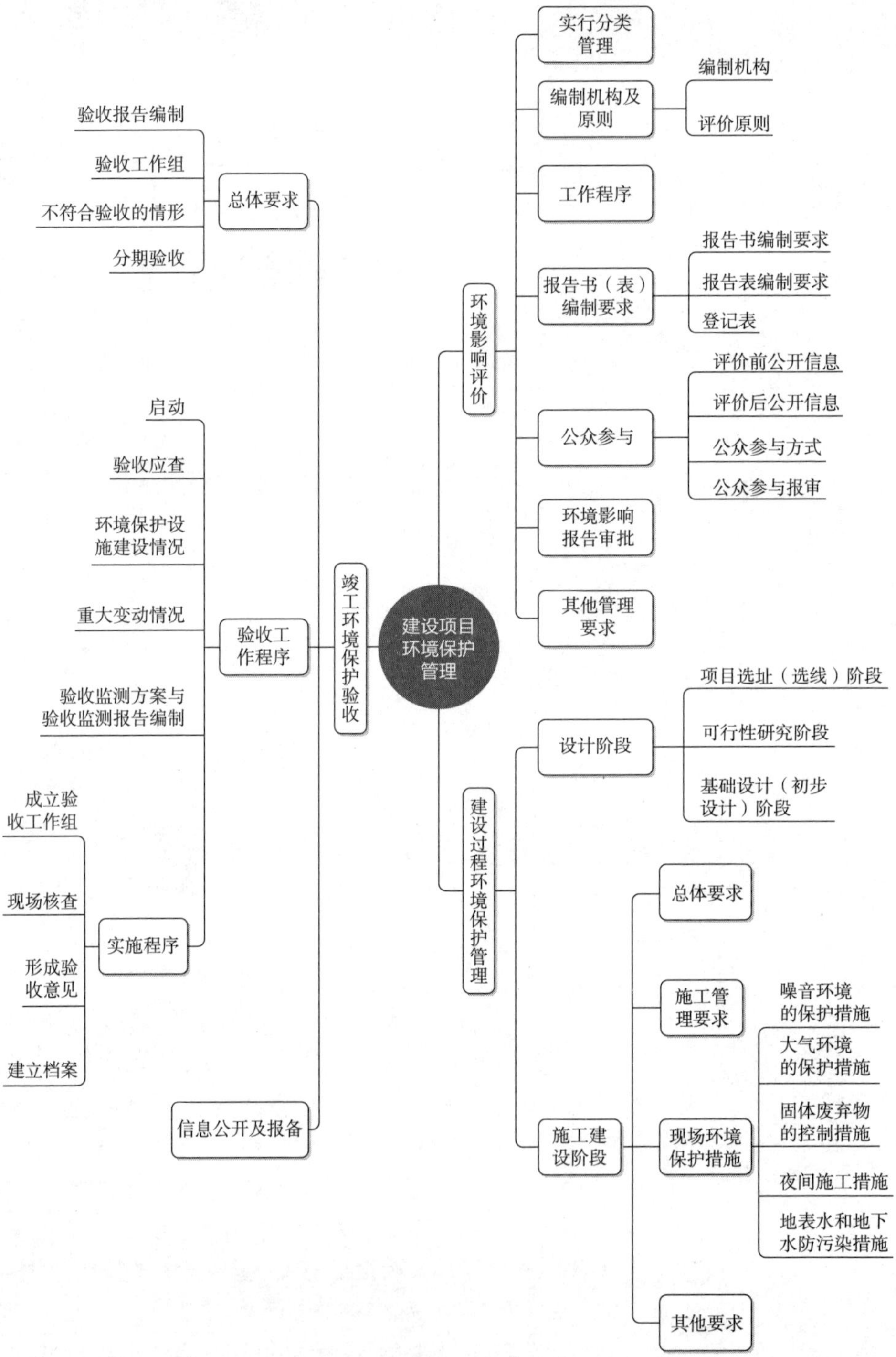
建设项目环境保护管理
环境影响评价
实行分类管理
编制机构及原则
编制机构
评价原则
工作程序
报告书（表）编制要求
报告书编制要求
报告表编制要求
登记表
公众参与
评价前公开信息
评价后公开信息
公众参与方式
公众参与报审
环境影响报告审批
其他管理要求
建设过程环境保护管理
设计阶段
项目选址（选线）阶段
可行性研究阶段
基础设计（初步设计）阶段
施工建设阶段
总体要求
施工管理要求
现场环境保护措施
噪音环境的保护措施
大气环境的保护措施
固体废弃物的控制措施
夜间施工措施
地表水和地下水防污染措施
其他要求
竣工环境保护验收
总体要求
验收报告编制
验收工作组
不符合验收的情形
分期验收
验收工作程序
启动
验收应查
环境保护设施建设情况
重大变动情况
验收监测方案与验收监测报告编制
实施程序
成立验收工作组
现场核查
形成验收意见
建立档案
信息公开及报备

产生污染的建设项目，必须遵守污染物排放的国家标准和地方标准；在实施重点污染物排放总量控制的区域内，还必须符合重点污染物排放总量控制的要求。改建、扩建项目和技术改造项目必须采取措施治理与该项目有关的原有环境污染和生态破坏。

（1）建设项目环境保护设施应与主体工程同时设计、同时施工、同时投产使用，加强项目前期内控管理和事中事后监管，确保项目建设和运营依法合规。

（2）建设项目应符合国家和所在区域的发展规划、产业政策、环境功能区划和环境承载力等要求，严格执行环境影响评价、环保“三同时”及竣工环保验收制度，按照要求开展环境监理。

（3）未依法进行环境影响评价的建设项目，不得开工建设。建设项目主管部门要从立项、可行性研究、设计、采购、施工、试运行、竣工验收等各个阶段，对建设项目实施全过程环保管理。

第一节 建设项目环境影响评价

建设项目环境影响评价，是指对规划和建设项目实施后可能造成的环境影响进行分析、预测和评估，提出预防或者减轻不良环境影响的对策和措施，进行跟踪监测的方法与制度。

规划的环境影响评价，是国务院有关部门、设区的市级以上地方人民政府及其有关部门，对其组织编制的土地利用的有关规划，区域、流域、海域的建设、开发利用规划，在规划编制过程中组织进行环境影响评价。建设项目环境影响评价，广义指对拟建项目可能造成的环境影响（包括环境污染和生态破坏，也包括对环境的有利影响）进行分析、论证的全过程，并在此基础上提出采取的防治措施和对策。狭义指对拟议中的建设项目在兴建前即可行性研究阶段，对其选址、设计、施工等过程，特别是运营和生产阶段可能带来的环境影响进行预测和分析，提出相应的防治措施，为项目选址、设计及建成投产后的环境管理提供科学依据。

一 分类管理

国家根据建设项目对环境的影响程度，对建设项目的环境影响评价实行分类管理。建设单位应当按照下列规定组织编制环境影响报告书、环境影响报告表或者填报环境影响登记表（以下统称环境影响评价文件）。

（1）可能造成重大环境影响的，应当编制环境影响报告书，对产生的环境影响进行全面评价。

（2）可能造成轻度环境影响的，应当编制环境影响报告表，对产生的环境影响进行分析或者专项评价。

（3）对环境影响很小、不需要进行环境影响评价的，应当填报环境影响登记表。

建设项目的环境影响评价分类管理名录，由国务院生态环境主管部门制定并公布。按照国务院生态环境保护部《建设项目环境影响评价分类管理名录》（部令第44号，2018年修正版），在油品销售企业，根据建设项目对环境的影响程度，环境影响评价类别如表2-1所示。

表2-1　油品销售企业主要涉及的建设项目环境影响评价分类管理要求

项目	报告书	报告表	登记表	本栏目环境敏感区含义
124. 加油、加气站	—	新建、扩建	其他	—
125. 洗车场	—	涉及环境敏感区的；危险化学品运输车辆清洗场	其他	第三条（一）中的全部区域；第三条（二）中的基本农田保护区、基本草原、森林公园、地质公园、重要湿地、天然林、野生动物重要栖息地、重点保护野生植物生长繁殖地；第三条（三）中的全部区域
126. 汽车、摩托车维修场所	—	涉及环境敏感区的；有喷漆工艺的	其他	第三条（一）中的全部区域；第三条（三）中的全部区域
151. 餐饮、娱乐、洗浴场所	—	—	全部	—
163. 油气、液体化工码头	新建；扩建	其他	—	—
176. 石油、天然气、成品油管线（不含城市天然气管线）	200km及以上；涉及环境敏感区的	其他	—	第三条（一）中的全部区域；第三条（二）中的基本农田保护区、地质公园、重要湿地、天然林；第三条（三）中的全部区域

续表

项目	报告书	报告表	登记表	本栏目环境敏感区含义
178. 油库（不含加油站的油库）	总容量 $20 \times 10^4 m^3$ 及以上；地下洞库	其他	—	—
179. 气库（不含加气站的气库）	地下气库	其他	—	—
180. 仓储（不含油库、气库、煤炭储存）	有毒、有害及危险品的仓储、物流配送项目	其他	—	—

注：表中所称环境敏感区是指依法设立的各级各类保护区域和对建设项目产生的环境影响特别敏感的区域，主要包括生态保护红线范围内或者其外的下列区域：

（一）自然保护区、风景名胜区、世界文化和自然遗产地、海洋特别保护区、饮用水水源保护区；

（二）基本农田保护区、基本草原、森林公园、地质公园、重要湿地、天然林、野生动物重要栖息地、重点保护野生植物生长繁殖地、重要水生生物的自然产卵场、索饵场、越冬场和洄游通道、天然渔场、水土流失重点防治区、沙化土地封禁保护区、封闭及半封闭海域；

（三）以居住、医疗卫生、文化教育、科研、行政办公等为主要 功能的区域，以及文物保护单位。

按照上述规定，油品销售企业主要涉及的环境影响评价分类如下。

（1）加油（气）站的新建、扩建项目应编制环境影响报告表，改建项目或环保设施（防渗改造、油品变更、油枪品种更换等）发生重大变更等应填报环境影响登记表。

（2）油气码头新建、扩建项目应编制环境影响评价报告书，改建或环保设施发生重大变更等应编制环境影响报告表。

（3）总容量 $20 \times 10^4 m^3$ 及以上、地下洞库建设项目（含新、改、扩）应编制环境影响报告书；其他油库（含新、改、扩）的建设项目应编制环境影响报告表。

（4）在加油站涉及餐饮、洗车等业务的建设项目，应按要求做好相关的环境影响备案登记。

二　环境影响评价编制机构及原则

建设项目在开展可行性研究的同时，应同步开展环境影响评价。

（一）环境影响评价编制机构

建设单位可以委托有相应能力的技术单位对其建设项目开展环境影响评价，编制建设项目环境影响报告书、环境影响报告表；建设单位具备环境影响评价技术能力的，可以自行对其建设项目开展环境影响评价，编制建设项目环境影响报告书、环境影响报告表。

（二）环境影响评价原则

环境影响评价应突出环境影响评价的源头预防作用，坚持保护和改善环境质量。

（1）依法评价。贯彻执行我国环境保护相关法律法规、标准、政策和规划等，优化项目建设，服务环境管理。

（2）科学评价。规范环境影响评价方法，科学分析项目建设对环境质量的影响。

（3）突出重点。根据建设项目的工程内容及其特点，明确与环境要素间的作用效应关系，依据规划环境影响评价结论和审查意见，充分利用符合时效的数据资料及成果，对建设项目主要环境影响予以重点分析和评价。

三 环境影响评价工作程序

开展环境影响评价工作的前提和基础，是分析判定建设项目选址选线、规模、性质和工艺路线等与国家和地方有关环境保护法律法规、标准、政策、规范、相关规划、规划环境影响评价结论及审查意见的符合性，并与生态保护红线、环境质量底线、资源利用上线和环境准入负面清单进行对照。

环境影响评价工作一般分为三个阶段，即调查分析和工作方案制定阶段，分析论证和预测评价阶段，环境影响报告书（表）编制阶段。具体流程见图2–1。

四 环境影响报告书（表）编制要求

（一）环境影响报告书编制要求

（1）环境影响报告书一般包括概述、总则、建设项目工程分析、环境现状调查与评价、环境影响预测与评价、环境保护措施及其可行性论证、环境影响经济损益分析、环境管理与监测计划、环境影响评价结论和附录附件等内容。

概述可简要说明建设项目的特点、环境影响评价的工作过程、分析判定相关情况、关注的主要环境问题及环境影响、环境影响评价的主要结论等。总则应包括编制依据、评价因子与评价标准、评价工作等级和评价范围、相关规划及环境功能区划、主要环境保护目标等。附录和附件应包括项目依据文件、相关技术资料、引用文献等。

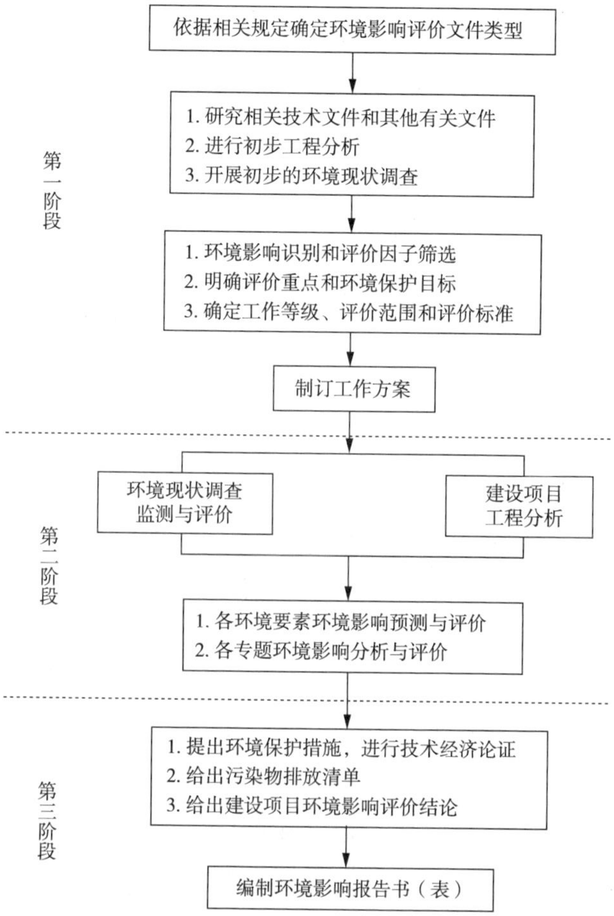

图2–1　建设项目环境影响评价工作程序图

（2）报告书应概括地反映环境影响评价的全部工作成果，突出重点。工程分析应体现工程特点，环境现状调查应反映环境特征，主要环境问题应阐述清楚，影响预测方法应科学，预测结果应可信，环境保护措施应可行、有效，评价结论应明确。

（3）文字应简洁、准确，文本应规范，计量单位应标准化，数据应真实、可信，资料应翔实，应强化先进信息技术的应用，图表信息应满足环境质量现状评价和环境影响预测评价的要求。

环境影响报告表和环境影响登记表的内容和格式，由国务院生态环境主管部门制定。环境影响评价编制机构应按照相关要求执行。

（二）环境影响报告表编制要求

环境影响报告表应采用规定格式，可根据工程特点、环境特征，有针对性突出环境要素或设置专题开展评价。

环境影响报告书（表）内容涉及国家秘密的，按国家涉密管理有关规定处理。例如，涉及国家秘密、商业秘密以及影响国家安全、公共安全、经济安全和社会稳定等敏感信息不得公开，编制单位应对受托方提供的技术资料和相关文件进行保密审核，严防项目环评文件中含有涉密信息。

（三）环境影响登记表

国家对环境影响登记表实行备案管理。对于依法应当填报环境影响登记表的建设项目，建设单位应当按照国务院环境保护行政主管部门的规定将环境影响登记表报建设项目所在地县级环境保护行政主管部门备案。当建设项目的建设地点涉及多个县级行政区域时，建设单位应当分别向各建设地点所在地的县级环境保护主管部门备案。

建设单位在办理建设项目环境影响登记表备案手续时，应当认真查阅、核对《建设项目环境影响评价分类管理名录》，确认其备案的建设项目属于按照《建设项目环境影响评价分类管理名录》规定应当填报环境影响登记表的建设项目。对于按照《建设项目环境影响评价分类管理名录》规定应当编制环境影响报告书或者报告表的建设项目，建设单位不得擅自降低环境影响评价等级，填报环境影响登记表并办理备案手续。

1. 登记备案方式

（1）建设项目环境影响登记表备案采用网上备案方式，在生态环境部统一布设建设项目环境影响登记表网上备案系统登记备案。对于国家规定需要保密的建设项目，建设项目环境影响登记表备案采用纸质备案方式。

（2）建设单位在线提交环境影响登记表后，网上备案系统自动生成备案编号和回执，该建设项目环境影响登记表备案即为完成。

建设单位可以自行打印留存其填报的建设项目环境影响登记表及建设项目环境影响登记表备案回执。建设项目环境影响登记表备案回执是环境保护主管部门确认收到建设单位环境影响登记表的证明。

2. 其他相关要求

建设单位填报建设项目环境影响登记表时，应当同时就其填报的环境影响登记表内容的真实、准确、完整作出承诺，并在登记表中的相应栏目由该建设单位的法定代表人或者主要负责人签署姓名。

建设项目环境影响登记表备案完成后，建设单位或者其法定代表人或者主要负责人在建设项目建成并投入生产运营前发生变更的，建设单位应当依照本办法规定再次办理备案手续。

建设项目环境影响登记表备案完成后，建设单位应当严格执行相应污染物排放标准及相关环境管理规定，落实建设项目环境影响登记表中填报的环境保护措施，有效防治环境污染和生态破坏。

五　环境影响评价公众参与

按照国务院生态环境保护部《建设项目环境影响评价分类管理名录》管理要求，依法应当编制环境影响报告书的建设项目的环境影响评价，应组织公众参与。国家规定需要保密的情形除外。

建设项目环境影响评价公众参与相关信息应当依法公开，涉及国家秘密、商业秘密、个人隐私的，依法不得公开。法律法规另有规定的，从其规定。生态环境主管部门公开建设项目环境影响评价公众参与相关信息，不得危及国家安全、公共安全、经济安全和社会稳定。

（一）评价前公开信息

建设单位应当在确定环境影响报告书编制单位后7个工作日内，通过其网站、建设项目所在地公共媒体网站或者建设项目所在地相关政府网站，公开下列信息。

（1）建设项目名称、选址选线、建设内容等基本情况，改建、扩建、迁建项目应当说明现有工程及其环境保护情况。

（2）建设单位名称和联系方式。

（3）环境影响报告书编制单位的名称。

（4）公众意见表的网络链接。

（5）提交公众意见表的方式和途径。

在环境影响报告书征求意见稿编制过程中，公众均可向建设单位提出与环境影响评价相关的意见。公众意见表的内容和格式，由生态环境部制定。

（二）评价后公开信息

建设项目环境影响报告书征求意见稿形成后（一般指环境影响评价报告编制完成，并组织完成专家评审后），建设单位应当公开下列信息，征求与该建设项目环境影响有关的意见：

（1）环境影响报告书征求意见稿全文的网络链接及查阅纸质报告书的方式和途径。

（2）征求意见的公众范围。

（3）公众意见表的网络链接。

（4）公众提出意见的方式和途径。

（5）公众提出意见的起止时间。

建设单位征求公众意见的期限不得少于10个工作日。

（三）公众参与方式

依照环境影响评价后公开要求规定应当公开的信息，建设单位应当通过下列三种方式同步公开。

（1）通过网络平台公开，且持续公开期限不得少于10个工作日。

（2）通过建设项目所在地公众易于接触的报纸等媒体公开，且在征求意见的10个工作日内公开信息不得少于2次。

（3）通过在建设项目所在地公众易于知悉的场所张贴公告的方式公开，且持续公开期限不得少于10个工作日。

国家鼓励建设单位通过广播、电视、微信、微博及其他新媒体等多种形式发布信息。

如建设单位决定组织召开公众座谈会、专家论证会的，应当在会议召开的10个工作日前，将会议的时间、地点、主题和可以报名的公众范围、报名办法，通过网络平台和在建设项目所在地公众易于知悉的场所张贴公告等方式向社会公告。建设单位应当综合考虑地域、职业、受教育水平、受建设项目环境影响程度等因素，从报名的公众中选择参加会议或者列席会议的公众代表，并在会议召开的5个工作日前通知拟邀请的相关专家，并书面通知被选定的代表。

建设单位应当在公众座谈会、专家论证会结束后5个工作日内，根据现场记录，整理座谈会纪要或者专家论证结论，并通过网络平台向社会公开座谈会纪要或者专家论证结论。座谈会纪要和专家论证结论应当如实记载各种意见。

对公众提交的相关个人信息，建设单位不得用于环境影响评价公众参与之外的用途，未经个人信息相关权利人允许不得公开。

（四）公众参与报审

建设单位向生态环境主管部门报批环境影响报告书前，应当组织编写建设项目环境影响评价公众参与说明。公众参与说明应当包括下列主要内容：

（1）公众参与的过程、范围和内容；

（2）公众意见收集整理和归纳分析情况；

（3）公众意见采纳情况，或者未采纳情况、理由及向公众反馈的情况等。

公众参与说明的内容和格式，按照生态环境部制定要求执行。

六　环境影响报告审批

建设项目的环境影响评价文件未依法经审批部门审查或者审查后未予批准的，建设单位不得开工建设。国家对建设项目的环境影响报告书、报告表实行分级审批管理，由建设单位按照国务院的规定报有审批权的生态环境主管部门审批。

（1）国务院生态环境主管部门负责审批下列建设项目的环境影响评价文件：

①核设施、绝密工程等特殊性质的建设项目；

②跨省、自治区、直辖市行政区域的建设项目；

③由国务院审批的或者由国务院授权有关部门审批的建设项目。

（2）国务院生态环境主管部门审批以外的建设项目的环境影响评价文件的审批权限，由省、自治区、直辖市人民政府规定。

建设项目可能造成跨行政区域的不良环境影响，有关生态环境主管部门对该项目的环境影响评价结论有争议的，其环境影响评价文件由共同的上一级生态环境主管部门审批。

（3）海洋工程建设项目的海洋环境影响报告书的审批，依照《中华人民共和国海洋环境保护法》的规定办理。

七 其他管理要求

各级生态环境主管审批部门应当自收到环境影响报告书之日起60日内，收到环境影响报告表之日起30日内，分别作出审批决定并书面通知建设单位。审核、审批建设项目环境影响报告书、报告表以及备案环境影响登记表，不得收取任何费用。

建设项目的环境影响评价文件经批准后，建设项目的性质、规模、地点、采用的生产工艺或者防治污染、防止生态破坏的措施发生重大变动的，建设单位应当重新报批建设项目的环境影响评价文件。

建设项目的环境影响评价文件自批准之日起超过5年，方决定该项目开工建设的，其环境影响评价文件应当报原审批部门重新审核；原审批部门应当自收到建设项目环境影响评价文件之日起10日内，将审核意见书面通知建设单位。

第二节 建设过程环境保护管理

建设项目需要配套建设的环境保护设施，必须与主体工程同时设计、同时施工、同时投产使用，简称“三同时”。环境保护应贯穿项目建设整改过程，在建设项目初步设计时，应当按照环境保护设计规范的要求，编制环境保护篇章，落实防治环境污染和生态破坏的措施以及环境保护设施投资概算。建设单位应将环境保护设施建设纳入施工合同，保证环境保护设施建设进度和资金，并在项目建设过程中同时组织实施环境影响报告书、环境影响报告表及其审批部门审批决定中提出的环境保护对策措施。建设项目环境保护管理是防治污染的基础，是防治污染所需要的硬件建设和污染治理很重要环节。

一 设计阶段

（一）项目选址（选线）阶段

建设项目选址（选线）时，应从生态环境保护角度进行论证，项目应符合所在地的规划和环境功能区划，应优先避绕生态敏感区域，确实不能避绕的，应按照生态敏感区主管部门要求开展专项论证，取得主管部门允许穿（跨）越许可。

（二）可行性研究阶段

企业在编制可行性研究报告时，应同步开展建设项目环境影响评价；环保管理部门应组织对环境影响评价报告进行把关。

可行性研究报告应设置环境保护篇章，对项目环境可行性进行分析。环境保护专章应组织专项论证，环保管理部门应对专章内容进行把关。

（三）基础设计（初步设计）阶段

对编制环境影响报告书（表）的项目，基础设计批复前应取得环境影响评价批复。

建设项目的基础设计（初步设计），应当按照环境保护设计规范的要求，编制环境保护篇章，其内容应包括以下几方面。

（1）环境保护措施的设计依据；环境影响报告书或环境影响报告表及审批规定的各项要求和措施。

（2）防治污染的处理工艺流程、预期效果，对资源开发引起的生态变化所采取的防范措施。

（3）绿化设计、监测手段、环境保护投资的概预算等内容。

同时，应根据环境影响评价文件及其批复要求，落实防治环境污染和生态破坏的措施以及环境保护设施投资概算，保障环保投资，环保设施应与主体工程同时设计。建设单位应组织环境保护专篇专项论证，对专篇内容进行把关。

设计单位应在工程建设项目设计中采用先进的、新的、成熟的生产工艺技术，符合环境保护法律法规、标准规范的要求，在设计的不同阶段修改设计、落实批复文件的要求。

需要开展环境监理的建设项目，应在基础设计（初步设计）阶段自行组织或者委托有能力的第三方机构开展环境监理。

二　施工建设阶段

建设项目在施工过程中，应当保护施工现场周围的环境，防止对自然环境造成不应有的破坏，防止和减轻粉尘、震动等对周围生活居住区的污染和危害，建设项目竣工后，施工单位应当修整和复原在建设过程中受到破坏的环境。

（一）总体要求

建设单位应当将环境保护设施建设纳入施工合同，保证环境保护设施建设进度和资金，并在项目建设过程中同时组织实施环境影响报告书、环境影响报告表及其审批部门审批决定中提出的环境保护对策措施。

施工、制造、采购等单位严格按设计文件进行工程建设工作，符合设计文件的要求，环境保护设施（设备）、采购、制造、安装质量符合国家和有关部门颁发的专业工程验收规范、规程和检验评定标准。

监理单位监督环评报告和批复的内容的实施，工程建设工作按设计文件进行。环境影响评价审批文件要求开展施工环境监理的建设项目，建设项目建成后，环境监理单位应当编制施工的环境监理报告。

（二）施工管理要求

在工程建设过程中，对于周边环境都会带来一定的影响，且这些因素都是不可避免的，如：大气污染、污染、水污染等，不仅给人们日常生活造成了很大的困扰，而且对于施工企业的可持续发展也带来或多或少的阻碍。因此，为了改善这种不良现状，施工企业应积极转变生产理念，有效地将环保政策落实到每个施工环节中，确保污染因素可以最大化得到控制，进而减少对周边环境的危害，为工程的顺利开展打下良好的基础。

1. 建立健全环境保护管理机构

建立健全环境保护体系，成立以项目经理为组长的环境保护施工领导小组，明确组织机构和各成员职责，并组织做好落实。

2. 建立健全环境保护保证体系

制定环境保护制度，加强环境保护基础工作，加强监督检查，落实各项工作责任制，形成环境保护保证体系，与当地政府联合协调，控制施工污染，减少污水、粉尘、空气及噪声污染，严格控制各项环保指标。

3. 施工准备工作

（1）调查环境状况。核实、确定施工范围内的环境敏感点，以及施工过程的重大环境因素。明确施工范围内各施工阶段遵循的环保法律、法规和标准要求。

（2）制订培训计划。建立培训、考核程序，定期对直接参与环境管理的人员进行环保专业知识培训，对各层次工作人员进行必要的环保知识培训，对关键岗位人员进行岗位操作规程、能力和环境知识的专门培训，对新工人和人员转岗都严格进行相关的环保培训和教育。

（3）编制《施工组织设计》和分阶段施工方案应有相应的环境保护工作内容。主要包括：根据工程特点、围绕敏感点制定振动控制方案；制定预防扬尘和大气污染工作方案和工地、生活营地的排水和废水处理方案；固体废弃物处理、处置方案；保护绿地、植被的具体工作内容；施工中可能发现文物时的处理和保护方案。

（4）《施工方案》中安排环境保护的具体工作任务。包括方案、措施、设施、工艺、设计、培训、监测、检查等项目，计算环境保护工作的工作量并做出经费预算。做好施工现场开工前的环保准备工作，对开工前必须完成的环保工作列出明细表，明确要求，逐项完成。

（三）现场环境保护措施

项目建设期间应落实环境保护措施，项目主管部门负责落实建设期间废水、废气、固废、扬尘等污染控制，按照环境影响报告书（表）及其批复的要求，组织开展施工期间环境监测。随着国家对大气污染治理的重视，施工期间应加大施工扬尘污染的综合监管和执法力度，督促建筑工地严格执行“六必须六不准”“六个百分百”等降尘举措。

六必须：必须打围作业、必须硬化场地、必须设置冲洗设施、必须湿法作业、必须裸土覆盖、必须物业化管理。

六不准：不准违规现场搅拌、不准违规渣土运输、不准违规高空抛撒、不准现场焚烧废弃物、不准车辆带泥出门、不准现场积泥积水。

六个百分百：施工工地百分百围挡、物料堆放百分百覆盖、出入车辆百分百冲洗、施工现场地面百分百硬化、拆迁工地百分百湿法作业、渣土车辆百分百密闭运输。

1. 噪声环境保护措施

（1）环境的污染源主要由施工期间机械、施工活动、运输车辆造成的噪声，表现在对临近居民、企事业单位的正常生活和工作等造成噪声污染。

（2）执行《建筑施工场界限值》要求，控制和降低施工机械和运输车辆造成的噪声污染。

（3）使工人每工作日实际接触噪声的时间符合国家卫生和劳动部门颁发的允许工人日接触噪声时间标准的规定。

（4）设备选型优先考虑低噪声产品，设备底座设置防震基础，采取措施或改进施工方法，如采取消声、吸声、隔声、阻尼或安装隔震装置等措施，使施工噪声、振动达到施工场界环境标准。机械设备合理布置，正确安装、固定，减少阻力及冲击振动。

（5）合理布置各种施工作业区和生活工作区，利用距离、隔墙对噪声大幅度自然衰减。

（6）选用低噪声的施工工艺和方法，夜间不安排大的机械施工。因工艺要求必须连续施工的须办理夜间施工许可证。

（7）进入现场的机械、车辆必须做到不鸣笛，不急刹车；汽车在等候装土时开启小油门或停车，加强设备维修，定时保养润滑，以避免或减少噪声。

2. 大气环境的保护措施

（1）对施工机械的尾气排放要严格控制，并增设尾气过滤装置，将污染降低到最低限度；生活营灶采用电热装置，杜绝采用燃煤装置。

（2）对易产生粉尘、扬尘的作业面和装卸、运输工程，制定操作规程和洒水降尘制度，保持湿度、控制扬尘。

（3）合理组织施工、优化工地布局，产生扬尘的作业、运输尽量避开敏感点和敏感时段。

（4）严禁在施工现场焚烧任何废弃物和会产生有毒有害气体、烟尘、臭气的物质等。

（5）定期对施工道路及交通道路进行洒水、清扫，减少灰尘对周围环境的污染，对主道路安排专人进行维护保养。

（6）严禁在任何临时和永久性工程中使用政府明令禁止使用的对人体有害的任何材料，如放射性材料、石棉制品等，同时也不得在永久性工程中使用在政府虽未明令禁止但会给居住或使用人带来不适感觉或味觉的任何材料和添加剂，如含有尿素的混凝土抗冻剂等。

3. 固体废弃物的控制措施

（1）制定废渣等固体废弃物的处理、处置方案，及时清运，建立登记制度，防止中途倾倒事件发生并做到运输途中不洒落。

（2）剩余料具、包装及时回收、清退，对可再利用的废弃物尽量回收利用。

（3）施工现场无废弃砂浆和混凝土，在运输道路和操作面落地的及时清走，砂浆、混凝土采取防散落措施。

（4）在施工中尽量减少回填土的堆放时间和堆放量，堆土场地周围加护墙、护板。

（5）教育施工人员养成良好的卫生习惯，不随时乱丢垃圾、杂物，保持工作和生活环境的整洁。

（6）严禁垃圾乱倒、乱卸或用于回填。施工现场和施工营地设垃圾站，各类生活垃圾按规定集中收集，每班清扫、每日清运。

4. 夜间施工措施

（1）按照地方政府有关规定要办理“昼夜施工许可证”。在夜间施工时，严禁大声喧哗、装卸物料，码放时要轻拿轻放。

（2）中考、高考、节假日及城市有关部门重大活动等期间，要停止夜间施工。

（3）执行地方政府土石方运输车辆管理的有关规定，对装运建筑材料、土石方、建筑垃圾及工程渣土的车辆，安排夜间运输时，应向交通管理部门申请运输路线和运输时间。

（4）夜间施工光源如铲车、汽车灯光及施工照明灯不得直接对着居民房或企事业单位，应采取有效措施避免直接照射。

5. 地表水和地下水防污染措施

（1）污水排放严格执行各项排放标准，废水排入自然水体，污染物必须达标排放。

（2）在工程开工前完成工地排水和废水处理设施的建设，在营地设置污水处理系统，排入城市排污系统，并配备临时的生活污水汇集设施，保证工地排水和废水处理设施在整个施工过程中有效，做到现场无积水，排水不外溢、不堵塞，水质达标。

（3）工地生活区的生活垃圾、工程废料及废油分类堆放，及时集运至当地环保部门指定的地点，不倒入河流、水塘等水域内，避免污染水体、淤积水道和排灌系统；施工中将有害物质和施工废水进行处理，严禁直接排放。

（4）施工中优先考虑安排电动机械施工，对柴油机安装防漏油设施，对机壳进行围护，避免漏油污染。

（5）制定雨季施工的有效排水措施，钻孔桩现场必须备好有效的废浆处理设备。

三 其他要求

建设项目主体工程需要进行调试的，其配套建设的环境保护设施，必须先于主体工程投入调试，保证污染物达标排放。

纳入排污许可重点管理的建设项目（总容量 $10\times10^4m^3$ 及以上、地下洞库建设项目），应当在项目产生实际污染物排放之前，按照国家有关管理规定要求，申请排污许可证（或临时排污许可证），不得无证排污或不按证排污。

第三节 竣工环境保护验收

建设项目在正式投产或使用前，应当按照相关法规定的程序和标准，组织对配套建设的环境保护设施进行验收。建设项目配套建设的环境保护设施经验收合格后，其主体工程方可投入生产或者使用；未经验收或者验收不合格的，不得投入生产或者使用。

一 竣工环境保护验收总体要求

建设单位是建设项目竣工环境保护验收的责任主体，负责组织对配套建设的环境保护设施进行验收，编制验收报告，公开相关信息，接受社会监督，确保建设项目需要配套建设的环境保护设施与主体工程同时投产或者使用，并对验收内容、结论和所公开信息的真实性、准确性和完整性负责，不得在验收过程中弄虚作假。

（一）验收报告编制

竣工环境保护验收报告，应包括验收监测（调查）报告、验收意见和其他需要说明的事项等三项内容。

环境保护设施是指防治环境污染和生态破坏以及开展环境监测所需的装置、设备和工程设施等。以排放污染物为主的建设项目，如油库、加油（气）站、码头等应参照《建设项目竣工环境保护验收技术指南污染影响类》编制验收监测报告；对生态造成影响的建设项目，如长输管道等应按照《建设项目竣工环境保护验收技术规范生态影响类》编制验收调查报告；火力发电、石油炼制、水利水电、核与辐射等已发布行业验收技术规范的建设项目，按照该行业验收技术规范编制验收监测报告或者验收调查报告。

在油品销售企业，编制环境影响报告书（表）的建设项目竣工后，一般委托具有CMA计量认证或者CNAS实验室认可的技术机构，开展现场环境监测，编制竣工环境保护验收监测（调查）报告。

（二）验收工作组

验收监测（调查）报告完成后，建设单位应组织成立验收工作组。验收工作组应由建设单位、设计单位、施工单位、环境影响评价机构、验收监测（调查）报告编制机构等单位代表及专业技术专家组成，代表范围和专家人数由建设单位自定。

（三）不符合验收的情形

建设项目环境保护设施存在下列情形之一的，建设单位不得提出验收合格的意见：

（1）未按环境影响报告书（表）及其审批部门审批决定要求建成环境保护设施，或者环境保护设施不能与主体工程同时投产或者使用的。

（2）污染物排放不符合国家和地方相关标准、环境影响报告书（表）及其审批部门审批决定或者重点污染物排放总量控制指标要求的。

（3）环境影响报告书（表）经批准后，该建设项目的性质、规模、地点、采用的生产工艺或者防治污染、防止生态破坏的措施发生重大变动，建设单位未重新报批环境影响报告书（表）或者环境影响报告书（表）未经批准的。

（4）建设过程中造成重大环境污染未治理完成，或者造成重大生态破坏未恢复的。

（5）纳入排污许可管理的建设项目，无证排污（或临时排污证）或者不按证排污的。

（6）分期建设、分期投入生产或者使用依法应当分期验收的建设项目，其分期建设、分期投入生产或者使用的环境保护设施防治环境污染和生态破坏的能力不能满足其相应主体工程需要的。

（7）建设单位因该建设项目违反国家和地方环境保护法律法规受到处罚，被责令改正，尚未改正完成的。

（8）验收报告的基础资料数据明显不实，内容存在重大缺项、遗漏，或者验收结论不明确、不合理的。

（四）验收期限

除需要取得排污许可证的水和大气污染防治设施外，其他环境保护设施的验收期限一般不超过3个月。需要对该类环境保护设施进行调试或者整改的，验收期限可以适当延期，但最长不超过12个月。

验收期限是指自建设项目环境保护设施竣工之日起至建设单位向社会公开验收报告之日止的时间。

对于实行分期建设、分期投入生产或者使用的建设项目，其相应的环境保护设施应当分期验收。

二 验收工作程序

环境竣工验收工作主要包括验收监测工作和后续工作，其中验收监测工作可分为启动、自查、编制验收监测方案、实施监测与检查、编制验收监测报告五个阶段。

（一）启动

建设项目竣工后，建设单位或者受委托技术机构启动验收工作。

（二）验收自查

1. 环保手续履行情况

环保手续履行情况内容主要包括：环境影响报告书（表）及其审批部门审批决定；初步设计（环保篇）等文件；国家与地方生态环境部门对项目的督查、整改要求的落实情况；建设过程中的重大变动及相应手续履行情况；是否按照排污许可相关管理规定申领排污许可证；是否按辐射安全许可管理办法申领辐射安全许可证。

2. 项目建成情况

项目建成验收内容有：对照环境影响报告书（表）及其审批部门审批决定等文

件；自查项目建设性质、规模、地点；主要生产工艺、产品及产量、原辅材料消耗；项目主体工程、辅助工程、公用工程、储运工程和依托工程内容及规模等情况。

（三）环境保护设施建设情况

1. 建设过程

建设过程应关注施工合同中是否涵盖环境保护设施的建设内容和要求；是否有环境保护设施建设进度和资金使用内容；项目实际环保投资总额占项目实际总投资额的百分比。

2. 污染物治理/处置设施

按照废气、废水、固体废物的顺序，逐项自查环境影响报告书（表）及其审批部门审批决定中的污染物治理/处置设施建成情况。主要内容包括但不限于：废水处理设施类别、规模、工艺及主要技术参数，排放口数量及位置；废气处理设施类别、处理能力、工艺及主要技术参数，排气筒数量、位置及高度；主要噪声源的防噪、降噪设施；辐射防护设施类别及防护能力；固体废物的储运场所及处置设施等。

3. 其他环境保护设施

按照环境风险防范、在线监测和其他设施的顺序，逐项自查环境影响报告书（表）及其审批部门审批决定中的其他环境保护设施建成情况。主要内容包括但不限于：装置区围堰、防渗工程、事故池；规范化排污口及监测设施、在线监测装置；“以新带老”改造工程、关停或拆除现有工程（旧机组或装置）、淘汰落后生产装置；生态恢复工程、绿化工程、边坡防护工程等。

4. 整改情况

自查发现未落实环境影响报告书（表）及其审批部门审批决定要求的环境保护设施的，应及时整改。

（四）重大变动情况

自查发现项目性质、规模、地点、采用的生产工艺或者防治污染、防止生态破坏的措施发生重大变动，且未重新报批环境影响报告书（表）或环境影响报告书（表）未经批准的，建设单位应及时依法依规履行相关手续。

（五）验收监测方案与验收监测报告编制

1. 验收监测方案编制

1）验收监测方案编制目的及要求

编制验收监测方案是根据验收自查结果，明确工程实际建设情况和环境保护设施落实情况，在此基础上确定验收工作范围、验收评价标准，明确监测期间工况记录方法，确定验收监测点位、监测因子、监测方法、频次等，确定其他环境保护设施验收检查内容，制定验收监测质量保证和质量控制工作方案。

验收监测方案作为实施验收监测与检查的依据，有助于验收监测与检查工作开展得更加规范、全面和高效。一般来说，石化、化工、冶炼、印染、造纸、钢铁等重点行业编制环境影响报告书的项目应编制验收监测方案。建设单位也可根据建设项目的具体情况，自行决定是否编制验收监测方案。

2）验收监测方案推荐内容

验收监测方案内容可包括：建设项目概况、验收依据、项目建设情况、环境保护设施、验收执行标准、验收监测内容、现场监测注意事项、其他环保设施检查内容、质量保证和质量控制方案等。

2. 验收监测报告编制

编制验收监测报告是在实施验收监测与检查后，对监测数据和检查结果进行分析、评价得出结论。结论应明确环境保护设施调试、运行效果，包括污染物排放达标情况、环境保护设施处理效率达到设计指标情况、主要污染物排放总量核算结果与总量指标符合情况，建设项目对周边环境质量的影响情况，其他环保设施落实情况等。

1）报告编制基本要求

验收监测报告编制应规范、全面，必须如实、客观、准确地反映建设项目对环境影响报告书（表）及审批部门审批决定要求的落实情况。

2）验收监测报告内容

验收监测报告内容应包括但不限于以下内容：建设项目概况、验收依据、项目建设情况、环境保护设施、环境影响报告书（表）主要结论与建议及审批部门审批决定、验收执行标准、验收监测内容、质量保证和质量控制、验收监测结果、验收监测结论、建设项目环境保护“三同时”竣工验收登记表等。

编制环境影响报告书的建设项目应编制建设项目竣工环境保护验收监测报告，编制环境影响报告表的建设项目可视情况自行决定编制建设项目竣工环境保护验收监测报告书或表。

（六）实施程序

对于污染类的建设项目，其环境竣工验收一般可采用以下程序开展验收工作，如图2-2所示。

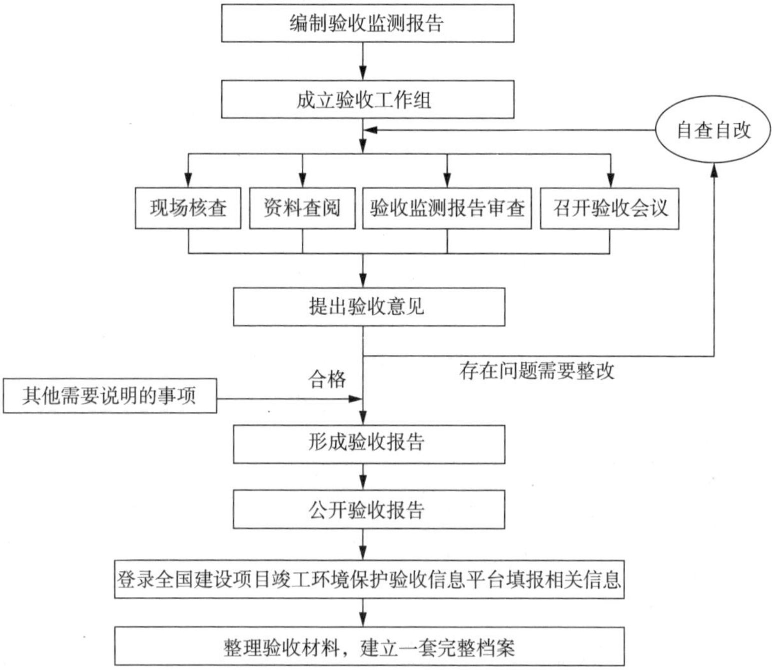

图2-2　建设项目环境保护竣工验收程序图

1. 成立验收工作组

建设单位组织成立的验收工作组可包括项目的环保设施设计单位、环保设施施工单位、环境监理单位（如有）、环境影响报告书（表）编制单位、验收监测报告（表）编制单位等技术支持单位和环境保护验收、行业、监测、质控等领域的技术专家。

技术支持单位和技术专家的专业技术能力应足够支撑验收组对项目能否通过验收做出科学准确的结论。

2. 现场核查

验收工作组现场核查工作目的是核查验收监测报告（表）内容的真实性和准确

性，补充了解验收监测报告（表）中反映不全面或不详尽的内容，进一步了解项目特点和区域环境特征等。

现场核查是得出验收意见的一种有效手段。现场核查要点可参照原环境保护部《关于印发建设项目竣工环境保护验收现场检查及审查要点的通知》[环办〔2015〕113号]。

3. 形成验收意见

验收工作组可以召开验收会议的方式，在现场核查和对验收监测报告内容核查的基础上，严格依照国家有关法律法规、建设项目竣工环境保护验收技术规范、建设项目环境影响报告书（表）及其审批部门审批决定等要求对建设项目配套建设的环境保护设施进行验收，形成科学合理的验收意见。验收意见应当包括工程建设基本情况，工程变动情况，环境保护设施落实情况，环境保护设施调试运行效果，工程建设对环境的影响，项目存在的主要问题，验收结论和后续要求。对验收不合格的项目，验收意见中还应明确详细、具体可操作的整改要求。

4. 建立档案

在建设项目通过竣工环境保护验收后，项目主管部门要收集建立验收档案，并移交档案室存档。一套完整的建设项目竣工环境保护验收档案包括环境影响报告书（表）及其审批部门审批决定、初步设计（环保篇）或环保设计方案、施工合同（环保部分）、环境监测报告或施工监理报告（环保部分）（若有）、工程竣工资料（环保部分）、验收报告[含验收监测报告（表）、验收意见和其他需要说明的事项]、信息公开记录证明（需要保密的除外）。

建设单位委托技术机构编制验收监测报告的，还可把委托合同、责任约定等委托涉及的关键材料存入档案。建设单位成立验收工作组协助开展验收工作的，还可将验收工作组单位及成员名单、技术专家专长介绍等材料存入档案。

三 信息公开及报备

竣工验收报告编制在评审完毕后，建设单位应当通过其网站或其他便于公众知晓的方式，向社会公开环境保护竣工验收信息，同时应当向所在地县级以上环境保护主管部门报送相关信息，并接受监督检查。除按照国家需要保密的情形外，公开信息应包含以下内容：

（1）建设项目配套建设的环境保护设施竣工后，公开竣工日期。

（2）对建设项目配套建设的环境保护设施进行调试前，公开调试的起止日期。

（3）验收报告编制完成后5个工作日内，公开验收报告，公示的期限不得少于20个工作日。

除需要取得排污许可证的水和大气污染防治设施外，其他环境保护设施的验收期限一般不超过3个月；需要对该类环境保护设施进行调试或者整改的，验收期限可以适当延期，但最长不超过12个月。验收期限是指自建设项目环境保护设施竣工之日起至建设单位向社会公开验收报告之日止的时间。

验收报告公示期满后5个工作日内，建设单位应当登录全国建设项目竣工环境保护验收信息平台，填报建设项目基本信息、环境保护设施验收情况等相关信息，环境保护主管部门对上述信息予以公开。建设单位应当将验收报告以及其他档案资料存档备查。

思考题

1．在油品销售企业，哪些情形的建设项目需要编制环境影响报告书，哪些情形需要编制报告表，哪些情形需要办理环境影响登记备案？

2．对于编制环境影响报告书（表）的建设项目，其审批和验收分别如何开展，它们的完成期限有何要求？

第三章

环境污染物

扫码即获更多阅读体验

环境污染物是指进入环境后使环境的正常组成和性质发生变化、直接或间接有害于人类生存或造成自然生态环境衰退的物质。大部分环境污染物是由人类的生产和生活活动产生的。有些物质原本是生产中的有用物质，甚至是人和生物必需的营养元素，由于未充分利用而大量排放，不仅造成资源上的浪费，而且可能成为环境污染物。

要点导图

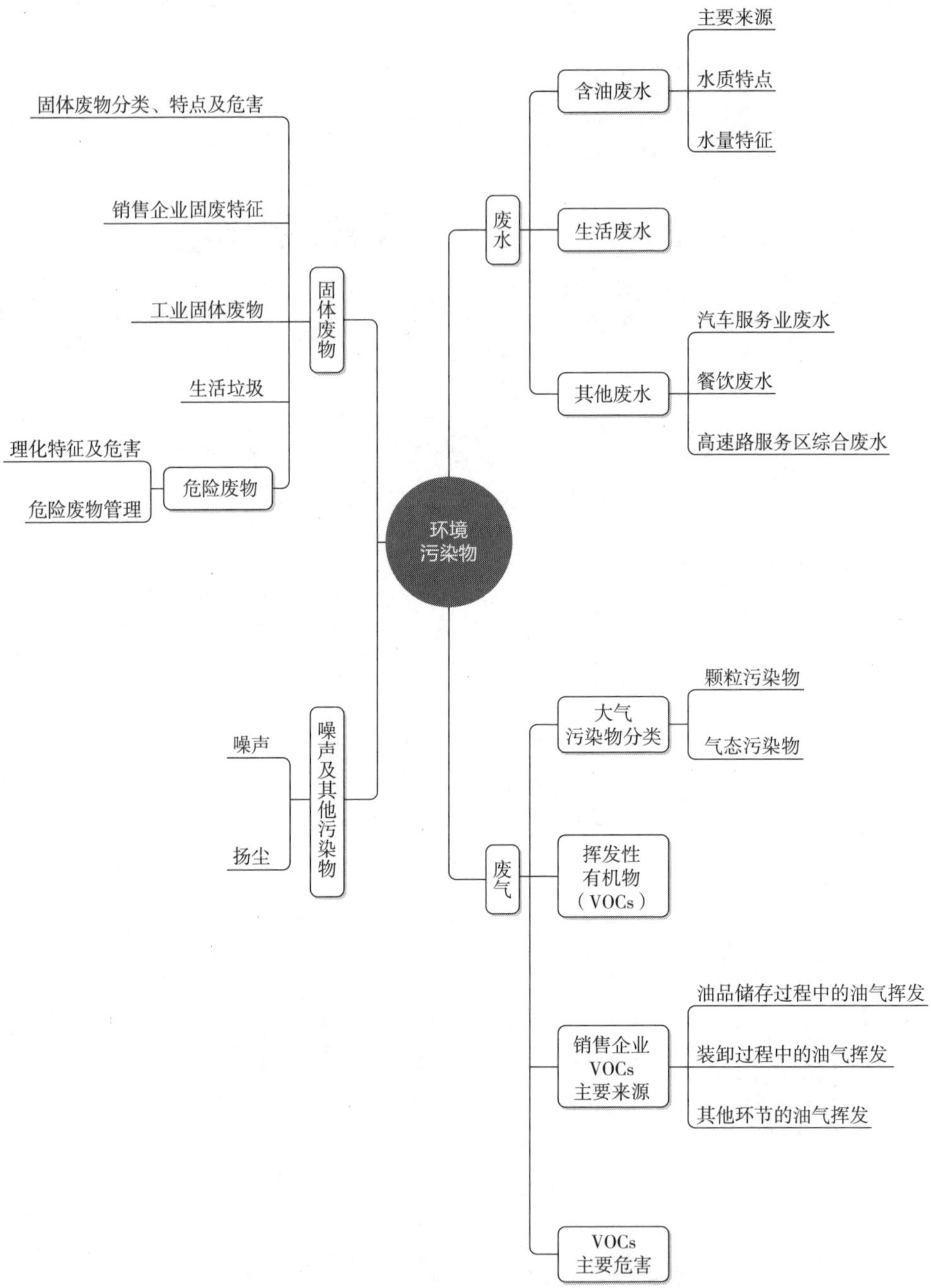
环境污染物
废水
含油废水
主要来源
水质特点
水量特征
生活废水
其他废水
汽车服务业废水
餐饮废水
高速路服务区综合废水
固体废物
固体废物分类、特点及危害
销售企业固废特征
工业固体废物
生活垃圾
危险废物
理化特征及危害
危险废物管理
噪声及其他污染物
噪声
扬尘
废气
大气污染物分类
颗粒污染物
气态污染物
挥发性有机物（VOCs）
销售企业VOCs主要来源
油品储存过程中的油气挥发
装卸过程中的油气挥发
其他环节的油气挥发
VOCs主要危害

一种物质成为污染物，必须在特定的环境中达到一定的数量或浓度，并且持续一定的时间。当其数量或浓度低于某个水平（如低于环境标准容许值或不超过环境自净能力）或只短暂地存在，则不会造成环境污染。例如，铬是人体必需的微量元素，氮和磷是植物的营养元素，但如果它们长期高浓度地存在于环境中，便会引起人体中毒、水体富营养化等后果。有的污染物进入环境后，通过化学或物理反应，或在生物作用下会转变成新的危害更大的污染物，也可能降解成无害的物质。不同污染物同时存在时，由于拮抗或协同作用，会使毒性降低或增大。随着人类生产的发展，技术的进步，原有污染物的排放量和种类会逐渐减少。但与此同时，也会发现和产生更多新的污染物。

环境污染物按性质可分为化学、物理和生物污染物；按环境要素可分为大气、水体和土壤污染物；按形态可分为废气、废水、固体废弃物以及电磁辐射等。环境污染物质的种类繁多，性质各异，污染物质的性质可归纳如下。

（1）自然性。长期生活在自然环境中的人类，对于自然物质有较强的适应能力。有人分析了人体中60多种常见元素的分布规律，发现其中绝大多数元素在人体血液中的百分含量与它们在地壳中的百分含量极为相似。但是，人类对人工合成的化学物质，其耐受力则要小得多。所以区别污染物的自然或人工属性，有助于估计它们对人类的危害程度。

（2）毒性。如污染物中的氰化物、砷及其化合物、汞、铍、铅、有机磷和有机氯等的毒性都是很强的。

（3）时空分布性。污染物进入环境后，随着水和空气的流动被稀释扩散，可能造成由点源到面源更大范围的污染，而且在不同空间的位置上，污染物的浓度和强度分布随着时间的变化而不同，这是由污染物的扩散性和环境因素所决定的，水溶解性好的或挥发性强的污染物，常能被扩散输送到更远的距离。

（4）活性和持久性。表明污染物在环境中的稳定程度。活性高的污染物质，在环境中或在处理过程中易发生化学反应生成比原来毒性更强的污染物，构成二次污染，严重危害人体及生物。

（5）生物可分解性。有些污染物能被生物所吸收、利用并分解，最后生成无害的稳定物质。大多数有机物都有被生物分解的可能性。

（6）生物累积性。有些污染物可在人类或生物体内逐渐积累、富集，尤其在内脏器官中的长期积累，由量变到质变引起病变发生，危及人类和动植物健康。

（7）对生物体作用的加和性。在环境中，只存在一种污染物质的可能性很小，往往是多种污染物质同时存在，考虑多种污染物对生物体作用的综合效应是必要的。

大多数污染物是以逸散至大气、排泄至水体或土壤表面堆积和填埋的方式进入环境的。污染源的形式归纳起来有三种。

（1）点污染源。浓稠集中的排放，如从工厂烟囱或废水排放口排放，固体废物在某一堆放点的集中堆放。

（2）线污染源。如行驶中的汽车沿街排放尾气。

（3）面污染源。稀淡分散的排放，如农田径流和灌溉排水就是水体污染的主要面源。由于降雨对大气的淋洗使污染物进入水体，这也是一种面源。过量农药和化肥的大面积施用也会构成一个区域性的面污染源。

污染源形式按污染源存在的形式又可分为固定污染源和移动污染源；按污染物质排放的时间可分为连续源、间断源和瞬时源等。不同形式的污染源对污染物质的扩散、分布、迁移和转化有很大的影响。

油品销售企业污染源主要包括油库、加油（气）站、码头、管道等。在日常生产经营过程中主要环境污染物，按照形态分类包括废水、废气、固体废物以及等。本章按照污染物形态分类，分别介绍油品销售企业生产经营中各类污染物的主要产生来源、污染物的特点及其主要危害。

第一节 废水

废水是指人类的生产和生活活动过程产生的水及径流雨水的总称。它一般指经过一定技术处理后不能再循环利用，已失去使用价值或无法利用的水，主要包括生活污水、工业废水和径流雨水排入水管渠等其他无用水。油品销售企业传统的废水主要来源于油库、加油站，按照类别分为含油废水、生活废水以及其他废水。近几年来，随着加油站服务功能迅猛发展，汽服、餐饮等新业态网点的数量和范围不断增加，同时也伴生汽服洗车、餐饮等不同种类的废水。

一　含油废水

油品销售企业含油废水一般是在生产经营过程中产生，主要来源于油库、加油站，是油品销售企业废水治理的重点。由于油品含有各种烃类和添加剂组分，受油品污染的废水若不经处理直接排入河流、湖泊或海域等环境，则会对周边水体生态、渔业养殖、土壤等产生影响和破坏。

（一）主要来源

1. 油库含油废水主要来源

在油品销售企业，油库是产生含油废水的主要场所，其含油废水的主要来源可归纳于以下三方面。

（1）日常生产的含油废水。包括油罐切水，清洗油罐水，发油台、码头、罐区、泵区等部位的地面污染水，油品计量、质检过程清洗产生的废水。

（2）施工检修产生的含油废水。包括施工检修过程过滤器清洗，管道、阀门等带油设备冲洗产生的废水。

（3）初期雨水。在罐区、装卸区、码头等作业场所，在生产经营过程油品因跑、冒、滴、漏遗留地面，产生的初期污染雨水。

2. 加油站含油废水主要来源

（1）日常经营产生的含油废水。加油区在给汽车加注、卸油区在接卸油品的作业过程中，因油品发生跑、冒、滴、漏对地面污染产生废水，此类废水数量极少，通过加强管理减少油品跑、冒、滴、漏，可以杜绝含油废水的产生。

（2）施工检修产生的含油废水。包括埋地油罐清洗过程产生的含油废水，施工检修过程管道、加油机、过滤器清洗产生的含油废水。

（二）水质特点

含油废水主要污染物为烃类物、固体悬浮物、溶解状有机化合物等。它具有一定的色度和气味，难溶于水、水中悬浮固体含量高、颗粒粒径小、有机物含量高的特点。成品油库含油废水受所储存油品的性质、产地、储存周期、操作管理等影响大，具有排放不连续、水量变化幅度大、水质不规律等特点。

根据含油废水来源和油类在水中的存在形式不同，油品在水中可分为浮油、分散油、乳化油、溶解油等。

（1）浮油。这种状态下油珠粒径较大，油珠粒径一般大于100μm，静置后能快速上浮，形成油膜或油层，在隔油池中靠与水的比重差容易从水中分离出来。对于油库含油废水，这种状态的占比量最高，一般在60% ~ 80%。

（2）分散油。油珠粒径介于10 ~ 100μm，以微小油珠悬浮于水中，其状态不稳定，经一定时间静置后易形成浮油。

（3）乳化油。油珠粒径小于10μm，油品在废水中分散的粒径很小，呈稳定的乳化状态，且油珠在水中的分散度越大其状态越稳定。乳化油用沉淀法不易从废水中分离出来，一般需要采用气浮法或混凝沉淀法去除。

（4）溶解油。是一种以化学方式溶解的微粒分散油，油粒直径比乳化油还要细，油珠粒径一般小于0.1μm，有时可小到几纳米。

固体悬浮物主要是油品在油罐储存、船舶运输、槽车运输、管道输送等过程中产生的机械杂质。

由于汽油、柴油等成品油成分复杂，含有各种烃类、苯类、醇类、脂类等有机物质和各类添加剂组分，因此含油废水中溶解状有机化合物比较复杂，其水质略显酸性。

油品极易在水体表面形成薄油膜，当水面油膜厚度大于1μm时就会隔绝空气与水体间的气体交换，导致水中溶解氧量急剧下降，产生恶臭，破坏水体的生态平衡，造成水质恶化，从而影响水质，影响居民用水和农田灌溉。溶解油和乳化油则直接污染水体。因此，如含油废水排入水体，将会对水体产生极大的影响，必须采取措施进行治理，确保含油废水得到有效收集和处理，达标排放。

（三）水量特征

成品油库的含油废水产生量主要取决于油品的入库方式、工艺特点以及油品吞吐量，并与当地的气候条件有一定关系。油库废水具有间歇式产生的特点，按废水产生量，大致可分为以下三类。

（1）年产生量1000m^3以上，一般为水路油库，主要集中在沿江、沿海区域。传统油轮卸收油品时往往采用顶水工艺，其特点是含油废水产生量多、频繁、间隔周期短，并且处理后的合格水以排入附近水域为主，对排放水质的指标要求较为严格。

（2）年产生量在200 ~ 1000m^3，一般为管输或铁路油库，收油方式决定了其来水量较少、来水间隔周期长。此类油库多数油品周转率高，日常废水以设备、地面冲洗水为主，并含有一定量的初期雨水，其排放水质指标与周边环境要求有关。

（3）年产生量在200m^3以下，此类库一般为环境干燥、降雨量小的管输或铁路油库。由于油库各环节油污产生量均较小，加上周边环境受体接纳能力较强，对排放水质指标相对宽松。

加油站日常经营过程中一般不产生含油废水，其含油废水主要是在油罐清洗、设备检修清洗过程产生，或地面清洗时产生少量的含油废水，且与加油站规模、经营量等因素息息相关，不具规律性。

二　生活废水

生活废水一般指居民日常生活中排出的废水，主要来源于居住建筑和公共建筑，如住宅、机关、学校、医院、商店、公共场所及工业企业卫生间等。

加油站、油库生活废水主要来源于卫生间的卫生器具排水，厨房、餐厅的洗刷排水，以及清洁卫生的各类废水，排放方式为间歇式排放。在油品销售企业，高速公路服务区具有人流量大的特点，因此服务区的生活废水产生量一般比较大。

生活废水所含的污染物主要是有机物，如蛋白质、碳水化合物、脂肪、尿素、氨氮等，以及大量病原微生物，如寄生虫卵和肠道传染病毒等。存在于生活废水中的有机物极不稳定，容易腐化而产生恶臭。细菌和病原体以生活废水中有机物为营养而大量繁殖，可导致传染病蔓延流行。因此，生活废水排放前必须进行处理。

在加油站和油库，生活废水一般要求经过化粪池预处理后外排进入市政管网。对于环境敏感区域，车流、人流量较大或无法接入市政管网的加油站，如高速公路服务区的生活废水应经处理装置处理后达标外排。油库生活废水一般通过化粪池预处理后达标外排，或经生活废水处理装置处理后达标外排。

三　其他废水

随着销售企业经营业务范围的发展，尤其近几年非油品业务的高速发展，与加油站关联的人车服务不断提升，高速路服务区、汽服洗车以及餐饮服务等随之带来了各类不同的废水。区别于含油废水，新业态产生的废水特征是量大、布点分散，公众关注度高，因此也是销售企业面临的污染治理的新课题。

（一）汽车服务业废水

在油品销售企业，加油站汽车服务以洗车业务为主，因此油品销售企业汽车服务业主要产生的是洗车废水。汽车在行驶过程中，车体和玻璃所黏附的污垢主要是尘埃、燃料燃烧尾气和空气中飘浮的各种微粒等。底盘和车轮黏附的污垢主要是泥沙。路面沥青。煤焦油和燃烧油等。它们在重复污染或混合污染时，会形成黏附力很强的污垢。发动机中的污垢主要来自燃料。由于汽车各部位黏附的污垢类型不同，清洗时所用的洗涤剂及清洗方式也有差别。就洗涤剂成分而言，主要为烷基酚、聚氧乙烯、醚等非离子表面活性剂，以及起润滑作用和光亮作用的阴离子表面活性剂，常用的为烷基硫酸钠和磷酸醋盐等。由此可以看出洗车废水中主要的污染物为油类污物、泥沙、洗涤剂。

洗车废水按照车辆类型、洗车功能、洗车方式、主要污染物特征可分为4类。

1. 按车辆类型分类

按照清洗的车辆类型的差异，大致分为两类：

（1）清洗小型车辆的洗车废水。由于此类车辆多跑短途，车辆上沾染的灰尘和泥沙较多，而油类物质相对较少，因此这类废水污染物较为单一，主要是泥沙类物质、清洗汽车时耗用的洗涤剂类物质和少量的油。

（2）清洗运输类大型车辆的洗车废水。这类车辆大多跑远途，车辆上沾染的煤焦油或燃料油较多，且承载的物品也会给车体带来污染，此类废水污染物较为复杂，需设有除油的处理单元。

销售企业加油站洗车业务服务对象主要是小型车辆；受场地和专业因素制约，运输类大型车辆洗车业务较为鲜见。

2. 按洗车行功能分类

按照洗车行功能的差异，可以分为单纯洗车业务的洗车废水和兼具修车功能的洗车废水。前者的洗车废水水质中泥沙、洗涤剂类物质较多，油类物质相对较少，而后者由于在修车时使用润滑油类物质，使水中的含油量大幅提升，同时水中其他污染物质的浓度也有明显增加。

3. 按清洗方式分类

按清洗方式的差异，分为机械清洗的洗车废水和人工清洗的洗车废水。传统的多采用人工高压水冲洗洗车，洗车废水中含有的洗涤剂类物质相对较多。随着近年来我国工业制造能力的发展，机械洗车在加油站也逐步得到应用和推广。

4. 按主要污染物特征分类

从以上三种方式分析可知，油类是洗车废水中的主要污染物质。因此，可以按油类污染物情况将洗车废水分为两大类：

第一类是含油量少，含泥沙、洗涤剂较多的洗车废水。

第二类是含油量、泥沙、洗涤剂类物质均较高的洗车废水，这类废水的处理工艺相对复杂。

（二）餐饮废水

餐饮废水是指由餐饮业排放的未经处理的废水，主要来源于食品的准备、餐具洗涤、食物残余的渗沥液等。餐饮废水主要污染物为食物纤维、淀粉、脂肪、动植物油类，以及各种佐料、洗涤剂和蛋白质等有机物。同时由于就餐人员的复杂性，还存在病源菌污染的问题。这些物质大都以胶体状态存在，只有少部分以悬浮物存在，其特点是量少源多，成分复杂，水质变化较大，其COD_{Cr}一般为在500～3500mg/L。

由于餐饮废水污染物成分复杂，浓度高，对城市环境污染严重，废水中油脂容易凝结在管道内壁，形成厚厚的油脂层，使管道过水能力减少，甚至堵死，因此必须经过有效处理，使之达到国家规定的排放标准，才能排入城市下水道，或是直接排入环境水体，否则将会对生态环境和人们日常生活带来严重的不良影响。

（三）高速路服务区综合废水

除加油站、油库外，油品销售企业还经营管理着许多高速公路服务区。随着经济的高速发展，人民生活水平的提高，高速路服务区业务经营范围不断多样化，超市、餐饮、住宿、加油、洗车、维修、公厕等成为服务区的常态化服务项目。因此，高速公路服务区废水一般由生活废水、餐饮废水、洗车废水、加油站废水等组成。

由于高速公路服务区餐厅、大型公厕、宿舍产生的废水排放量相对较多，尤其是洗手间和淋浴间废水较多，主要特点是氨氮含量高，色度高，化学需氧量大，磷、油污等污染物含量高，水质复杂，水量波动大；洗车废水所含污染物以泥沙颗粒物、石油类为主；车辆加油站和维修站排水则以石油类为主。高速公路服务区所排放的加油、洗车、修车废水数量较少，一般经隔油池预处理与生活废水混合进入后续处理。

高速公路服务区废水与生活废水显著不同的特点就是水质、水量不稳定。这与交通量有很大关系。服务区常住人员少，主要是来往车辆、旅客停靠产生废水。车辆的往来具有很大的随机性。因此，产生的水量也具有较大的波动性，水量每时、每天、每月都有可能不同；尤其是在节假期人员出行高峰期，废水产生量比平常骤升几倍，甚至十几倍。

第二节 废气

废气是指人类在生产和生活过程中排出的有毒、有害的气体。废气中含有污染物种类很多，其物理和化学性质非常复杂，毒性也不尽相同。燃料燃烧排出的废气中含有二氧化硫、氮氧化物（NO_x）、碳氢化合物等；因工业生产所用原料和工艺不同，而排放各种不同的有害气体和固体废物，含有各种组分如重金属、盐类、放射性物质；汽车排放的尾气含有苯和酚等碳氢化合物。废气污染大气环境是世界最普遍最严重的环境问题之一。

一 大气污染物分类

按大气污染成分分类，大气污染物可分为颗粒污染物和气态污染物。

（一）颗粒污染物

污染大气的颗粒物质又称气溶胶。环境科学中把气溶胶定义为悬浮在大气中的固体或液体物质，或称微粒物质或颗粒物。按其来源的性质不同，气溶胶又可分为一次气溶胶和二次气溶胶。前者是指从排放源排放的微粒，例如从烟道排出的烟粒、风刮起的灰尘等；后者是指从源排放时为气体，经过一些大气化学过程所形成的微粒，例如来自排放源的H_2S和SO_2气体，经大气氧化最终转化为硫酸盐微粒。烟尘主要来自火力发电厂、钢铁厂、金属冶炼厂、化工厂、水泥厂及工业和民用锅炉的排放。

颗粒物的种类很多，一般指0.1～75μm之间的尘粒、粉尘、雾尘、烟、化学烟雾和煤烟。其危害特点是粒径1μm以下的颗粒物尘降慢、波及面大而远。具体分类如下：

1. 粉尘

粉尘是指悬浮于气体介质中的微小固体颗粒，受重力作用能发生沉降，但在一段时间内能保持悬浮状态。

（1）降尘。一般是指大气中粒径大于10μm的固体微粒，在重力作用下，它可在较短的时间内沉降到地面。

（2）飘尘。一般是指大气中粒径小于10μm的固体微粒，主要来源于机械处理过程或风扬起的尘，它能在环境空气中持续的时间很长，对人体健康和大气能见度的影响都很大，有时也被称为浮游粉尘。它被吸入人体后，会积累在呼吸系统中，引发许多疾病，对人类危害大。飘尘也被称为可吸入颗粒物，英文缩写为PM10。

2. 烟

烟是指由冶金过程形成的固体颗粒的气溶胶。一般是升华、蒸发、化学反应等过程生成的蒸气，在空气中凝结成浮游粒子。烟尘颗粒一般小于1μm。

3. 飞灰

飞灰是指随燃料燃烧产生的烟气排出的分散得较细的灰分。一般是（粉煤）燃料燃烧后，在烟道中悬浮成灰状的细小粒子。

4. 黑烟

黑烟是指由燃料燃烧产生的能见气溶胶，一般是由燃料（固体、液体）在燃烧过程中所产生的细小粒子组成。黑烟颗粒一般在0.05 ~ 1μm。

5. 雾

雾是气体中液滴悬浮体的总称。蒸汽状凝结成液体的微粒，相对湿度100%，影响1km以外的大气水平可见度。雾颗粒一般小于100μm。

大气监测中将粒径小于100μm的所有液体或固体颗粒称为总悬浮微粒（即TSP）。在环境空气中空气动力学当量直径小于等于2.5μm的颗粒物称为细颗粒物（即PM2.5），又称细粒、细颗粒。PM2.5能较长时间悬浮于空气中。其在空气中含量浓度越高，就代表空气污染越严重。虽然PM2.5只是地球大气成分中含量很少的组分，但它对空气质量和能见度等有重要的影响。与较粗的大气颗粒物相比，PM2.5粒径小，面积大，活性强，易附带有毒、有害物质（例如重金属、微生物等），且在大气中的停留时间长、输送距离远，因而对人体健康和大气环境质量的影响更大。

（二）气态污染物

气态污染物种类很多，主要有五大类。

1. 以SO_2为主的含硫化合物

大气污染物中的含硫化合物包括硫化氢、二氧化硫、三氧化硫、硫酸、亚硫酸盐、硫酸盐和有机硫气溶胶。

2. 以NO和NO_2为主的含氮化合物

大气中对环境有影响的含氮污染物主要是NO和NO_2，其他还有NO_2、NO_3及铵盐。NO和NO_2是对流层中危害最大的两种氮的氧化物。NO的天然来源有闪电、森林或草原火灾、大气中氨的氧化及土壤中微生物的硝化作用等。NO_2的人为来源主要来自化石燃料的燃烧（如汽车、飞机及内燃机的燃烧过程），也来自硝酸及使用硝酸等的生产过程，氨肥厂、炸药厂、有色及黑色金属冶炼厂的某些生产过程等。氨在大气中不是重要的污染气体，主要来自天然源，它是有机废物中的氨基酸被细菌分解的产物。氨的人为来源主要是煤的燃烧和化工生产过程中产生的。在许多气体污染物的反应和转化中，氨起着重要的作用，它可以和硫酸、硝酸及盐酸作用生成铵盐，在大气气溶胶中占有一定比例。

3. 碳的氧化物

碳的氧化物主要是CO和CO_2，一氧化碳（CO）是低层大气中最重要的污染物之一，主要来源是化石燃料的燃烧，以及炼铁厂、石灰窑、砖瓦厂、化肥厂的生产过程。二氧化碳（CO_2）是动植物生命循环的基本要素，通常它不被看作是大气的污染物。就整个大气而言，长期以来CO_2浓度是保持平衡的。但是近几十年，由于人类使用矿物燃料的数量激增、自然森林遭到大量破坏，已超出自然界能“消化”的限度。其对人类环境的影响，尤其对气候的影响是不容低估的，最主要的影响即“温室效应”。

4. 碳氢化合物

碳氢化合物统称为烃类，是指由碳和氢两种原子组成的各种化合物，碳氢化合物主要来自天然源。在大气污染中较重要的碳氢化合物有四类：烷烃、烯烃、芳香烃、含氧烃。表面上在城市中烃类对人类健康未造成明显的直接危害，但是在污染的大气中它们是形成危害人类健康的光化学烟雾的主要成分。

5. 含卤素的化合物

存在于大气中的含卤素化合物很多，在废气治理中接触较多的主要有氟化氢

（HF）、氯化氢（HCl）等。它们能破坏大气的臭氧层，使紫外线更多地辐射人体，导致人们患癌症、皮肤病等的概率增加。

油品销售企业产生的大气污染物主要是挥发性有机化合物（VOCs），属于气态污染物中碳氢化合物的一类，主要是油品在储存、装卸、运输、加注等过程产生。另外，在油罐清洗、设备检修、含油废水处理、含油危险废物处置等过程中也会不同程度地产生VOCs，对空气环境具有一定的危害性，是当前国家大气污染治理的重点工作之一。

二　挥发性有机物（VOCs）

挥发性有机物，常用VOCs表示，它是Volatile Organic Compounds三个词第一个字母的缩写，总挥发性有机物有时也用TVOC来表示。

（一）定义

根据世界卫生组织（WHO）的定义，VOCs是在常温下，沸点50～260℃的各种有机化合物。在我国，VOCs是指常温下饱和蒸气压大于70Pa、常压下沸点在260℃以下的有机化合物，或在20℃条件下，蒸汽压大于或者等于10Pa且具有挥发性的全部有机化合物。

（二）分类

VOCs通常分为非甲烷碳氢化合物（简称NMHCs）、含氧有机化合物、卤代烃、含氮有机化合物、含硫有机化合物等几大类。VOCs参与大气环境中臭氧和二次气溶胶的形成，其对区域性大气臭氧污染、PM2.5污染具有重要的贡献。大多数VOCs具有令人不适的特殊气味，并具有毒性、刺激性、致畸性和致癌作用，特别是苯、甲苯及甲醛等对人体健康会造成很大的伤害。VOCs也是导致城市灰霾和光化学烟雾的重要前体物。在油品销售企业，VOCs主要是汽油在生产经营过程中挥发产生，按分类属于非甲烷碳氢化合物。

（三）主要成分

按其化学结构的不同，VOCs可以进一步分为八类：烷类、芳烃类、烯类、卤烃类、酯类、醛类、酮类和其他。VOCs的主要成分有烃类、卤代烃、氧烃和氮烃，它包括苯系物、有机氯化物、氟利昂系列、有机酮、胺、醇、醚、酯、酸和石油烃化合物等。

成品油加油站、油库产生的挥发性有机物属于非甲烷碳氢化合物，主要成分包括各类烷类、烯烃、芳烃类等。汽油因其饱和蒸气压和沸点低，在生产经营过程中容易挥发产生大量的VOCs，是油品销售企业废气治理的重点。

（四）排放形式

1. 无组织排放

大气污染物不经排气筒的无规则排放，包括开放式作业场所逸散，以及通过缝隙、通风口、敞开式门窗和类似开口（孔）的排放等。如，浮顶、内浮顶油罐的大小呼吸排气属于无组织排放。

2. 有组织排放

经过集中处理，集中排放的则称为有组织排放。如油库油气回收装置的尾气排放口排气属于有组织排放。

三 VOCs主要来源

在油品销售企业，VOCs主要是在油品的储存、装卸、运输、加注等过程产生，是油气治理的主要环节，目前已有较为成熟的控制措施或回收治理技术。另外，在油库、加油站日常开展的设备检修、油罐清洗、含油废物处置等过程中也有不同程度的VOCs产生。这些环节发生频率较低，产生的油气相对减少，对其油气的控制或回收难度相对较大，目前暂未有较为成熟的技术，主要是通过管理措施来减少油气挥发。

（一）油品储存过程中的油气挥发

油品储存过程中的挥发主要来自储罐的大呼吸损耗和小呼吸损耗。大呼吸损耗是指储罐进油时，由于液面的上升导致罐内的油气经储罐通气管排放到大气中。小呼吸损耗是指，由于昼夜温差变化，使得罐内的油气压力发生变化，当温度下降时，罐内气相压力降低，吸进罐外空气，当温度上升时，罐内气相压力升高，油气就会排到大气中去。

根据有关部门多次实测，汽油大呼吸损耗率约为0.8～1.4kg/（t·次）。我国北方地区的汽油小呼吸年损耗率约为0.70%，南方地区约为0.79%。以南方地区年周转12次的5000m^3汽油固定顶油罐为例，其大呼吸损耗为35～61t/a，小呼吸损耗约为29t/a，合计为64～90t/a。由此可见，用固定顶油罐储存轻质油品油气损失是十分严重的。

减少油品储存过程中油气损失的最好方法，是用浮顶油罐或内浮顶油罐储存轻质油品。由于浮顶油罐和内浮顶油罐在液体上设有一浮盘，可大大减少油气空间的体积，抑制油气挥发，同时浮盘能够随着液位的升降而变化，降低呼吸的损耗。浮顶油罐和内浮顶油罐的油气挥发率通常要比固定顶油罐小95%左右。

（二）装卸过程中的油气挥发

油品的装卸过程是散发油气的重要环节。当油品高速灌装入槽车等容器时，会产生剧烈的扰动、喷溅、冲击等，造成大量的油气挥发。在油品销售企业，油品从油库到加油站出售给用户的整个储运销售环节，主要涉及以下五类灌装过程。

（1）将油品从油库油罐输出，灌装进入火车槽车后运输出库。

（2）将油品从油库油罐输出，灌装进入油轮运输出库。

（3）将油品从油库油罐输出，灌装进入汽车油罐后运输到加油站。

（4）从油库灌装的汽车罐车，到加油站后将油品卸入埋地油罐。

（5）在加油站通过加油机，将汽油经加油枪注入汽车的油箱。

油品在各级油库之间转运配送，灌装过程如采用敞口作业，产生的油气都会直接排入大气，如果这些油气直接排入大气，会对环境产生很大的污染，并给从事油品工作人员的身体健康带来危害。

（三）其他环节的油气挥发

（1）油罐清洗。立式、卧式等各类油罐的清洗作业也是油气集中挥发的环节，当待清洗油罐的油品转移清空后，油罐内部空间充满饱和油蒸气，在清洗油罐前需要对油罐内部的油气进行置换、通风，应采取相应收集处置措施。

（2）设备检修。油库、加油站涉及油管线、油泵、阀门等设备体检修时，也会伴随有油气挥发进入大气环境中，因此在含油设备解体检修前应转移、排空其内部的油品，以减少设备解体后的油气。

（3）油品跑、冒、滴、漏。各环节的油品跑、冒、滴、漏均会造成油气的挥发，尤其是汽油发生跑、冒、滴、漏后，如不及时回收将会大量挥发进入大气环境中。

（4）含油废水。油罐在切水过程，以及各类含油废水流动或处理过程中也会有不同程度的油气挥发逸散。

（5）含油废物。含油废物在收集、储存、处置过程也伴随有少量的油气挥发逸散，因此含油废物管理也应按要求做好油气收集处置。

四 VOCs主要危害

VOCs是形成细颗粒物（PM2.5）、臭氧（O_3）等二次污染物的重要前体物，可进而引发灰霾、光化学烟雾等大气环境污染问题。油品销售企业排放的VOCs主要是烃类气体，一旦散发到空气中，会对人的身体产生很大的危害；同时，烃类气体在太阳光的作用下会产生二次光化学污染反应，产生的有毒有害气体散发到空气中，给自然环境带来极大的污染。

随着我国工业化和城市化的快速发展以及能源消费的持续增长，以PM2.5为特征的区域性复合型大气污染日益突出，区域内空气重污染现象大范围同时出现的频次日益增多，严重制约社会经济的可持续发展，威胁人民群众身体健康。为了根本解决PM2.5、O_3等污染问题，切实改善大气环境质量，近年来国家积极推进其关键前体物VOCs的污染防治工作。当前油品销售企业大气污染防治基础较为薄弱，治理主要停留在装卸环节和油罐储存环节，而且治理不彻底，存在排放基数不清、法规标准不健全、控制技术应用滞后、环境监管不到位等诸多问题。同时，由于销售企业油库VOCs排放源分散、排放形式多样，建立VOCs污染防治体系难度较大。因此，如何切合油品销售企业的实际全面开展VOCs污染防治，是一项刻不容缓、艰巨复杂的任务。

第三节 固体废物

固体废物是指在生产、生活和其他活动中产生的丧失原有利用价值或者虽未丧失利用价值但被抛弃或者放弃的固态、半固态和置于容器中的气态的物品、物质以及法律、行政法规规定纳入固体废物管理的物品、物质。

国家规定固体废物的收集、储存、运输、利用、处置必须采取防扬散、防流失、防渗漏或者其他防止污染环境的措施，不得擅自倾倒、堆放、丢弃、遗撒固体废物。禁止任何单位或者个人向江河、湖泊、运河、渠道、水库及其最高水位线以下的滩地和岸坡等法律、法规规定禁止倾倒、堆放废弃物的地点倾倒、堆放固体废物。转移固体废物出省、自治区、直辖市行政区域储存、处置的，应当向固体废物移出地的省、自治区、直辖市人民政府环境保护行政主管部门提出申请。

一　固体废物分类、特点及危害

（一）分类

固体废物的分类方法有多种，按其形态可分为固态废物、半固态废物和液态废物；按其污染特性可分为危险废物和一般废物等；按其来源可分为矿业的、工业的、城市生活的、农业的和放射性的废物。此外，固体废物还可分为有毒和无毒的两大类。有毒有害固体废物是指具有毒性、易燃性、腐蚀性、反应性、放射性和传染性的固体、半固体废物。

依照《中华人民共和国固体废物污染环境防治法》，固体废物分为城市生活垃圾、工业固体废物和危险废物。

（二）特点

由于物质形态的不同，与废水废气相比，固体废物有以下特点。

1. “废物”与“资源”的相对性

从固体废物定义可知它是在一定时间和地点被丢弃的物质，可以说是放错地方的资源，具有明显的时间和空间特性。

一方面，随着时间的推移，任何产品经过使用和消耗中，最终都将变成废物。例如，产品包装一般在产品使用后几周内就会变成废物，家用电器和小汽车在7～15年内变成废物，建筑物经过几十年、上百年后也会变成废物。另一方面，随着时间的推移、科技的进步，今天的废弃物也许成为明天的资源，例如石油炼制过程中产生的残留物，最早是污染环境的废弃物，现在已变成可广泛使用的沥青筑路材料。

从空间角度看废物仅相对于某一过程或某一方面没有使用的价值，而并非在一切过程和一切方面都没有使用价值。例如，发电厂产生的废弃物粉煤灰在制成砖后，成为建筑业的原材料，冶金业产生的高炉渣，可用于生产水泥。

2. 复杂多样性

固体废物种类繁多、成分也非常复杂。它既有无机物也有有机物，既有非金属也有金属，既有无毒物也有有毒物，既有单质金属又有合金，既有单一物质又有聚合物，即使是一个简单的废弃产品，也可能包括多种多样的成分。由于固体废物成分的复杂多样性，也给后续的回收利用、处理处置带来困难。对于大多数固体废物来说，单靠一种技术是很难解决问题的，常采用多种技术才能真正地实现其资源化利用和无害化处理。

3. 持久危害性

固体废物是呈固态、半固态的物质，不具有流动性。固体废物进入环境后，并没有被与其形态相同的环境体接纳。它不可能像废水、废气那样可以迁移到大容量的水体或深入大气中，通过自然界中物理、化学、生物等多种途径进行稀释、降解和净化。固体废物虽无法流动到环境中进行“消化”，但是会通过散发有害气体、释放渗滤液和侵占土地等方式污染周边的地下水、地表水、空气和土壤，进而通过动植物等生物链影响人体健康。而且这种影响是长期的、复杂的和难以控制的。因此，从某种意义上讲固体废物对环境的污染危害比废水和废气更大，也更持久。

（三）危害

固体废物是环境的污染源，除了直接污染外，还经常以水、大气和土壤为媒介污染环境。其危害主要表现在侵占土地、污染水体、大气环境等，对人类环境的危害具有多样性、长期性与潜在性。

1. 侵占土地资源

我国大量土地被固体废物长期堆占，已堆积的工业固体废物约有60亿吨，估计每年还要产生1000万吨固体废物需要进行填埋处置。固体废物产量逐年递增，占用土地资源的问题日趋严重。

2. 污染土壤与水体

固体废物含种类繁多的污染物，若不经过妥善处置，直接露天堆置，经降水的淋溶、地表径流的渗沥，污染物会随水流扩散至土壤、地下水与地表水中，可导致土地盐碱化等危害。

3. 污染大气环境

含有有机物的固体废物在自然环境中堆置，在微生物作用下会产生恶臭等有害气体，无机的固体废物（如灰渣中的细颗粒）会产生扬尘污染大气。

二　油品销售企业固废特征

油品销售企业固体废物种类繁多，包含各种含油废物、废弃包装物、生活垃圾以及建筑垃圾等。但其主要行业特征固体废物是含油废物，属于危险废物，其成分复杂，含有多类有机物，具有易燃、有毒、易反应的特点。

1. 危险废物种类多

油品销售企业产生的酸碱废液，不但含有油、环烷酸、酚、沥青等有机物，还含有毒性、腐蚀性较大的游离酸碱和硫化物。部分危险废物中含有铬、汞、铅、砷等重金属。

2. 有机物含量高

罐底泥、池底泥、浮选池浮渣、剩余污泥的油含量都较高。

3. 具有可利用性

固体废物虽然对环境的危害是严重的，但也有可资源化的一面，如可回收罐底泥、池底泥、浮选池浮渣中的油品，有些有机废物则可作为某种产品的廉价原料等。

三　工业固体废物

工业固体废物是指在工业生产活动中产生的固体废物。常见的工业固体废物有在工业、交通等生产活动中产生的采矿废石、选矿尾矿、燃料废渣、化工生产及冶炼废渣。工业固体废弃物又可分为一般工业固体废物和危险废物。

一般工业固体废物是指未被列入《国家危险废物名录》或者根据国家规定的GB 5085鉴别标准和GB 5086及GB/T 15555鉴别方法判定不具有危险特性的工业固体废物。一般工业固体废物分为第Ⅰ类和第Ⅱ类一般工业固体废物。

第Ⅰ类一般工业固体废物是指按照GB 5086规定方法进行浸出试验而获得的浸出液中，任何一种污染物的浓度均未超过GB 8978最高允许排放浓度，且pH值在6～9范围之内的一般工业固体废物。

第Ⅱ类一般工业固体废物按照GB 5086规定方法进行浸出试验而获得的浸出液中，有一种或一种以上的污染物浓度超过GB 8978最高允放排放浓度，或者是pH值在6～9范围之外的一般工业固体废物。

按照来源行业分，工业固体废物的主要组成物如表3-1所示。

表3-1 工业固体废物的来源及主要组成物

序号	来源行业	主要组成物
1	冶金工业	各种金属冶炼和加工过程中产生的废弃物，如高炉渣、钢渣、铜铅铬汞渣、赤泥、废矿石、烟尘、各种废旧建筑材料
2	矿业	各类矿物开发、加工利用过程中产生的废物，如废矿石、煤矸石、粉煤灰、烟道灰、炉渣等
3	石油与化学工业	石油炼制及其产品加工、化学工业产生的废弃物，如废油、浮渣、含油污泥、炉渣、塑料、橡胶、陶瓷、纤维、沥青、油毡、石棉、涂料、化学药剂、废催化剂和农药
4	轻工业	指食品工业、造纸印刷、纺织服装、木材加工等轻工部门产生的废弃物，如各种食品糟渣、废纸、金属、皮革、塑料、橡胶、布头、线、纤维、染料、刨花、锯末、碎木、化学药剂、金属填料、塑料填料等
5	机械电子工业	机械加工、电器制造及其使用过程中产生的废弃物，如金属碎料、铁屑、炉渣、模具、砂芯、润滑剂、酸洗剂、导线、玻璃、木材、橡胶、塑料、化学药剂、研磨料、陶瓷、绝缘材料，以及废旧汽车、电冰箱、微波炉、电视机和电扇
6	建筑工业	指建筑施工、建材生产和使用过程中产生的废弃物，如钢筋、水泥、黏土、陶瓷、石膏、砂石、砖瓦、纤维板等
7	电力工业	电力生产过程中产生的废弃物，如煤渣、粉煤灰、烟道灰等

国家实行工业固体废物申报登记制度。产生工业固体废物的单位必须按照国务院环境保护行政主管部门的规定，向所在地县级以上地方人民政府环境保护行政主管部门提供工业固体废物的种类、产生量、流向、储存、处置等有关资料。

四 生活垃圾

生活垃圾是指在日常生活中或者为日常生活提供服务的活动中产生的固体废物，以及法律、行政法规规定视为生活垃圾的固体废物。一般可分为四大类：可回收垃圾、餐厨垃圾、有害垃圾和其他垃圾。

（1）可回收垃圾包括纸类、金属、塑料、玻璃等，通过综合处理回收利用，可以减少污染，节省资源。如每回收1t废纸可造好纸850kg，节省木材300kg，比等量生产减少污染74%；每回收1t塑料饮料瓶可获得0.7t二级原料；每回收1t废钢铁可炼好钢0.9t，比用矿石冶炼节约成本47%，减少空气污染75%，减少97%的水污染和固体废物。

（2）餐厨垃圾包括剩菜剩饭、骨头、菜根菜叶等食品类废物，经生物技术制成堆肥，每吨可生产0.3t有机肥料。

（3）有害垃圾包括废电池、废日光灯管、废水银温度计、过期药品等，这些垃圾需要特殊安全处理。

（4）其他垃圾包括除上述几类垃圾之外的砖瓦、陶瓷、渣土、卫生间废纸等难以回收的废弃物，采取卫生填埋可有效减少对地下水、地表水、土壤及空气的污染。

常用的生活垃圾回收处理方法主要有综合利用、卫生填埋、焚烧和堆肥。油品销售企业的油库、加油站以及办公场所，在日常生产经营过程中产生的各类生活垃圾在清扫、收集、运输、处置时，应当遵守国家有关环境保护和环境卫生管理的规定，防止污染环境。对各类生活垃圾应当按照可回收、餐厨、有害物等分类进行收集存放，及时清运处置，并积极开展合理利用和实施无害化处置。工程施工时，应当督促施工单位及时清运工程施工过程中产生的固体废物，并按照环境卫生行政主管部门的规定进行利用或者处置。

五 危险废物

危险废物是指列入国家危险废物名录或者根据国家规定的危险废物鉴别标准和鉴别方法认定的具有危险特性的固体废物。由于危险废物对环境污染后果严重，国家制定危险废物名录，规定统一的危险废物鉴别标准、鉴别方法和识别标志。

（一）危险废物的理化特征及危害

1. 易燃性

规定易燃性的目的，在于识别那些常规储存、处置和运输条件上存在着火危害，或者是一旦着火能够严重加剧火情的废弃物。

美国的RCRA法规（40CFR261.21）对易燃性做了严格规定，凡废弃物的代表样品具有下列任何一种性质，那么这种废弃物就具有可燃性。

（1）非水溶液液体。含乙醇（体积比）小于24%，采用ASTM标准规定的方法以闭杯试验器测定，或采用其他等效的标准方法测定，其闪点<60℃（140℉）。

（2）非液体物质。在标准温度和压力条件下能够因摩擦、吸潮或自发化学变化而引起火灾，并且一旦着火即猛烈持久地燃烧，造成危害。

（3）根据炸药局的标准方法，或按环保局批准的等效试验方法测定后属于可燃性压缩气体。

（4）能够产生氧气快速促进有机物燃烧的任何一种物质（如氯酸盐、高锰酸盐、无机过氧化物或硝酸盐）。

2. 腐蚀性

腐蚀性特性的鉴别目的在于识别具有下列能力而可能对人体健康或环境产生危害的废弃物。

（1）如果排入填埋环境，能够使有毒金属游离出来。

（2）能够腐蚀处置、储存、运输和管理设备。

（3）偶然接触能够破坏人体或动物体组织。

为了识别这类潜在的危害性物质，美国环境保护局已选定两种性质以定义腐蚀性废弃物，这两种性质是pH值和对SAE1020型钢的腐蚀性。

RCRA法规对腐蚀性的定义为：具有以下任何一种性质的废弃物即具有腐蚀特性。

（1）含水废弃物，根据标准方法测得其$pH<2$或$pH>12.5$。

（2）液体废弃物，根据标准化的试验方法，在55℃（130℉）试验温度下测定，对（SAE1020）的腐蚀率>6.35mm（0.250in）/a。

3. 反应性

危险废物反应的目的在于识别那些因其极端不稳定性和易于猛烈反应或爆炸而给废弃物管理过程中所有环节带来问题的废弃物。

RCRA法规对反应性废弃物的定义为：如果一种固体废物的代表性样品具有下列任何一种性质，该废弃物即具有反应性特性。

（1）通常是不稳定的，而且不用起爆就易发生猛烈的变化。

（2）与水发生猛烈的反应。

（3）与水生成潜在的爆炸性混合物。

（4）与水混合时产生数量足以对人体健康或环境带来危险的有毒气体、蒸汽或烟雾。

（5）含氰化物或硫化物，并且当它暴露于pH=2～12.5的条件时，能够产生数量足以对人体健康或环境带来危险的有毒气体，蒸汽或烟雾（即存在反应性氰化物和反应性硫化物）。

（6）如果遇到强引爆源或在密封条件下受热，能够发生起爆或爆炸反应。

（7）易于在标准温度和标准压力下发生起爆或爆炸分解或反应。

（8）属于违禁爆炸物，或CFR法规中定义的A类爆炸物或B类爆炸物。

上述反应特性的定义在很大程度上采用的是叙述性的解释，这是因为度量反应性定义所包含的各种类型的影响时，现有的试验方法存在着一系列缺陷，不能度量所有这些反应性特征。

4. 毒性

规定毒性定义的目的，在于识别那些常规储存、处置和运输条件下对环境生物和人类健康存在危害或潜在危害的废弃物。

危险废物的毒性包括急性毒性和浸出性毒性。我国对这两种毒性的定义如下。

（1）急性毒性能引起小鼠（大鼠）在48h内死亡数量达到半数以上为具有急性毒性特征，并可以根据标准的实验方法，进行半致死剂量（LD_{50}）试验，评定毒性大小。

（2）浸出毒性按规定的浸出程序对固体废物进行浸出性试验，浸出液中有一种或一种以上的污染物浓度超过GB 5085.3—1996《危险废物鉴别标准——浸出毒性鉴别》所规定的阈值，则该废物被确定为具有浸出毒性。

在油品销售企业，危险废物通常具有毒性、易燃性、反应性、腐蚀性和感染性等特性，能够对环境造成严重的、不可逆转的污染，且部分危险废物可通过在植物、动物及人体内的不断富集，逐渐影响细胞的新陈代谢，改变遗传基因，造成癌症、畸形和突变等恶果，影响时间长、隐蔽性强。其主要污染风险如下：

一是对水体的污染。危险废物随地表径流流入江、河、湖、海，污染地表水；危险废物中的有害物质随渗滤液渗入土壤，污染地下水。

二是对大气的污染。危险废物本身蒸发、升华及有机废物被微生物分解而释放出的有害气体会直接污染大气；危险废物中的细颗粒、粉末随风飘逸，扩散到空气中，会造成大气粉尘污染；在危险废物不规范的运输、储存、利用及处置过程中，产生的有害气体、粉尘也会直接或间接排放到大气中污染环境。

三是对土壤的污染。危险废物的粉尘、颗粒随风飘落在土壤表面，而后进入土壤中污染土壤；液体、半固态危险废物在储存过程中或抛弃后洒漏地面、渗入土壤，有害成分混入土壤中会继续迁移从而导致地下水污染或通过生物富集作用而进入食物链等。

（二）危险废物管理

对危险废物的容器和包装物，以及收集、储存、运输、处置危险废物的设施、场所，必须设置危险废物识别标志。收集、储存危险废物，必须按照危险废物特性分类进行。禁止混合收集、储存、运输、处置性质不相容，而未经安全性处置的危险废物。储存危险废物必须采取符合国家环境保护标准的防护措施，并不得超过一年；确需延长期限的，必须报经原批准经营许可证的环境保护行政主管部门批准。

产生危险废物的单位，必须按照国家有关规定制定危险废物管理计划，管理计划应当包括减少危险废物产生量和危害性的措施，以及危险废物储存、利用、处置措施，并向所在地县级以上地方人民政府环境保护行政主管部门申报危险废物的种类、产生量、流向、储存、处置等有关资料。

转移危险废物必须按照国家有关规定填写危险废物转移联单。跨省、自治区、直辖市转移危险废物的，应当向危险废物移出地省、自治区、直辖市人民政府环境保护行政主管部门申请。移出地省、自治区、直辖市人民政府环境保护行政主管部门应当经接受地省、自治区、直辖市人民政府环境保护行政主管部门同意后，方可批准转移该危险废物。未经批准的，不得转移。

1. 危险废物豁免

对于列入国家危险废物名录附录《危险废物豁免管理清单》中的危险废物，在所列的豁免环节，且满足相应的豁免条件时，可以按照豁免内容的规定实行豁免管理。例如，2016年版的国家危险废物名录规定："废弃的含油抹布、劳保用品"在收集、储存、处置等全部环节不按危险废物管理，可混入生活垃圾；危险化学品、危险废物造成的突发环境事件及其处理过程中产生的废物，在转移、处置过程也可以有条件的豁免管理。

2. 油品销售企业危险废物管理

1）油品销售企业危险废物来源

油品销售企业产生的危险废物种类较多，主要有油罐清洗产生的油泥、含油废水，各种设备维修、维护保养产生的废柴油、废润滑油、油泥等，油水分离设备设施产生的乳化液，质检室废弃试剂，加气站废弃分子筛，油气回收设备废弃活性炭，废弃含油吸油毡、废弃防水滤芯、含油消防沙、废弃防爆阻隔材料（HAN）、设备维护保养产生的废弃油漆桶等。根据《国家危险废物名录》（2016年版）判定，以上危险废物主要包含在HW08（废矿物油与含矿物油废物）、HW09（油/水、烃/水混合物或乳化液）、HW49（其他废物）这三种类别中。

2）主要涉及的法规标准

油品销售企业危险废物管理涉及法律法规和标准较多，要梳理清楚，需抓住一根主线，即重点围绕《中华人民共和国固体废物污染环境防治法（2019年修正）》（以下简称《固废法》），建立从责任制度（第三十条）、管理计划（第五十三条）、申报登记（第五十三条）、分类收集、转移联单（第二十三条、第五十九条）、经营许可（第五十七条）、应急备案（第六十二条）等一系列管理制度，每项具体管理要求都有相应的行政法规和标准一一对应。主要涉及以下规范和标准：

（1）《危险废物转移联单管理办法》《道路危险货物运输管理规定》对应《固废法》第二十三条、第五十九条。

（2）《危险废物经营许可证管理办法》对应《固废法》第五十七条。

（3）《危险废物收集、储存、运输技术规范》（HJ 2025—2012）对应《固废法》第十三条、第四十六条。

（4）《危险废物储存污染控制标准》（GB 18597—2001）、《环境保护图形标志——固体废物储存（处置）场》（GB 15562.2—1995）对应《固废法》第五十二条、第五十八条。

（5）《固体废物鉴别标准通则》（GB 34330—2017）。

3）法律责任

根据《中华人民共和国固体废物污染环境防治法（2016年修正）》（以下简称《固废法》）第五章法律责任规定，和油品销售企业危险废物管理密切相关的法律责任主要有以下条款（第七十五条）：

（1）不设置危险废物识别标志的。

（2）不按照国家规定申报登记危险废物，或者在申报登记时弄虚作假的。

（3）擅自关闭、闲置或者拆除危险废物集中处置设施、场所的。

（4）不按照国家规定缴纳危险废物排污费的。

（5）将危险废物提供或者委托给无经营许可证的单位从事经营活动的。

（6）不按照国家规定填写危险废物转移联单或者未经批准擅自转移危险废物的。

（7）将危险废物混入非危险废物中储存的。

（8）未经安全性处置，混合收集、储存、运输、处置具有不相容性质的危险废物的。

（9）未经消除污染的处理将收集、储存、运输、处置危险废物的场所、设施、设备和容器、包装物及其他物品转作他用的。

（10）未采取相应防范措施，造成危险废物扬散、流失、渗漏或者造成其他环境污染的。

（11）在运输过程中沿途丢弃、遗撒危险废物的。

（12）未制定危险废物意外事故防范措施和应急预案的。

《固废法》规定有前款第一项、第二项、第七项、第八项、第九项、第十项、第十一项、第十二项、第十三项行为之一的，处1万元以上10万元以下的罚款；有前款第三项、第五项、第六项行为之一的，处2万元以上20万元以下的罚款；有前款第四项行为的，限期缴纳，逾期不缴纳的，处应缴纳危险废物排污费金额一倍以上三倍以下的罚款。

同时，根据《最高人民法院、最高人民检察院关于办理环境污染刑事案件适用法律若干问题的解释》规定非法排放、倾倒、处置危险废物三吨以上的行为属于“严重污染环境”犯罪，处三年以下有期徒刑拘役，并处或者单处罚金。

4）常见危险废物非法处置行为

（1）收集和储存不规范常见的违法行为有：

① 收集危险废物的设施未张贴危险废物识别标志。

② 收集的危险废物移送至危险废物仓库时未建立移交入库台账或台账记录不完善。

③ 危险废物露天堆放。

④ 危险废物储存场所未设施危险废物识别标志，包装容器上未张贴标签。

⑤ 将一般固废和危险废物混合储存，未做到分类储存。

⑥ 危险废物储存超过一年未申报。

⑦ 储存危险废物的场所未设置导流槽和收集井。

⑧ 非法倾倒危险废物。

（2）处置不规范常见的违法行为有：

① 未申报，未获得审批，将危险废物转移至外省单位进行处理和利用。

② 将危险废物交给无危险废物持证单位进行处置。

③ 未向属地环保局申报一般工业固废和危险废物的种类、产生量、流向、储存、处置等有关资料。

④ 转移危险废物未按规定填写联单，或联单未保存5年。

5）危险废物的规范化管理要点

（1）污染防治责任有以下要点：

① 建立危险废物管理制度。建立危险废物污染防治责任制度和应对危险废物污染的防治措施，包含各主管部门、监管部门相应职责。

② 建立安全操作规程。企业储存危险废物环节安全操作的有关规定及要求。

（2）标识制度有以下要点：

① 危险废物的容器和包装物必须粘贴危险废物标签。

② 收集、储存、运输、利用、处置危险废物的设施、场所，必须设置危险废物识别标志。

（3）管理计划有以下要点：

① 危险废物管理计划包括减少危险废物产生量和危害性的措施。

② 危险废物管理计划包括危险废物储存、利用、处置措施。

③ 报当地县级以上环保部门备案。

④ 管理计划内容有重大改变的，应当及时申报。

（4）申报登记有以下要点：

① 如实地向所在地县级以上环保部门申报危险废物的种类、产生量、流向、储存、处置等有关资料。

② 申报事项有重大改变的，应当及时申报。

（5）源头分类需注意的要点有：

① 危险废物与一般废物分开。

② 固态、液态、泥态废物分开。

③ 性质不相容的废物分开。

④ 可利用的与不可利用的废物分开。

⑤ 利用和处置方法不同的分开。

（6）转移联单应注意的要点有：

① 在转移危险废物前，向环保部门报批危险废物转移计划，并得到批准。（不按照年度管理计划上报备案，不予转移）

② 转移危险废物的，按照《固废法》和《危险废物转移联单管理办法》有关规定，依法填写转移联单中相关内容并加盖公章。

③ 运输资质符合要求：运输单位、运输车辆、驾驶员及押运员。（产生、转移单位有责任审查运输单位资质）

④ 转移联单保存齐全（保存至少5年，不得遗失）。

（7）危险废物台账管理应注意的要点有：

① 建立危险废物台账的原则。既要掌握危险废物产生和流向情况，确保废物不非法流失，同时，又经济可行，不过度增加企业和基层人员的负担，与生产实际相结合。

② 建立危险废物台账的步骤分三个阶段。一是根据危险废物产生后的不同管理流程，在产生、储存、利用、处置等环节建立有关危险废物的台账记录或者危险废物转移内部联单机制（包括危险废物产生、储存、内部自行处置情况记录表）；二是定期汇总危险废物台账记录表或者危险废物内部联单，形成报表（危险废物台账月汇总表）；三是汇总危险废物台账报表，以及危险废物产生相关作业票、委托利用处置合同等，形成完整的危险废物台账。

（8）危险废物标识、标签规范化管理应注意的要点有：

① 危险废物储存间门口需张贴标准规范的危险废物标识和危险废物信息板，屋内张贴企业《危险废物管理制度》。危险废物储存间内禁止存放除危险废物及应急工具以外的其他物品。

② 不同种类危险废物应有明显的过道划分，墙上张贴危险废物名称，液态危险废物需将盛装容器放至防泄漏托盘内并在容器粘贴危险废物标签，固态危险废物包装须完好无破损并系挂危险废物标签，并安要求填写。

③ 建立台账并悬挂于危险废物间内，转入及转出（处置、自利用）需要填写危险废物种类、数量、时间及负责人员姓名。标签填写注意事项：危险情况和安全措施必须分别遵照《危险废物储存污染控制标准》危险用语和安全用语填写。

第四节 噪声和扬尘

除了废水、废气和固体废物污染物，噪声和扬尘也是油品销售企业常见的环境污染物，与其他工业污染一样，是危害人类环境的公害，在生产经营活动中必须做好防治。

一　噪声

环境噪声污染是指所产生的环境噪声超过国家规定的环境噪声排放标准，并干扰他人正常生活、工作和学习的现象，一般是指工业生产、建筑施工、交通运输和社会生活中所产生的干扰周围生活环境的声音。

（一）噪声的产生

在油品销售企业，日常生产经营过程噪声主要是因振动产生，例如，使用泵对油品或气体进行装、卸、加注时的电机转动声噪声，泵运转产生的噪声，油品在管道内流动产生的噪声，施工作业其间机械振动声音等。主要产生噪声的声源部位包括油库的泵棚、消防泵房、发电机房、装车台、码头、废水处理装置、油气回收装置，加油站的加油机、发电机房，加气站的罐区。

加油站日常经营产生的噪声主要是加油机潜油泵、油气回收泵运行时产生，其噪声较小，对周边环境基本不构成噪声污染；加气站因柱塞泵的运行可能产生相对较大的噪声，如周边环境较为敏感，可能构成噪声污染，应采取措施进行防治。

（二）噪声分类

根据行业特征，环境噪声可分为工业噪声、建筑施工噪声、交通运输噪声和社会生活噪声等。

1. 工业噪声

工业噪声是指在工业生产活动中使用固定的设备时产生的干扰周围生活环境的声音。

厂界噪声是指在工业企业场所边界处监测到的噪声，国家制定厂界噪声排放限制标准用于工业企业噪声的管理、评价机制。在城市范围内向周围生活环境排放工业噪声的，应当符合国家规定的工业企业厂界环境噪声排放标准。

2. 建筑施工噪声

建筑施工噪声是指在建筑施工过程中产生的干扰周围生活环境的声音。在城市市区范围内向周围生活环境排放建筑施工噪声的，应当符合国家规定的建筑施工场界环境噪声排放标准。

在城市市区噪声敏感建筑物集中区域内，禁止夜间进行产生环境噪声污染的建筑施工作业，但抢修、抢险作业和因生产工艺上要求或者特殊需要必须连续作业的除外。因特殊需要必须连续作业的，必须有县级以上人民政府或者其有关主管部门的证明。在城市市区范围内建筑施工作业产生噪声的夜间作业，必须公告附近居民。

3. 交通运输噪声

交通运输噪声是指机动车辆、铁路机车、机动船舶、航空器等交通运输工具在运行时所产生的干扰周围生活环境的声音。按国家规定，在城市市区范围内行驶的机动车辆的消声器和喇叭必须符合国家规定的要求；机动车辆必须加强维修和保养，保持技术性能良好，防止环境噪声污染。

4. 社会生活噪声

社会生活噪声是指人为活动所产生的除工业噪声、建筑施工噪声和交通运输噪声之外的干扰周围生活环境的声音。

在城市市区噪声敏感建筑物集中区域内，因商业经营活动中使用固定设备造成环境噪声污染的商业企业，必须按照国务院生态环境主管部门的规定，向所在地县级以上地方人民政府生态环境主管部门申报拥有的造成环境噪声污染的设备的状况和防治环境噪声污染的设施的情况。

（三）噪声的危害

一般噪声超过50dB（A），会对人类日常工作生活产生有害影响。主要危害包括：对睡眠的干扰；对语言交流的干扰；对心理的影响，在高频率的噪音下容易产生焦躁不安的症状，容易激动；可引起多种疾病，包括听力损伤、引起心脏血管伤害、眼睛视觉能力下降、生殖能力的影响等。

二 扬尘

扬尘是由于地面上的尘土在风力、人为带动及其他带动飞扬而进入大气的开放性污染源，是环境空气中总悬浮颗粒物的重要组成部分。一般是指泥地裸露，以及在房屋建设施工、道路与管线施工、房屋拆除、物料运输、物料堆放、道路保洁、植物栽种和养护等活动中产生的粉尘颗粒物，对大气造成的污染。产生扬尘污染的物料，主要包括煤炭、道路浮土、耕地土壤、裸露地面、砂石、灰土、灰浆、灰膏、建筑垃圾、工程渣土等易产生粉尘颗粒物的物质。

其危害是使空气污浊，影响环境；并且对人体也有危害，如引发支气管炎、肺癌等。

在油品销售企业，扬尘主要是在油库、加油加气站的施工场所产生；另外，加油站应加强清洁，保持加油场地的清洁，避免车辆进出时形成扬尘。

思考题

1．常见的环境污染物有哪些种类，其主要产生源和危害是什么？

2．油品销售企业常见的废水有哪些种类，它们分别有什么特征？

第四章

污染防治

扫码即获更多阅读体验

环境污染综合防治是指运用技术、经济和法制相结合手段综合预防和治理环境污染，一般而言其遵循以下基本原则：一是技术先进性和经济合理性相结合；二是防治结合，以防为主；三是人工治理和自然净化相结合；四是发展生产和保护环境相结合。通过综合治理，从而使环境污染防治取得经济性、合理性和有效性的目标。

要点导图

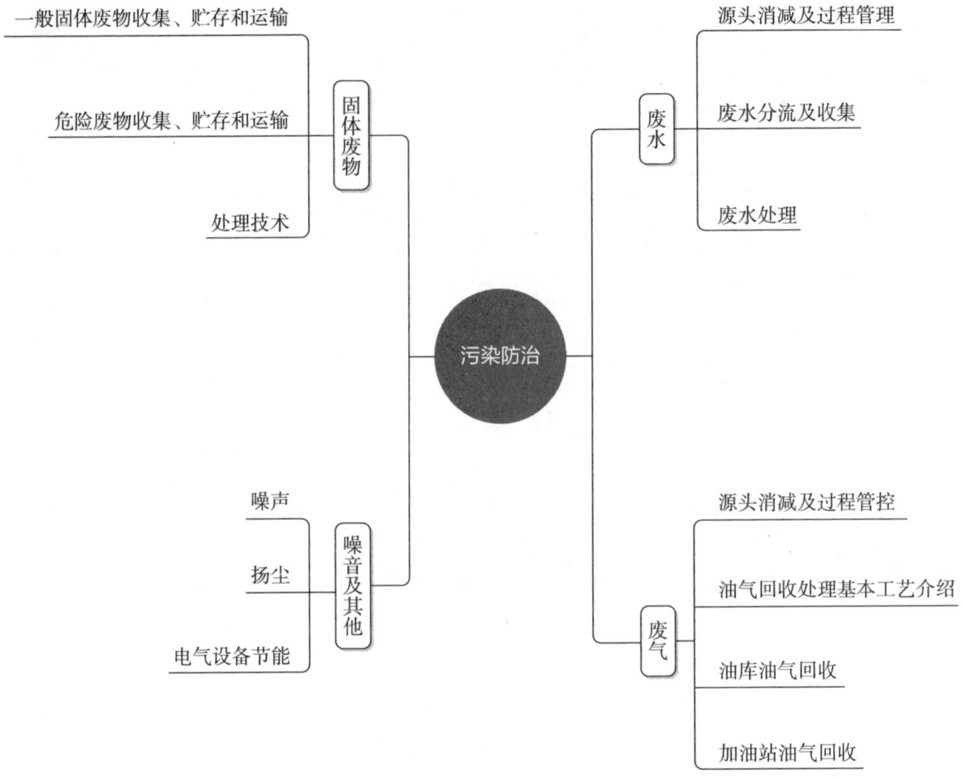

污染防治
固体废物
一般固体废物收集、贮存和运输
危险废物收集、贮存和运输
处理技术
噪音及其他
噪声
扬尘
电气设备节能
废水
源头消减及过程管理
废水分流及收集
废水处理
废气
源头消减及过程管控
油气回收处理基本工艺介绍
油库油气回收
加油站油气回收

本章从源头消减、过程管理、末端治理等三个方面，介绍污染物防治的相关技术方法，重点针对油品销售企业废水、废气、固体废物、噪声等污染物的综合防治分别进行阐述。

第一节　废水

本节重点针对油品销售企业常见的含油废水、生活废水、洗车废水、高速路服务区综合废水，按照加油站、油库等生产经营管理过程的污染来源，从技术、管理等方面采取的预防、控制和治理措施讲述水体污染防治。

一　源头消减及过程管理

传统的末端治理，投入多、运行成本高、治理难度大，可以获取一定的环境效益和社会效益，但经济效益不显著。实施清洁生产，主要是采取源头消减污染物及采用过程管理的措施，最终结果是企业管理水平、生产工艺技术水平得到提高，资源得到充分利用，环境从根本上得到改善。清洁生产与传统的末端治理的最大不同是找到了环境效益与经济效益相统一的结合点，能够调动企业防治污染的积极性。

（一）加油站水体（土壤）污染防控

1. 油品防渗漏措施

加油站将油罐掩埋于地下，石油输送管道采取埋地敷设，当油罐、管道发生氧化后，泄漏使油品中多种有害物质直接流入土壤中，造成地下水和土壤遭受污染，进而破坏周边生态环境。

在加油、接卸油品过程中，跑、冒、滴、漏产生的油污经过水冲洗后，如果未能正确处理并进入油水分离池，直接进入排水沟、河流和池塘等，由于油分子集中在水面上，形成油膜，会破坏水的自净功能，造成水体变黑发臭，将影响到生态系统，对周边居民的生活造成威胁。

加油站的油罐和管道一般掩埋于地下，长期掩埋的油罐和管道经过土壤氧化作用后，容易造成油罐、管道锈蚀穿孔，使油品泄漏，对土地资源造成严重的污染，影响土地正常使用，使土壤的酸性程度增强，会导致地下土壤及水体受到污染。

油罐及管线在清洗过程中产生的污水，不送至专业的污水处理厂，私自违法排放，留存的油样不回收到油罐处理，乱排乱倒，都会造成土壤和水体的污染。

为强化管理，从源头杜绝油品渗漏，加油站需要采取防渗漏及检测措施，如表4–1和表4–2所示。其中应采取防渗措施的部位包括埋地油罐、埋地加油管道、加油机底部、卸油口、人孔井等。埋地油罐、埋地加油管道应按要求设置渗漏检测装置，其他部位应采取渗漏收集和导流措施。

表4–1　加油站防渗方式选择比对

改造方式	适用情况	优点	缺点
在役油罐内衬	① 对油品供应影响大的城区、高速等大站； ② 安全距离不足等原因，难以报建换罐的油站； ③ 已建成过车式罐区的油站； ④ 油罐采用混凝土浇筑密封罐池的油站； ⑤ 受油站周边地质条件约束，旧罐拆除难度大的油站	改造费用相对较低，施工作业周期相对短，施工涉及风险环节少，可适用于油罐开挖难度大的油站	改造受旧油罐性能约束，内衬效果可靠性相对双层罐较差，施工过程质量控制点、检验检测环节多
更换双层罐	① 须迁移罐区改造的加油站； ② 地处环境敏感区域防渗要求较严格加油站； ③ 城郊站、中小站等设置独立罐区的油站； ④ 油罐使用年限长、罐体达不到内衬改造技术要求的油站	成品双层油罐质量可靠，费用、施工周期适中	施工影响范围大，旧油罐不能再利用，旧罐的开挖、吊装、报废处理等过程涉及风险环节较多
防渗池改造	一般情况不建议采用防渗池	可以利用旧罐，结合过车式罐区改造综合成本具有一定优势	旧罐的开挖、吊装、报废等过程涉及风险环节较多，建设施工周期长，改造费用高，罐池防渗性能检验难度较大

表4–2　加油站防渗检测方式选择

防渗方式	渗漏检测方法	对应标准	备注
双层管线	正压或真空检测系统	GB/T 30040.2 GB/T 30040.4	
	传感器检测系统		

续表

防渗方式	渗漏检测方法	对应标准	备注
双层罐（SF）	正压或真空检测系统	GB/T 30040.2 GB/T 30040.3 GB/T 30040.4	
	液体媒介检测系统		
	传感器检测系统		
防渗池	监测井用传感器显示系统	GB/T 30040.6	
内衬（铝箔）	正压或真空检测系统	GB/T 30040.2	外层与内层不相连
内衬（纤维织物）	液体媒介检测系统	GB/T 30040.3 GB/T 30040.2	外层与内层全方位相连
	正压或真空检测系统		
混凝土密封罐池	液位仪测漏系统	GB/T 30040.5 A级	

1）埋地油罐

加油站埋地油罐应采取防渗漏措施，具体可采用双层罐、防渗池、在役油罐内衬改造等三种方式，具体防渗方式选择比对参阅表4–1。地处水源保护区的加油站原则上采用双层罐（SF）方式进行防渗。

（1）双层罐。加油站一般采用内钢外玻璃纤维增强塑料双层油罐（SF）。SF罐内层罐的罐体结构应符合设计行业标准《钢制常压储罐第一部分：储存对水有污染的易燃和不易燃液体的埋地卧式圆筒形单层和双层储罐》（AQ 3020）和《汽车加油加气站设计与施工规范》（GB 50156）等规定要求。

与土壤接触的钢制油罐外表面，其防腐设计应符合现行行业标准《石油化工设备和管道涂料防腐蚀技术规范》（SH 3022）的有关规定，且防腐等级不应低于加强级。

双层油罐系统的渗漏检测可参考《双层罐渗漏检测系统》（GB/T 30040）中的正压或真空检测系统、液体媒介检测系统、传感器检测系统等三类渗漏检测方法，在地下水饮用水水源地保护区和补给区优先采用正压和真空系统的渗漏检测方法。各类防渗方式的渗漏检测方法参照表4–2。

（2）防渗池。采用防渗池作为防渗方式时，罐池应符合《汽车加油加气站设计与施工规范》（GB 50156）、《地下工程防水技术规范》（GB 50108）的要求。防渗池及隔堤应采用防渗钢筋混凝土整体浇筑，池壁、池底、隔堤间等施工缝应设置隔水钢板或橡胶，防渗池壁、池底等内表面应衬涂防渗涂层。

防渗池的各隔池内应设检测立管，检测立管的设置应符合汽车加油加气站设计与施工规范》（GB 50156）规定。防渗池的渗漏检测可参考《双层罐渗漏检测系统》（GB/T 30040）中的监测井用传感器显示系统检测方法。

（3）衬里改造。在有加油站的埋地单层钢制油罐改造为双层油罐时，可采用玻璃纤维增强塑料等满足强度和防渗要求的材料进行衬里改造。采用内衬技术改造应符合《中国石化销售企业加油站油罐内衬技术要求》等规定。

采用衬里改造进行防渗的渗漏检测可参考《双层罐渗漏检测系统》（GB/T 30040）中的液体媒介检测系统、正压或真空检测系统检测方法。

2）加油管线

加（卸）油埋地管道应采用热塑性塑料复合双层管防止油品渗漏污染，双层复合管道材料、施工、检测和验收应符合《中国石化加油站埋地热塑性塑料复合管道技术要求（试行）》《石油化工非金属管道技术规范》（SH/T 3161—2011）技术要求。

地面以上加油管道应采用无缝钢管，钢管应符合《输送流体用无缝钢管》（GB/T 8163）技术要求；油气回收管道可采用单层无缝钢管。

一般地质条件下，复合双层管道可直接埋地敷设在夯实的管床上；地质不稳定场所，应根据地质勘探情况设计设置管沟、管墩等方式敷设。

3）加油机底座

加油机底部应设置集油底槽或采用加油机整体底座防止油品渗漏污染，并具备渗漏收集功能。同时，加油机底座设置应考虑便于安装紧固剪切阀的装置。

4）卸油井

卸油井应采取防止油品渗漏污染的措施，其顶部标高宜与地平相齐，不得采用砖砌形式，卸油口应设置于集油盆中，集油盆或卸油井应配有溢油回流支管。

5）人孔操作井

人孔操作井不得采用砖砌形式，可采用混凝土浇筑、钢板焊接或一体式设备，以确保人孔井与储油罐连接处无渗漏隐患。过车式罐区在建设操作井时应考虑井内通风或设置可燃气体浓度检测设备。

6）渗漏检测系统

埋地油罐、埋地加油管道须安装符合《双层罐渗漏检测系统》（GB/T 30040.1—2013）要求的在线渗漏检测系统。其中，每个油罐须具备单独的渗漏检测功能，同一品种的埋地管道可共用一个渗漏检测通道。在线监测系统应具备自检功能，发生渗漏或出现系统故障的情况下应能发出声光报警；在电力中断的情况下，渗漏监测系统应在供电恢复时能自行恢复正常工作。油罐、双层管线应共用一套渗漏指示装置；渗漏指示装置应安装于加油站有人员长期值守的室内场所。

2. 污水消减措施

加油站的废水主要来源于加油区、卸油区、生活污水和污染雨水等。加油区在给汽车加注油品过程或者加油设备管理不善往往会造成油品跑、冒、滴、漏，沾染在地面的油品在地面冲洗水或雨天时产生含油污水。卸油区废水主要包括油罐清洗废水、地面冲洗废水和辅助设施排水。其中，油罐清洗水的污染度与油罐储存油品的性质、检修周期、操作管理等密切相关。生活污水来自厕所、浴室以及洗车排水，主要污染物是悬浮物和*COD*。污染雨水，主要指受污染的地面雨水，来自储油罐区和收发油设施的含油初期雨水。加油站含油污水的排放管道一般采用埋地敷设，检修困难，在长期使用后，地基下沉易造成管道接口漏水、检查井开裂，引起雨天外漏、非雨天内漏的恶性循环，既污染环境（土壤、地下水等），又直接加大了含油污水的处理难度。从加油站污水的形成和排放途径可以看出，其废水存在排放不连续、水量变化幅度大、变化规律性差、难以控制等特点，因此必须从源头加强管控。

1）节能节水措施

节能节水的措施有：改进洗手间水龙头，采用节能型，在卫生间推广使用自动冲水节能装置；洗车服务应提高洗车喷枪类设备的节水功能，以减少水资源浪费和污水产生量。

2）实行分类处理

（1）生活污水。其主要来源于加油站生活区、厕所，此部分污水在排出建筑物时，必须按照要求经过生活污水管道，送入加油站的化粪池，采取相应的措施处理后，排放到市政排水管网。如果周围没有市政排水设施，则需要在加油站内，设置集水井收集站区生活污水，并且定期清掏。

（2）含油污水。其主要来源为加油区域和卸油区域等。因为加油区和卸油区等为露天场地，对产生的含油污水，利用加油站内部的环保沟进行收集，再利用含油污水管道，输送到站区钢筋混凝土室外水封井内。在汽车服务区域，因为建筑物内部排放的含油污水，必须要按照相关要求，经水封井和含油污水管道，送入到站区钢筋混凝土室外水封井内。实现油水分离处理，达到国家相关要求，再排到市政污水管网。

（3）加油站地面雨水的排放。一类加油站的地面雨水排放，尽量按照地面竖向，布置明沟收集，利用雨水管道以及水封井，送到市政排水管网；剩余类型采取散流形式，排放至加油站外。对于加油站内部的排水，必须坚持清污分流的原则，按照国家相关规定，做到分类收集以及排放。加油站排出建筑物或者围墙的污水，要在建筑物外或者围墙内部，分别设置水封井，水封高度要大于0.25m。如果设置在沉泥段，沉泥段高度则不可以小于0.25m。

3）设置隔油池

设置隔油池，可以将加油站含量不多的含油污水有效分离，进而降低或者减少含油污水排放量。除此之外，加油站管理人员，可以根据隔油池含油污水量的大小，进行油罐渗漏和管道渗漏分析，及时采取处理措施，最大程度地控制泄漏问题。对于新建的加油站，必须要设计和建设完整的污水排放系统，并且在加油站内部要设置隔油池，将含油污水排放系统和隔油池，作为加油站投产合格与否的重要指标。对于正在运行的加油站，要在污水排放系统终端或者加油站低洼部分，布置隔油池，进而能够直接观测或者避免含油污水的直接排放。合理设置隔油池，充分发挥其作用，减少含油污水排放，有着重要意义，需要相关人员高度重视并且具体落实。

4）规范各项业务流程

当前加油站污水排放治理工作中，业务流程不规范，是污染问题产生的主要原因。基于此，加油站要从经营到管理，全面规范各项业务流程，做好源头把控，严厉杜绝经营各个环节的跑、冒、滴、漏情况发生。

（1）对于日常油罐的清洗，必须要强化管理，规范操作，将含油污水有效消除或者减少到最少。在保证油品质量的前提下，结合实际情况，科学合理延长油罐清洗周期，并且限制油罐清洗的用水量。

（2）必须要强化监控管理，做好泄漏污染源清除工作。加油站日常管理工作的开展，必须要强化对重要设施的检查以及防范，比如油罐、管道、加油机等。在合适的位置，设置观测井，比如油罐区域和低洼管道位置，以便及时发现，集中收集和处理含油污水，确保及时消除隐患。

（3）应加强对加油站员工的教育培训，提高员工的环保法律意识，做好环境风险辨识工作，提高员工的环境风险意识。

（4）规范员工行为，进一步提高员工工作责任心，最大限度地避免油品加注过程中出现跑、冒、滴、漏现象，坚决杜绝汽车油箱溢油事故的发生。油品接卸环节中，加油站员工应严格遵守操作规程作业，接卸过程中坚持全程监护，防止油品泄漏事故的发生。

（5）做好设备设施的维护保养工作，发现异常损耗及时查找原因，定期对油罐及管线进行压力检测，防止油罐或管线渗漏对周边环境造成更大的影响。

（6）定期进行应急演练，提高员工应急处置能力，一旦发生环境突发事件，员工能第一时间控制事态发展，防止环保事故发生，减少环境污染事故损失。

（7）制定严格的规章制度及考核办法，严禁含油污水及油样乱排乱倒，清理油罐及管线污水应联系专业污水处理厂家妥善处理。

（二）油库水体（土壤）污染防控

油库油罐区、装卸区、泵区、油品管道等应采取防止油品渗漏措施，并根据所在区域设置油品渗漏时的导流和收集系统。油库必须采取清污分流措施，设置含油废水收集和处理系统，确保含油废水有效收集和处置后达标排放。

1. 油品防渗漏措施

1）油罐区

罐区防火堤内的地坪应采用防渗混凝土或其他有效的防止油品渗漏措施。防火堤容积不小于罐组内1个最大油罐的容量和1次消防最大用水量之和。管道穿越防火堤处应采用不燃烧材料严密填实。在雨水沟（管）穿越防火堤处，应采取排水控制措施。油罐区应实行雨污分流，并设置初期雨水分流措施。

2）装卸作业区

汽车装车区、铁路装卸区、码头装卸区等部位的地坪应采用防渗混凝土或其他有效的防止油品渗漏措施，并根据所在区域设置油品渗漏时的导流和收集系统。

3）泵区

油品泵站区地坪应采取混凝土或其他有效的防止油品渗漏措施，地上敞开式泵区应设置防止泄漏油品扩散的围堰和采取导流收集措施。

4）油品输送管道

油品输送管道宜采用地上敷设方式，装卸区、泵区和工艺管带等区域应在低点分别设置油品排空和收集控制措施。

2. 废水消减措施

1）严格控制含油废水

（1）通过优化作业方式减少油库油品收发储过程的用水，改变水路油库传统卸油后用水扫舱和对管线顶水的作业方式，减少或取消油库的油罐底部存水，降低废水的产生量。

（2）应采用先进的自动脱水器，实现油罐切水自动化、装置化油罐切水，并严格保证安装精度，确保其质量和油水界面探测的灵敏度。根据油罐直径大小增加脱水器，采取脱水彻底、均匀的改进措施，将自动脱水器装置化。

（3）油罐清洗规范化。随着近几年油品的不断升级提质，以及各环节管理的提升，油罐清洁度提高，各企业可以在确保油品清洁的情况下，通过延长清罐周期，减少油罐清洗次数，降低废水产生量。一是在油罐清洗过程中，规范操作，将污水消除或减少到最少。二是延长油罐清洗周期，减少油罐清洗次数，一般大型油罐可8～10年清洗1次。三是油罐清洗时采用先进的技术和专业化的队伍，通过油洗或少用水洗（冲洗水循环使用），限制清洗用水量。

（4）油罐应设置液位仪，通过采用自动计量，减少油罐人工检尺、测温、采样频次，降低计量器具的清洗次数，避免人工操作带来油品滴漏产生污染。

（5）加强设备设施施工检维修管理，做好检修过程油品的回收，避免设备拆卸过程产生滴漏。

（6）排水管道无漏化。改变管道连接方式，将承插式改为法兰连接或焊接；使用一体式检查井；局部使用柔性接头来提高管道系统对基础变化的适应性，防止因土壤脱水等引起的其他地基下沉而造成的漏水。

2）合理减少污染雨水量

（1）雨水清污分流。污染雨水可按照污染区域初期降雨深度15～30mm进行控制。工程上可采用污染雨水总量控制与隔油相结合的方法，先按降雨5min或15～30mm降雨深度将污染雨水暂时存储，之后可通过隔油分离器自动排入雨水系统。

（2）合理控制油气排放。尽量使用浮顶油罐或内浮顶油罐，采用两次密封，保持密封圈完好、不变形，控制进出油速度、设置均匀进出油装置、采用油气回收装置、同类型油罐间设置油气连通管，这些措施可以相互作用，减少油气挥发，降低雨水污染机会和污染程度。

（3）及时清除泄漏污染。对泄漏污染要及时进行清除，避免影响雨水排放。在罐区雨水出口处设油水分离池，防患于未然。罐底泄漏可在基础沙垫层设防渗垫，并设检漏排放管，集中收集清除。

（4）限制生活污水排放量。提高油库自动化水平，减少员工数量，量化用水。采用节能环保型水龙头和卫浴设施，及时检修卫生器具，杜绝长流水现象，达到节约用水和减污缩排的目的。

3）事故应急池

按照《石油库设计规范》（GB 50074—2014）设置漏油和事故废水收集池以及相应的收集系统。漏油和事故废水收集池应采取隔油措施。

4）含油废水收集处理

油库应单独设置含油废水收集系统，其设置应符合《石油库设计规范》（GB 50074—2014）；按照《石油化工废水处理设计规范》（GB 50747）设置废水处理装置，废水处理达标后排放，或委托有相应处理能力的废水处理厂处理废水。

二　废水分流及收集

（一）废水收集排放基本要求

废水管道和附属构筑物应保证其密实性，防止废水外渗和地下水入渗。

废水处理管道材料的选择应进行技术经济比较后确定。废水工艺管道应根据废水的性质确定，可采用碳钢管；药剂管道可采用不锈钢管、复合管、非金属管等耐腐蚀的管道；非满流管道可采用球墨铸铁管、非金属管、碳钢管等。含油废水应采用管道排放。

1. 油库废水

（1）油库的含油与不含油废水，应采用分流制排放。

（2）未被易燃和可燃液体污染的地面雨水和生产废水可采用明沟排放，并宜在油库围墙处集中设置排放口。

（3）储罐区防火堤内的含油废水管道引出防火堤时，应在堤外采取防止泄漏易燃和可燃液体流出罐区的切断措施。

（4）油库经常受有害物质污染场地的雨水，如罐区防火堤内、汽车装车区、码头操作平台等处，应经预处理达到相应标准后才能排入排水管渠，或者设置初期雨水切换设备对污染雨水进行收集处置。

2. 加油站废水

（1）加油站、LPG加气站不得采用暗沟排水。

（2）加油站清洗油罐的废水应集中收集处理，不应直接排入排水管道。LPG储罐的排污（排水）应采取活动式回收桶集中收集处理，不得直接接入排水管道。

3. 其他废水

（1）生活废水应收集，经过化粪池预处理后，排入市政管网或进入后序的废水处理装置处理达标后排放。

（2）餐厨废水应经过隔油池处理后，方可排入后序的废水处理装置，处理达标后排放。

（二）废水分流及收集设施

在油品销售企业，常见的废水分流及收集设施包括检查井、沉沙井、水封井、事故水收集池等。

1. 检查井

检查井一般由井座、井筒、井盖和相关配件等组成，用以清通、检查的井状构筑物。一般设在管道交汇处、转弯处、管径或坡度改变处，以及直线管段上每隔一定距离处，是便于定期检查的附属构筑物。检查井的结构和实物如图4–1所示。

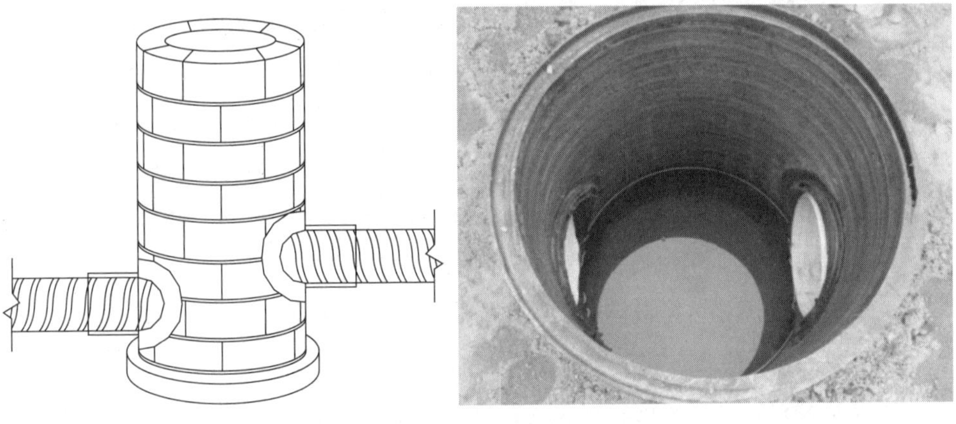

图4–1　检查井

2. 沉沙井

废水在迁移、流动和汇集过程中不可避免会混入泥沙。废水中的沙如果不预先沉降分离去除，则会影响后续处理设备的运行。最主要的是磨损机泵、堵塞管网，干扰甚至破坏生化处理工艺过程。沉沙井主要用于去除废水中粒径大于0.2mm，密度大于2.65t/m^{3}的沙粒，以保护管道、阀门等设施免受磨损和阻塞。其工作原理是以重力分离为基础，故应控制沉沙池的进水流速，使得比重大的无机颗粒下沉，而有机悬浮颗粒能够随水流带走。沉沙井的结构如图4–2所示。

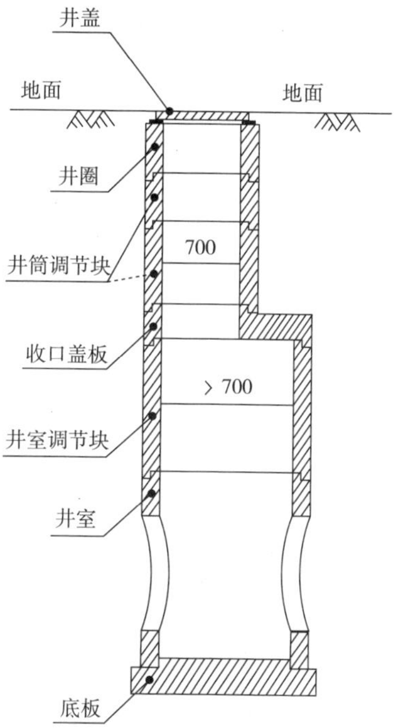

图4–2　沉沙井

3. 水封井

水封井是一种设置在厂区内有可燃气体、易燃液体蒸气或油污的废水管网上，用于防止燃烧、爆炸沿废水管网蔓延扩展的安全液封装置。水封井是安全液封的一种。水封井的原理是利用介质密度不同或封隔区域内外压力不同达到隔离目的。其作用主要有两方面：一是隔离封堵，防止隔离介质漫流或外部介质混入，以达到防止环境污染或防火防爆作用；二是起到安全保护的作用，相当于安全阀。

为防止火势在工业下水道内蔓延扩大，各生产车间、装置、单元、建构筑物、罐组、管沟及电缆沟等下水道出口处，工业生产装置内炉、塔泵、热交换设备等区的围堰下水道出口及下水道的支管与干管连接处均应设置安全水封井。建筑物内由于防火防爆的要求不同而分隔开不同的房间时，每个房间的下水道出口应单独设置水封井。如果总下水管道很长，每隔250m应设一个水封井，水封深度不应小于0.25m，进水管末端距离井底高度不应小于0.25m，井上宜设通风设施，井底应设沉泥段，沉泥段自最低的管底算起，其深度不应小于0.25m。水封井的结构如图4–3所示。

水封井以及同一管道系统中的其他检查井，均不应设在车行道和行人众多的地段，并应适当远离产生明火的场地。

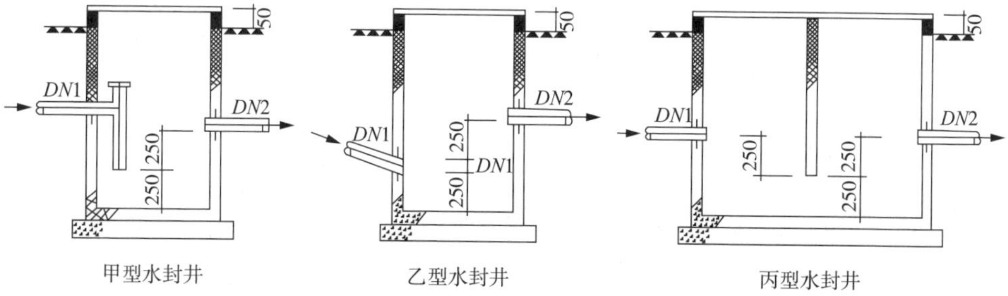

图4–3　水封井

在加油站，含油废水进入市政管道或排出站外前，应设置水封井或水封装置；当雨水由明沟排到站外时，应在围墙内设置水封井。油库水封井设置相关要求如下：

（1）含油废水管道应在储罐组防火堤处、其他建（构）筑物的排水管出口处、支管与干管连接处、干管每隔300m处设置水封井。

（2）油库通向库外的排水管道和明沟，应在油库围墙里侧设置水封井和截断装置。

（3）油库通向库外的排水管道和排水明沟，应在油库围墙里的内侧设置水封井和截断装置。

（4）雨水暗管或雨水沟支线进入雨水主管或主沟处，应设水封井。

4. 事故水收集池

事故水收集池，简称事故池，是废水处理过程中所需构筑物的一种。在处理化工、石化等一些工厂所排放的高浓度废水时，一般都会设置事故池。原因在于当这些工厂出现生产事故后，会在短时间内排放大量高浓度且pH值波动大的有机废水，这些废水若直接进入废水处理系统，会给运行中的生物处理系统带来很高的冲击负荷，造成的影响需要很长时间来恢复，有时会造成致命的破坏。为避免事故水给废水处理系统带来的影响，很多废水处理场设置了事故池，用于储存事故水。

事故池容积应包括可能流出厂界的全部流体的体积之和，通常根据发生事故的设备容量、事故时消防用水量及可能进入应急事故水池的降水量等因素综合确定。应急事故废水的最大量计算如下：

$$V_{事故池}=(V_1+V_2+V_{雨})_{max}-V_3 \tag{4-1}$$

式中 V_1——计算区域内最大一个容量的设备（装置）或储罐的物料储存量，m^3；

V_2——在装置区或储罐区一旦发生火灾爆炸及泄漏时的最大消防用水量，包括扑灭火灾所需用水量和保护邻近设备或储罐（最少3个）的喷淋水量，m^3，可根据GB 50016、GB 50160、GB 50074等有关规定确定；

$V_{雨}$——发生事故时可能进入该废水收集系统的当地的最大降雨量，m^3，应根据GB 50014有关规定确定；

V_3——事故废水收集系统的装置或罐区围堰、防火堤内净空容量与事故废水导排管道容量之和，m^3。

在计算应急事故废水量时，装置区或储罐区事故不按同时发生考虑，取其中的最大值。事故排水收集系统的排水能力应按事故排水最大流量进行设计，并做好导排系统的防火、防爆、防渗、防腐、防冻、防洪、抗浮、抗震等措施。

目前，根据国家规范标准要求，按照规模等级的大小，油库必须设置相应容量的事故应急池。国家虽没有出台强制要求加油建设事故池的相关法规，但随着近年来国家及各地方政府对环境保护的日益重视，有些地方环境保护部门要求在环境敏感区域的加油站设置事故池。因加油站事故池的容量、形式、位置等暂时没有相关标准规范，各地一般是根据环境影响评价提出的要求进行建设。对于油库，事故池的设置要求如下：

（1）库区内应设置漏油及事故废水收集系统。收集系统可由罐组防火堤、罐组周围路堤式消防车道与防火堤之间的低洼地带、雨水收集系统、漏油及事故废水收集池组成。

（2）一级、二级、三级、四级石油库的漏油及事故废水收集池容量，分别不应小于1000m^3、750m^3、500m^3、300m^3；五级石油库可不设漏油及事故废水收集池。

（3）漏油及事故废水收集池宜布置在库区地势较低处；漏油及事故废水收集池应采取隔油措施。

在日常管理中，事故池应保持放空状态，保证其有效收集容量，确保在事故等特殊时间段发挥应有的作用。对于排入应急事故水池的废水应进行必要的监测，并应对事故废水按照下列措施进行处置：

① 能够回用的应回用；

② 对不符合回用要求，但符合排放标准的废水，可直接排放；

③ 对不符合排放标准，但符合废水处理站进水要求的废水，应限流进入废水处理站进行处理；

④ 不符合废水处理站进水要求的废水，应采取处理措施或外送处理。

三　废水处理

本节结合油品销售企业废水特点，重点介绍了废水处理设施，以及几种常用的废水处理工艺，包括序批式活性污泥法（SBR）、生物接触氧化法、曝气生物滤池（BAF）、A/O工艺、膜生物反应器（MBR）等。

（一）废水处理设施

1. 格栅

格栅是废水泵站中最主要的辅助设备。格栅一般由一组平行的栅条组成，斜置于泵站集水池的进口处。其倾斜角度为60°～80° 。格栅后应设置工作台，工作台一般应高于格栅上游最高水位0.5m。对于人工清渣的格栅，其工作台沿水流方向的长度不小于1.2m，机械清渣的格栅，其长度不小于1.5m，两侧过道宽度不小于0.7m。

油库废水处理场应采用机械格栅，格栅主体材质应耐油、耐腐蚀、耐老化，格栅栅条间隙宜为5～20mm。

2. 调节与均质池

调节池的作用是均质和均量，用以调节进、出水流量。主要起到对水量和水质的调节作用，以及对废水pH值、水温的调节作用，有预曝气的调节作用，还可用作事故排水。对于有些反应，如厌氧反应对水质、水量和冲击负荷较为敏感，所以对于工业废水处理设置适当尺寸的调节池，对水质、水量进行调节是厌氧反应稳定运行的保证。调节和均质设施可合并设置，但其数量不宜少于2个。

含油废水调节设施一般设置在隔油处理前，且宜设置收油、排泥、消防设施。调节、均质设施应密闭。

3. 隔油池

隔油池指专门用于隔除浮油的废水处理构筑物，是利用自然上浮法分离、去除含油废水中可浮性油类物质的构筑物，适用于石油钻井、炼油厂、油料加工、化工、钢铁、冶金、机械等行业的石油与工业用油类的油水分离，在油库、加油站、餐饮、厨房以及汽车洗车等需要清除油污的场所也有广泛应用。隔油池可以处理矿物油、动物油、植物油、混合油以及各种乳化油等多种油类。

隔油的构造有多种形式，常用的隔油池有：平流式隔油池（API油分离器），平行板式隔油池（PPI油分离器）和倾斜板式隔油池（CPI油分离器）。隔油池的出水中的油含量一般小于50mg/L。隔油池多用钢筋混凝土筑造，也有用砖石砌筑，在矩形平面上，沿水流方向分为2～4格，每格宽度一般不超过6m，以便布水均匀。其有效水深不超过2m，隔油池的长度一般比每一格的宽度大4倍以上。隔油池多用链带式的刮油机和刮泥机分别刮除浮油和池底污泥。一般每格安装一组刮油机和刮泥机，设一个污泥斗。若每格中间加设挡板，挡板两侧都安装刮油机和刮泥机，并设污泥斗，则称为两段式隔油池，可以提高除油效率，但设备增多，能耗则增高。若在隔油池内加设若干斜板，也可提高除油效率，但建设投资较高。

在寒冷地区，为防止冬季油品凝固，可在集油管底部设蒸汽管加热。隔油池一般应采用难燃材料的盖板密封，并在盖板下设蒸汽管，以便保温，防止隔油池起火和油品挥发，并可防止灰沙进入。隔油池排水管与干管交汇处，应设置水封井，水封井深度不应小于0.25m。废水在进入隔油设施前需提升时，应采用容积式泵或低转速离心泵。隔油池设置不应少于2间，且每间应能单独运行和检修。

含油废水处理深度分为一级除油处理和二级除油处理。一级除油处理指采用隔油池进行油水分离的处理，其出水含油量应控制在30mg/L以下。

1）平流式隔油池

平流式隔油池主要有池体、刮油刮泥机和集油管等几部分组成，多用于去除颗粒径大于等于150μm的油珠。废水从池的一端流入，从另一端流出，其中相对密度小于1且粒径较大的油珠上浮到水面上，而相对密度大于1的杂质则沉于池底，上浮的油可用油刮板刮到出水端，由集油管排出，沉渣则可通过排泥管排出。其构造如图4–4所示。

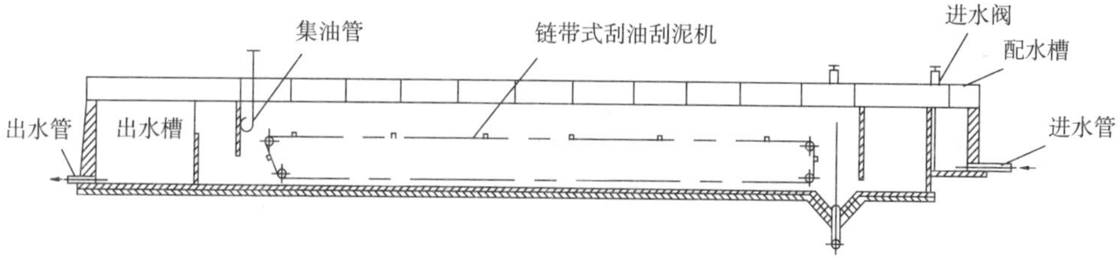

图4–4 平流式隔油池

集油管设于出水口一侧的水面上。集油管一般由直径为200 ~ 300mm的钢管制成。沿管的长度在管壁的一侧开有切口，其宽度一般是对应中心角为60°，集油管可以绕管轴转动，由螺杆控制。平时切口向上并位于水面以上，当水面浮油达到一定厚度时（一般不大于0.25m），转动集油管，使切口浸入水面油层一下，浮油即自行进入管内，并沿集油管流向池外。

刮油机通常是由链条或钢丝绳牵引的。在用链条牵引时，隔油机在池面上起刮油作用，将浮油刮向池的末端；而在池的底部可以起刮泥机作用，将下沉的油泥刮向池出口端的泥斗中，通过排泥管适时排出，排泥管一般直径为200mm，池底向污泥斗的坡度为0.01 ~ 0.02，污泥斗深度一般为0.5m，底宽不小于0.4m，倾面倾角不小于45° ~ 60° 。隔油池的进水一端一般采用穿孔墙进水，出水端采用溢流堰。由于受到刮油机规格的限制，隔油池的每格间的宽度一般为6.0m、4.5m、3.0m、2.5m、2.0m等。

这种隔油池的优点是构造简单，由于隔油池占地面积大，停留时间长（1.5 ~ 2h），水平流速为2 ~ 5mm/s。操作维护容易，运行管理方便，除油效果稳定，因此应用比较广泛；缺点是池的容积较大，排泥困难，其可能取出的粒径最小为100 ~ 150μm。

2）斜板隔油池

根据浅层理论，隔油池也有采用斜板斜管式的，斜板（斜管）隔油池由进水管、布水设施、斜板（斜管）组、出水管和集油管等几部分组成。其构造如图4–5所示。池内放置聚酯玻璃钢制斜板，倾斜角度不小于45° ，板间距为20 ~ 50mm，斜板有平板和波纹板等形式。斜板采用异向流形式，废水流由上而下流经斜板，而油珠则逆水而上浮，所以属于逆向流。在波纹板内分离出来的油粒沿波纹板的峰顶向上浮，上浮的油流出斜板（斜管）后在水面形成油膜，经集油管排走。而泥渣则沉入管底，滑落到池底。

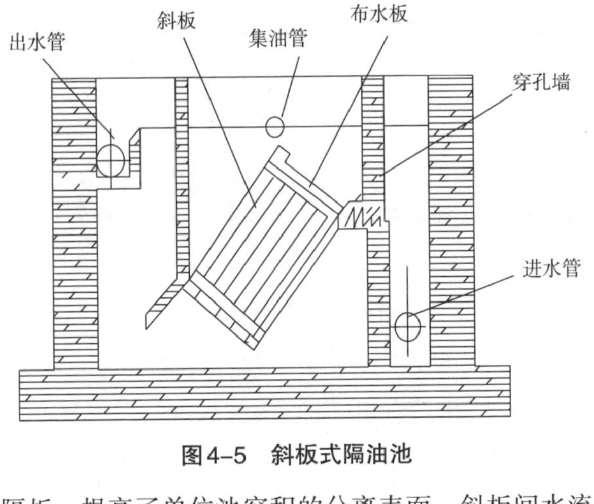

图4–5 斜板式隔油池

由于设置了隔板，提高了单位池容积的分离表面，斜板间水流成层流状态，雷诺数小于2000，所以油水分离效果较好，并且废水在池内的停留时间短，一般为30min，仅为平流式隔油池的1/4 ~ 1/2，因此，容积和占地面积大大减少（比平流式隔油池少2/3）。而且除油效果大大提高，实验证明，这种隔油池能够分离的粒径为60μm的油珠（平流式隔油池能够分离100 ~ 150μm的油珠）。在使用斜板隔油池处理含油废水时，表面负荷为0.6 ~ 0.8m^3/（m^2·h），出水含油量可控制在50mg/L以内。

3）小型隔油池

小型隔油池主要用于处理小水量的含油废水，如餐饮、厨房等场所，有多种池型。目前，加油站一般使用小型隔油池，其结构多采用砖砌或钢筋混凝土结构，如图4–6所示。油库废水处理场所一般设置有用于调节水质、水量并配置有隔油功能的调节隔油池，一般采用三级隔油池。

一般小型隔油池备箱体内分为二档三格。含油废水由设备入水口进入第一格中，第一格中杂物筐将含油废水中的杂物进行分离，不含杂物的含油废水进入第二格中，第二格中空间较大，满足隔油池设计要求，利用油水的密度差异，采用自然上浮法使油水充分分离，分离后的废水进入第三格中经出水管排出。分离后的油在第二格集油槽中，由人工清除或由抽油泵将油排入集油桶中。

隔油池的剖面图如图4–7所示。

4. 化粪池

化粪池是将生活废水分格沉淀，即对污泥进行厌氧硝化的小型处理构筑物。对于没有废水处理装置，或已设有废水处理装置，但为了防治粪便淤积管道或为减轻废水处理装置处理负荷时均可设化粪池。它普遍应用于民用建筑和一般工业建筑生活废水的初步处理。含有油脂的餐厅、食堂废水不得接入化粪池。

在油品销售企业，油库、加油站一般均应设置化粪池，对生活废水收集、预处理后排入市政管道，或排入废水处理装置进行处理后外排。

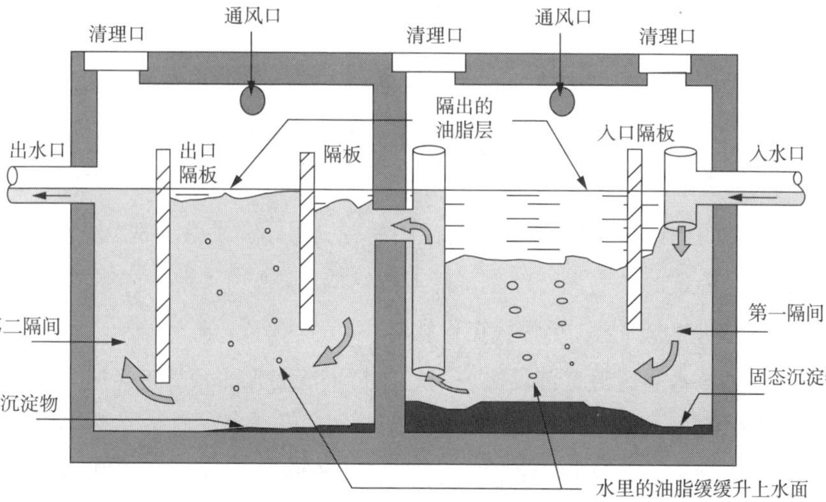

图4–6　小型隔油池原理图

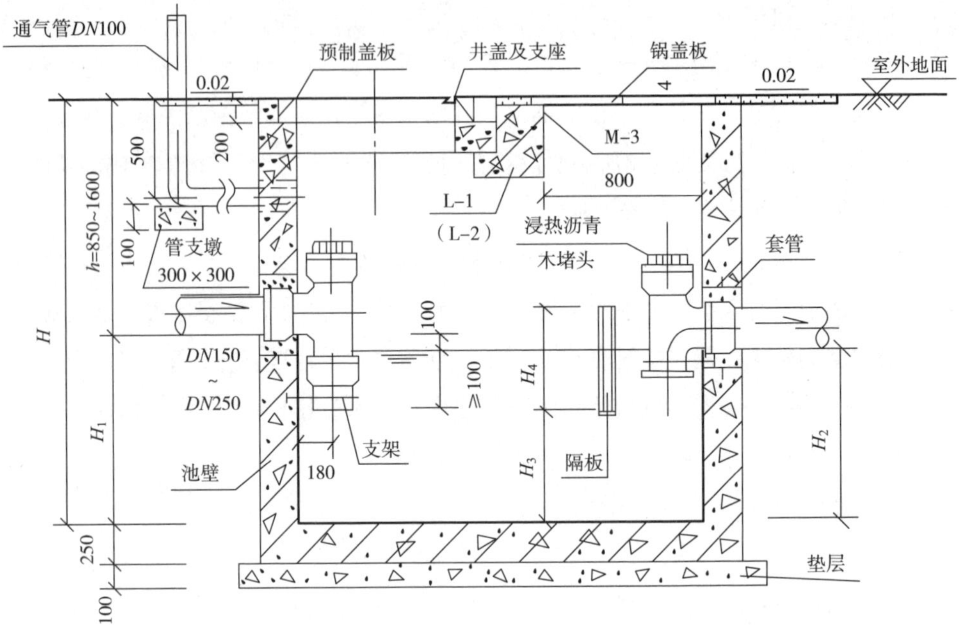

图4–7 隔油池剖面图

1）作用及工作原理

化粪池是一种利用沉淀和厌氧发酵的原理，将固化物在池底分解，上层的水化物体进入管道流走的处理设施。它不仅防止了管道堵塞，而且使得固化物体（粪便等垃圾）有充足的时间进行水解，达到去除生活废水中悬浮性有机物的目的，属于初级的过渡性生活处理构筑物。

生活废水中含有大量粪便、纸屑、病原虫，悬浮物固体浓度为100～350mg/L，有机物浓度COD_{Cr}在100～400mg/L，其中悬浮性的有机物浓度BOD_5为50～200mg/L。废水进入化粪池经过12～24h的沉淀，可去除50%～60%的悬浮物。沉淀下来的污泥经过3个月以上的厌氧发酵分解，使污泥中的有机物分解成稳定的无机物，易腐败的生污泥转化为稳定的熟污泥，改变了污泥的结构，降低了污泥的含水率。化粪池沉淀的污泥应定期清掏外运，填埋或用作肥料。

化粪池是基本的污泥处理设施，同时也是生活废水的预处理设施，它的作用表现在以下几方面：

（1）保障生活社区的环境卫生，避免生活废水及污染物在居住环境的扩散。

（2）在化粪池厌氧腐化的工作环境中，杀灭蚊蝇虫卵。

（3）临时性储存污泥，有机污泥在储存过程中进行厌氧腐化，熟化的有机污泥可作为农用肥料。

（4）生活废水的预处理（一级处理），沉淀杂质，并使大分子有机物水解，成为酸、醇等小分子有机物，改善后续的废水处理。

2）结构形式

在传统意义上，化粪池有钢筋混凝土和砖砌两种结构，其中钢筋混凝土池又分为开挖式和沉井式两种结构。一般在要求严防地下水被污染的区域，不宜采用砖砌化粪池。随着社会经济的发展，生活中的废水对环境污染日益严重。许多厂商在总结引进国外生活废水处理工艺的基础上，结合科研成果和工程实践，采用高分子复合材料生产一体化成型的玻璃钢化粪池。对比传统化粪池，一体化成型化粪池能较好避免因渗漏、运行工况不佳而污染地下水质和影响周围建筑物的安全，具有高效、节能、质轻、价廉的特点。

化粪池的有效容积和进出水管径，应根据实际处理量计算而定。一般情况下废水在化粪池内的停留时间按12h或24h计算。当化粪池容积小于12m^{3}时，可采用双格化粪池，第一格宜为总容积的75%；当化粪池容积大于12m^{3}时，应采用三格式化粪池，第一格宜为总容积的60%，第二格和第三格各宜为总容积的20%。化粪池均设置有通气管，其进、出水管应设三通导流管，其内壁应采取防渗措施。化粪池的剖面图如图4–8所示。

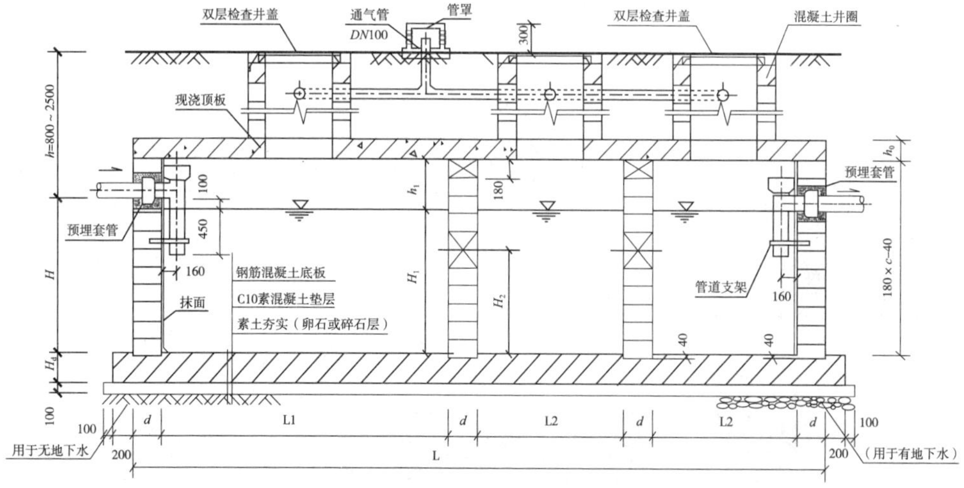

图4–8　化粪池剖面图（一）

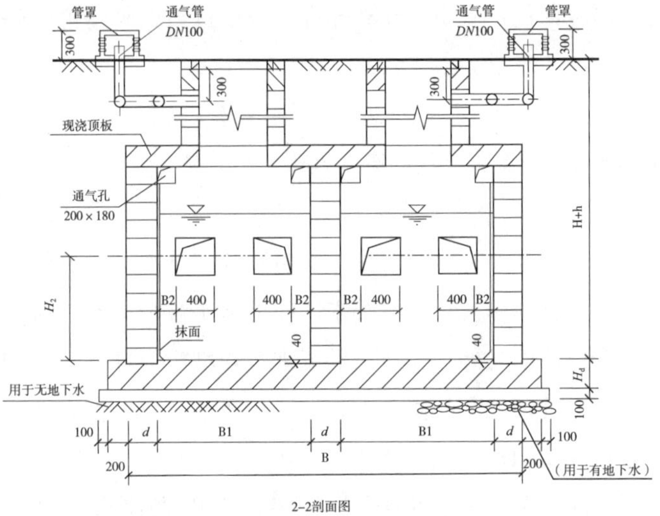

图4-8 化粪池剖面图（二）

为有效解决分散式生活废水，确保废水达标排放，减少环境污染，目前社会上出现采用绿色生态四格化粪池进行的废水处理方法，并取得一定成效。四格式化粪池是在传统“三格式”化粪池的基础上，在化粪池出水末端增加了一格，放上碎石、沙子、土壤，再种上美人蕉等根茎植物，相当于增加了一格湿地系统，如图4-9所示。湿地中的好氧微生物通过呼吸作用，将废水中的大部分有机物分解成为二氧化碳和水，厌氧细菌将有机物质分解成二氧化碳和甲烷，硝化细菌将铵盐硝化，反硝化细菌将硝态氮还原成氮气等。通过这一系列的作用，废水中的主要有机污染物都能得到降解，成为微生物细胞的一部分，其余的变成对环境无害的无机物质回归到自然界中。经处理后，这些生活废水可达到二级排放标准。

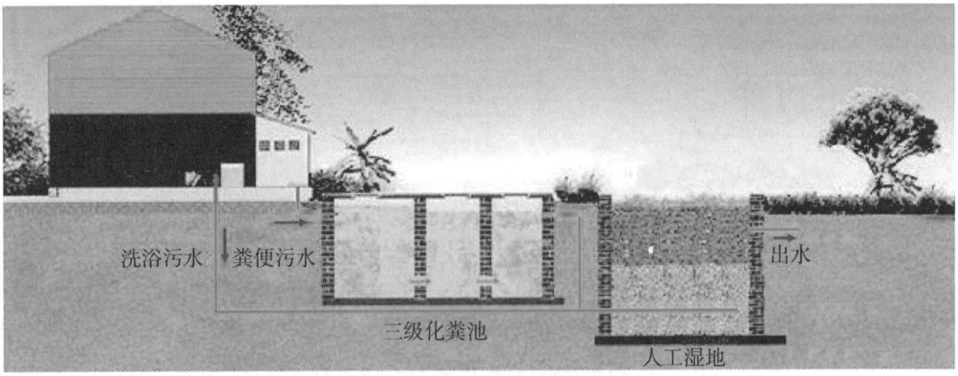

图4-9 四格式化粪池工艺流程

在油品销售企业，有相当一部分油库、加油站的日常生活废水量不大，且地处城镇之外，无法将生活废水排入市政管道，可以尝试使用四格化粪池作为分散式生活废水处理的有效方法，替代传统废水处理设施。

3）化粪池的清掏

为确保化粪池正常工作，化粪池应定期进行清掏。一般而言，清掏周期与粪便废水温度、气温、建筑物性质及排水水质、水量有关。化粪池的清掏周期根据容量设计而定，一般分为3个月、6个月、12个月，实际设计中多取3～9个月。设计清掏周期如果过短，则化粪池粪液浓度将过高，与实际清掏周期差距过大，影响正常发酵和废水处理效果，甚至造成粪液漫溢，影响环境卫生。设计清掏周期如果过长，则化粪池容积过大，增加造价。在正常情况下，南方地区设计时选用短周期，北方地区设计时选用长周期，当化粪池处于繁华地段或当地环境卫生要求高的地方，一般选用短周期。

（二）含油废水处理方法

含油废水应进行单独除油处理，一般不得将生活废水或其他废水接入含油废水系统，以确保含油废水处理系统或者后续废水处理工艺过程正常运行，含油废水处理工程应根据不同油库的含油废水的水质特点，选择适合的处理工艺，并根据废水排放去向和当地的环境保护要求，经技术经济比较后确定。

含油废水处理深度分为一级除油处理和二级除油处理。一级除油处理指采用隔油池进行油水分离的处理阶段，其出水含油量应控制在30mg/L以下。二级除油处理指采用气浮、粗粒化、板结、过滤等方法或组合工艺进行油水分离的处理阶段，经二级除油处理后，其终处理效果应满足国家或地方废水排放标准的要求。

含油废水设计水量应按国家现行工业用水量的规定确定或按公式（4-2）计算。

$$Q = K \times q \times S \tag{4-2}$$

式中　Q——每日产生的含油废水总水量，m^3/d；

q——单位产品废水产生量，m^3/件；

S——每日生产产品总数量，件/d；

K——变化系数，根据生产工艺或经验决定。

1. 混凝

混凝即向水体中投加药剂，使水中的胶粒脱稳沉淀下来。混凝工艺在控制pH的条件下对乳化液具有良好的破乳效果，可保障良好的油水分离效果。在废水处理中，混凝是最常用方法之一。

1）工作原理

目前混凝剂对水中胶粒的混凝作用机理有以下四种，其作用机理的发生，取决于混凝剂种类、投加量、水中胶粒性质和含量以及水的pH值等。

（1）压缩双电层。压缩双电层是指在胶体分散系中投加能产生高价反离子的活性电解质，通过增大溶液中的反离子强度来减小扩散层厚度，从而使电位降低的过程。该过程的实质是新增的反离子与扩散层内原有反离子之间的静电斥力把原有反离子挤压到吸附层中，从而使扩散层减薄。

（2）电性中和。当投加的电解质为铁盐、铝盐时，电解质在一定条件下离解或水解生成络离子，如$Al(H_2O)_6$等，达到使胶粒脱稳和凝聚的作用。

（3）吸附桥联。若投加的药剂是水溶性链状高分子聚合物，并具有能与胶粒和细微悬浮物发生吸附的活性物质，那么它就能通过静电引力、范德华引力和氢键力等，将微粒搭桥联结为一个个絮凝体（俗称矾花）。这种作用就称为吸附桥联。聚合物的链状分子在其中起桥梁和纽带的作用。

在吸附桥联形成絮凝体的过程中，聚合物的加入量及搅拌强度和搅拌时间必须严格控制。若加入量过多，微粒将被若干个高分子链包围，微粒将没有空白部位去吸附其他的高分子链，就会形成无吸附部位的稳定颗粒；若搅拌强度过大或时间过长，桥联就会断裂，絮凝体破碎，形成二次吸附再稳颗粒。

（4）网罗卷带。网罗卷带也称网捕，即用铁、铝盐等高价金属盐类作混凝剂，且其投加量和介质条件足以使它们迅速生成难溶性氢氧化物时，沉淀能把胶粒或细微悬浮物作为晶核或吸附质，将其一起除去。

2）混凝剂与助凝剂

（1）混凝剂。混凝剂按照化学成分可分为无机混凝剂、有机混凝剂和微生物混凝剂三大类。无机混凝剂包括铝盐、铁盐及其聚合物；有机混凝剂按照聚合单体的带电电荷可分为阴离子型、阳离子型、非离子型、两性型等；微生物混凝剂是利用微生物产生的一些带混凝作用的物质提炼而成的。

传统的无机混凝剂为低分子的铝盐和铁盐，铝盐主要有硫酸铝、明矾、铝酸钠，铁盐主要有三氯化铁、硫酸亚铁、硫酸铁等。新型无机混凝剂为铝盐和铁盐的聚合物，包括聚合氯化铝（PAC）、聚合硫酸铁（PFS）、聚合氯化铁（PFC）等。无机混凝剂具有原料易得、制备简单、价格便宜、处理效果好等特点，在水处理中应用较多。

高分子混凝剂多为聚丙烯、聚乙烯等物质。聚丙烯酰胺为水溶性的线型高分子，通常与铁、铝合用，是最常用的高分子混凝剂。高分子混凝剂具有投加量少、凝聚速度快、絮体粒大强韧等特点，在废水处理中应用广泛。

微生物混凝剂是利用微生物技术，通过细菌、真菌等微生物发酵、提取、精制而得，是一种安全、无毒、无二次污染的新型混凝剂，是未来混凝剂发展的一个方向。

（2）助凝剂。在废水的混凝过程中，有时单独使用混凝剂不能取得良好的混凝效果，而需要投加一些辅助性药剂，这种药剂称为助凝剂。常用的助凝剂有氯、石灰、活化硅酸、活化水玻璃、泡花碱等。

3）主要影响因素

（1）水质。废水中的污染物在化学组成、带电性质、亲水性能、吸附性能等方面各不相同，因此同一种混凝剂对不同废水的混凝效果相差很大。采用混凝沉淀的方法处理高浓度有机废水的效果往往不好。有些废水中含有表面活性剂或活性染料等一类物质，常用的混凝剂对其去除效果也不理想。

（2）水温。水温对混凝效果有较大影响，最适宜的混凝水温为20～30℃。当水温过低时，絮凝体形成缓慢，絮凝颗粒细小，混凝效果较差；当水温过高时，混凝剂水解反应速度过快，形成的絮凝体水合作用增强、松散不易沉降。

（3）pH值。水的pH值对混凝效果的影响主要有两方面。一方面是pH值与水中胶体颗粒的表面电荷和电位有关，不同的pH值下胶体颗粒的表面电荷和电位不同，所需要的混凝剂量也不同；另一方面，不同混凝剂的最佳水解反应所需要的pH值范围不同。因此，水的pH值对混凝效果的影响因混凝剂种类而异。

（4）水力条件及混凝反应时间。混凝剂投加到废水中充分溶解后，所产生的胶体与水中原有的胶体及悬浮物接触，形成许多微小的矾花，这个过程称为混合。混合过程要求水流较快，能在较短时间内（几十秒至2min）使药剂与水充分混合。

混合完成后，水中胶体等微小颗粒已产生初步凝聚现象，生成细小的矾花，但不能靠重力下沉，因此仍然需要依靠絮凝过程使矾花逐渐长大。在絮凝阶段，要求水流具有适当的紊流程度，为细小矾花提供相互碰撞接触和相互吸附的机会，并随着矾花的长大，紊流逐渐减弱。

4）混凝剂的选择

针对不同废水选择混凝剂时，通常应综合以下几个方面：

（1）处理效果好，对目标去除染物有较高的去除率，能满足设计要求。通常需两种或多种混凝剂及助凝剂同时使用。

（2）混凝剂及助凝剂的价格应适当便宜，易于储存和方便投加，投加量适中，以防止由于价格昂贵造成、处理运行费用较高。

（3）混凝剂不应对处理出水产生二次污染。当处理出水有回用要求时，要考虑出水中混凝剂的残余量或轻微色度等的影响。

在实际操作中，应由实验室烧杯试验，对宜于采用的混凝剂及投加量来进行初步筛选确定。在有条件的情况下，还应对初步确定的结果进行扩大的动态连续试验，以求取得可靠的设计数据。

5）设备和装置

药剂混合时间一般为10 ~ 30s，不宜强烈搅拌及长时间混合。混合设备与后续处理设备中间管道不宜超过120m。混合方式分为水力混合和机械混合。药剂在反应池内应有充分的反应时间，一般为10 ~ 30min，控制反应时的速度梯度G，一般为$30 \sim 60s^{-1}$，GT值为104 ~ 105。

药剂的投配方式宜采用液体投加方式。加药系统应设置投药计量设备，以控制加药量，应尽可能采用自动投药系统。自动投药方式应采用前馈式或后馈式单因子自控投药技术。自控系统由传感器、智能测控仪和执行机构（变频调速装置、投药泵等）组成，它们构成单回路反馈控制系统。用泵投加高分子聚合物药剂溶液时，应采用容积泵输送。

（1）溶解搅拌装置。搅拌可采用水力、机械或压缩空气等方式，具体由用药量大小及药剂性质决定，用药量大时使用机械搅拌和空气压缩，用药量小时用水力搅拌。

（2）投药设备。投药设备包括投加和计量两部分。投加方式根据溶液池液面高低，可分为重力投加和压力投加两种。压力投加可采用加药泵和水射器两种形式。

（3）混合设备。用于水处理中的混合设备和装置多种多样，按混合方式可分为管式混合、混合池混合、水泵混合和机械混合几大类。

（4）反应设备与装置。废水处理中常用的反应设备有隔板式反应池、旋流式反应池、涡流式反应池三大类，如表4–3所示。

表4-3　混凝常用反应设备形式

名称	优缺点	适用范围
隔板式反应池	①反应效果好； ②管理维护简单； ③常采用钢筋混凝土建造	水量变化不大的各种规模
旋流式反应池	①反应效果一般； ②水头损失较小； ③制作简单，易于管理	中、小型处理工程（水量在200～3000m³/d）
涡流式反应池	①反应时间短，容积小； ②反应效果一般； ③易于设备化； ④对于小水量工程，可省去混合装置	中、小型处理工程（水量在200～3000m³/d）

2. 气浮

气浮工艺可以去除废水中处于粗分散、乳化等状态的油粒，一般设置在重力分离法除油之后，作为二级除油措施，经过气浮处理后，出水含油量可降至30mg/L以下。

气浮是通过空气（也可用氮气或天然气）在水中形成的极小气泡（一般直径为10～120μm），在浮升过程中吸附粘结油珠，在升至水面后形成浮渣去除。气浮工艺按其产生气泡的方式可分为散气气浮和加压溶气气浮。

1）散气气浮

散气气浮是一种常压状态下空气通过微细孔扩散装置或微孔管或叶轮后，以微小气泡的形式分布在废水中进行气浮处理的过程，其结构如图4-10所示。CAF涡凹气浮设备是散气气浮的一种形式，在国内生产加工、使用较广泛。

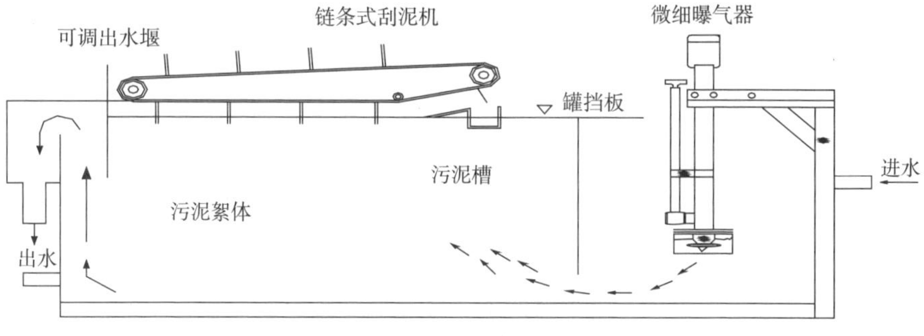

图4-10　散气式气浮池

经过预处理后的废水流入装有涡凹曝气机的小型充气段，废水在上升的过程中，通过充气段与曝气机产生的微气泡充分混合，曝气机将水面上的空气通过抽风管道转移到水下。

由于气水混合物和液体之间密度的不平衡，产生垂直向上的浮力，将悬浮物带到水面。在上浮过程中，微气泡会附着到悬浮物上，到达水面后悬浮物依靠这些气泡支撑和维持在水面。浮在水面上的悬浮物间断地被链条刮泥机清除。刮泥机沿着整个液面运动，并将悬浮物从气浮槽的进口端推到出口端的污泥排放管道中。污泥排放管道里有水平的螺旋推进器，将所收集的污泥送入集泥池中。净化后的废水流入溢流槽，再自流至生化处理部分。

（1）设备和装置。涡凹气浮机主要由箱体、曝气机、刮泥系统等组成。散气气浮设备的气浮时间约为15~20min，回流比40%~50%，浮选气体量0.51m^3/（m^3处理水量）。旋转叶轮周边线速度约为12.5 m/s，表面负荷5~10m^3/（m^2·h），池中工作水深不大于2m，池子长宽比不小于4。

（2）适用范围。散气气浮法进行一级气浮除油更为有效。当来水含油量高达850mg/L时，在投加气浮助剂后，除油率可以保持在80%~90%。

散气气浮水流的机械剪切力与扩散板产生的气泡较大，直径达1mm左右，易将絮体打碎。因此，散气气浮不适用于处理含颗粒细小与絮体的废水，不适合对废水进行深度除油。

2）溶气气浮

溶气气浮除油宜用于含油量和表面活性物质低的含油废水，用来去除废水中相对密度接近于1的微细悬浮物和粒径大于0.05μm油污。进水pH值为6.5~8.5，含油量小于100mg/L。溶气气浮装置应由池体和溶气系统两部分组成。

（1）原理。溶气气浮系统利用空压机提供的压缩空气或自然吸入的空气以及高扬程水泵提供的回流水流，在溶气罐内形成高压，使空气以溶解态气体分子和非溶解态微小气核的形式，分散在过饱和溶气水中。过饱和溶气水在经过系统末端的释放器时，以微气泡的形式释放，参与目标去除物的分离去除。

传统的加压溶气气浮在石油化工行业处理含油废水中应用最为广泛，特别是部分出水回流加压溶气气浮工艺，处理效果显著、稳定，因为采用处理后的净化水（对比原废水）加压溶气，溶解气体多，溶气效率高，其流程见图4-11。

向废水投加适当药剂后，废水从进水口1进入气浮机，在带搅拌器9的搅拌区进行搅拌絮凝，形成絮体；从底部过流到接触区，在该区域完成微气泡溶气水与待处理废水的接触；通过导流板引导流入分离区进行浮渣、油类等上浮分离的过程，最

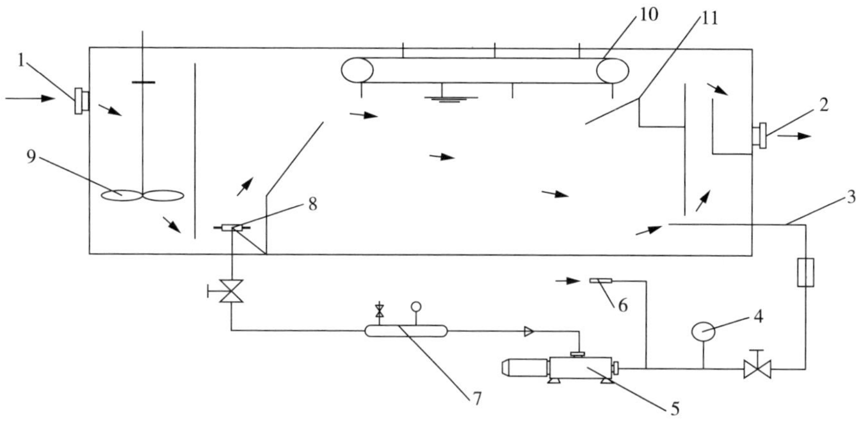

图4-11　部分回流加压溶气气浮流程示意图

1—进水口；2—出水口；3—回流水；4—真空表；5—多相溶气泵；6—吸气口；
7—微气泡发生装置；8—溶气释放器；9—搅拌器；10—刮渣机；11—浮渣收集槽

终处理后清水从出水口2流出气浮机。多相溶气泵5在分离区末端清水区取水，在泵的入口处从吸气口6吸入空气与回流水3一起进入泵壳内；高速转动的叶轮将吸入的空气多次切割成小气泡；小气泡在泵内的高压环境下迅速溶解于水中，形成高度弥散状态的溶气水。在微气泡发生装置7内缓冲稳压，通过溶气释放器8在接触区减压释放，大量微气泡释出，进入气浮池分离区完成气浮过程。上浮的浮渣或油类通过多相溶气气浮机顶部设置的刮油刮渣机10刮入浮渣收集槽11中，集中排放，底部的泥通过集泥斗排出，统一处理。

（2）设备和装置如下：

① 溶气释放器。目前国内最常用的溶气释放器，是获得国家发明奖的TS型溶气释放器及其改良型TJ型溶气释放器和TV型溶气释放器。

主要特点是：完全释气在0.15MPa以上时，能释放溶气量99%的作用；能在较低压力下工作，在0.2MPa以上时，能取得良好的净水效果，减少能耗；释除的微细气泡平均直径在20～40μm，气泡密集，附着性能好。

② 溶气罐。溶气罐有混合扩散型及填料接触型两种，溶气罐工作压力一般采用0.3～0.5MPa。混合扩散型，即在进水管路上加气，通过混合器使气、水混合均匀，使气体溶入水中；填料接触型，即在罐内装有填料，水气逆向接触，使气体溶入水中。

③ 反应室。废水在反应室的时间约为5～15min，反应室进入接触室的流速应控

制在0.1m/s以下，以避免打碎絮体。

④ 气浮分离池。气浮分离池包括接触室和分离池。

a. 接触室。溶气后的废水通过释放器在接触室释放，产生的微小气泡与气浮池进水混合接触后，使油粒、气泡黏附在絮体表面，接触时间应大于60s，此处的水流上升速度一般控制在10 ~ 20mm/s。

b. 分离池。黏附了油粒、气泡的絮体浮升并和水体分离，其停留时间约为40 ~ 90min，分离池池宽为4.5m或6m，有效水深1.5 ~ 2.0m，水平流速宜小于等于10mm/s。分离池出水堰为可调式溢流堰，以便刮渣时适当抬高水位，减少出水带出悬浮物。

气浮分离设施应装置化、密闭化，为避免大气污染，池顶必须设置轻型盖板，并用引风机抽送释放的污染气体送至相应的处理设施。气浮池端部应设置集沫槽和废油储槽，底部应设排泥管。

⑤ 药剂溶解池。投加合适的混凝剂后，可使油粒的去除率由40%左右提高到70%以上，因此，设置药剂溶解池和投药池是十分必要的。凝聚剂应在含油废水进入溶气反应段之前投加，并可适量投加助凝剂。溶气反应段反应时间宜为10 ~ 15min。投加药剂品种及数量应根据进水水质确定，不得造成二次污染。药剂溶解池须防腐，应并联两间，交替使用。

⑥ 刮渣机。常用的刮渣机有链板式、钢丝绳牵引式、衍车式等。链板式刮渣机运行平稳，多板刮渣效果比较好，操作方便，可自动控制。刮板的运行速度宜为1 ~ 5m/min。

⑦ 空压机。空压机应根据溶气罐的工作压力、空气管的沿程阻力和局部阻力等因素选用。若有可利用的空气管网，空压机可省去。

（3）全溶气气浮和部分加压溶气气浮基本工艺流程见图4-12。其药剂的品种和数量应根据进水水质经试验确定：聚合铝25 ~ 35mg/L，硫酸铝60 ~ 80mg/L，聚合铁15 ~ 30mg/L，有机高分子凝聚剂1 ~ 10mg/L。一般宜采用管道混合器，可不设反应室。

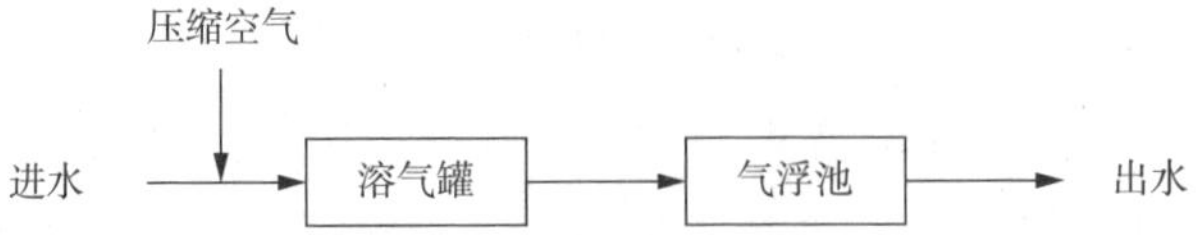

图4-12 全溶气气浮和部分加压溶气气浮基本工艺流程图

（4）部分回流溶气气浮基本工艺流程如图4-13所示。回流比宜为进水的25% ~ 50%。但当水质较差，且水量不大时，可适当加大回流比。

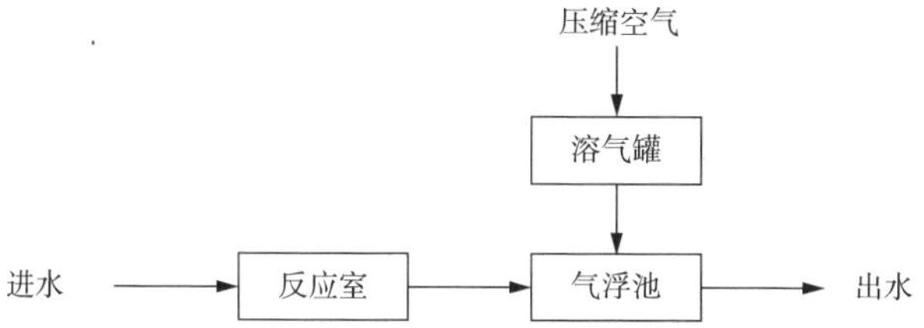

图4–13　部分回流溶气气浮基本流程图

药剂的品种和数量应根据进水水质经试验确定：聚合铝15～25mg/L，硫酸铝40～60mg/L，聚合铁10～20mg/L，有机高分子凝聚剂1～8mg/L。

混凝反应：管道混合，阻力损失小于等于0.3m；机械混合，搅拌桨叶速度宜为0.5m/s左右，混合时间宜为30s。机械反应室（一级机械搅拌）、平流反应室、旋流反应室或涡流反应室水流线速度从0.5～1.0m/s降至0.3～0.5m/s，反应时间为3～10min。

3. 过滤

过滤常作为上浮法出水的高级处理手段，一般设在气浮装置后面。经过滤法处理的废水，含油量可降至10mg/L以下。过滤处理构筑物可采用普通快滤池或压力滤池，在油库常使用滤罐。但管理比较困难，需要空气反冲，热水反洗。如管理不善，滤料容易堵塞。常用的滤料包括核桃壳、活性炭、石英砂、纤维球滤料等。图4–14为含油废水过滤罐。

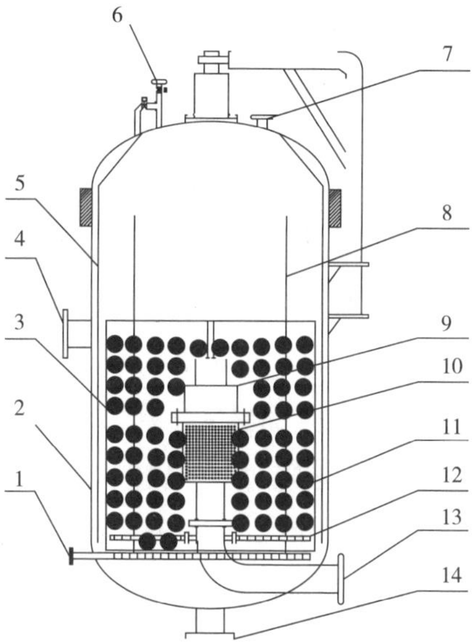

图4–14　含油废水过滤罐

1—进气管；2—罐体；3—过滤筒；4—进水管；5—隔板；6—排油口；7—反冲出水口；8—导向杆；9—气缸；10—集水筒；11—过滤筒；12—反冲布水管；13—出水管；14—排渣口

核桃壳滤料一般采用优质的山核桃壳作原料，经过破碎、抛光、蒸洗、药物处理，两次筛选加工而成的一种水处理滤料。核桃壳滤料具有硬度高、耐磨损、抗压性好，抗压力为229.5N，化学性能稳定，不在酸碱中溶解，吸附截污能力强，吸附率为27%～50%，亲水性好，抗油浸等优点。

纤维球滤料可将不易沉淀去除的微小悬浮物截留。滤速比传统砂滤料高3.5倍，滤料能反洗再生，可实现自动化管理，一般滤速

30m/h，粗滤进水100mg/L，出水$SS \leqslant 5$mg/L，精滤进水20mg/L，出水≤2mg/L。其广泛应用于油田、化工、电力、冶金等行业的高标用水，以及循环、旁滤和废水回收利用，主要应用含油废水的精细过滤。

4. 生物处理方法

生物处理法是利用微生物降解代谢有机物为无机物来处理废水。通过人为的创造适于微生物生存和繁殖的环境，使之大量繁殖，以提高其氧化分解有机物的效率，同时还能氧化某些无机物（如硫化氢、氨、亚硝酸盐等）。它作为末端处理装置广泛应用于各行业的废水处理中。与物理法、化学法相比，微生物处理法具有经济、高效的优点，并可实现无害化、资源化。在油品销售企业，高速公路服务区综合废水主要是采用生物处理方法；在油库、加油站的生活废水处理中也被广泛应用；另外，一些废水产生量较大，原水质中COD_{Cr}浓度较高的含油废水也采用生物处理方法。

当采用生物法处理时，应考虑油在水中的存在形态、含油的种类和性质等各种影响因素，经技术经济比较后选择适合的处理工艺。一般要求进入生化处理系统含油废水的油含量不得超过30mg/L，即生物处理前应有其他的方式对废水进行预先处理。含油废水的生物处理方法主要包括：活性污泥法、序批式活性污泥法、接触氧化法、膜生物反应器法等。

1）主要原理

根据处理过程中微生物对氧的需求可以大致分为好氧和厌氧两大类。好氧处理，即在有氧条件下，借助好氧菌的作用达到净化废水的目的。目前大部分实际应用的生物处理装置属好氧处理。

厌氧处理，指在绝氧（也称无氧）条件下，借助厌氧菌的代谢作用，将有机污染物转化为甲烷、二氧化碳和水，从而达到净化废水的目的。

（1）好氧处理。在一定条件（如空气、温度、pH值等）下，使好氧生物与废水充分接触，吸附和氧化废水中的有机污染物，使废水得到净化。其方程式表述为：

有机物的氧化：$C_xH_yO_z + O_2 \rightarrow CO_2 + H_2O +$能量

原生质的合成：$C_xH_yO_z + NH_3 + O_2 \rightarrow C_5H_7NO_2$（原生质）$+ H_2O +$能量

原生质的氧化：$C_5H_7NO_2 + O_2 \rightarrow CO_2 + H_2O +$能量

（2）厌氧生物处理。厌氧生物处理过程可分为四个阶段，即水解阶段、发酵阶段、酸化阶段、甲烷化阶段。厌氧生物降解过程如图4–15所示。

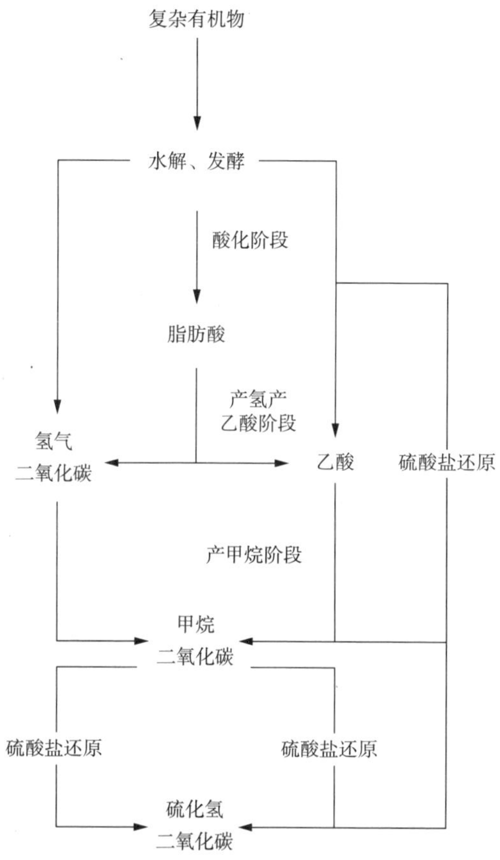

图4–15　厌氧生物降解过程示意图

① 水解阶段。高分子有机物因相对分子质量较大，不能透过细胞膜为细菌直接利用。因此首先在第一阶段被胞外酶分解为小分子。纤维被纤维素酶水解为纤维二糖与葡萄糖，淀粉被淀粉酶分解为麦芽糖和葡萄糖，蛋白质被蛋白酶水解为短肽和氨基酸等。小分子的水解产物能够溶解于水，并透过细胞膜为细菌所利用。

② 发酵（或酸化）阶段。在这一阶段，小分子化合物在发酵菌体（酸化菌）的细胞内转化为更为简单的化合物，并分泌到细胞外。主要产物为挥发性脂肪酸、醇类、二氧化碳、氢气、氨、硫化氢等。与此同时，酸化菌也利用部分物质合成新的细胞物质。

③ 产乙酸阶段。酸化产物被转化为乙酸、氢气、二氧化碳以及新的细胞物质。

④ 甲烷化阶段。乙酸、氢气、二氧化碳、甲酸和甲醇等被转化为甲烷、二氧化碳和新的细胞物质。

除此之外，当废水中含有硫酸盐时，还会有硫酸盐的还原过程。

上述四个阶段也可简化为两个阶段：酸化阶段，有机污染物转化为乙酸等挥发酸；产气阶段，乙酸转化为甲烷和二氧化碳等。

2）生物处理对环境的要求

在生物处理过程中必须保证微生物有一个适宜的生活条件，以取得预期的最佳处理结果。

（1）水质。*COD*和*BOD*的浓度范围适宜，且应符合$COD/BOD > 0.4$，当$COD/BOD < 0.2$时，应设法提高比值。好氧处理对象的*COD*一般为200～2000mg/L；厌氧处理对象，通常是*COD*浓度较高（＞2000mg/L）的有机废水。

*COD*和*BOD*是为微生物的活动提供碳源。为避免负荷的冲击，在生物处理前需进行均质调节，以保证水质的稳定。

（2）水温。根据微生物的生长特点，好氧处理的最适温度通常为20～35℃。厌氧处理通常为35～37℃的中温。

（3）pH值。好氧处理应控制反应器内混合液的pH值在6～9；厌氧处理应控制在6.5～7.8。超过此范围，必须投加酸或碱进行调节。

（4）营养物质。为满足微生物的代谢需要，除碳源之外，还需氮和磷等微量元素。好氧处理应满足BOD_5：N(氮）：P(磷)＝100：5：1；厌氧处理对营养物质的需要量约为好氧处理的1/5。

3）活性污泥法

活性污泥法，是指利用专门培养、驯化的好氧和厌氧微生物群体，形成菌胶团来净化废水的方法。凡是符合生物处理水质要求的废水均可采用该法。

预处理包括沉淀固体颗粒、除油和调节、均质等，可根据水质设置。曝气池为工艺的核心部分。沉淀池用于泥水分离，污泥回流应当设置污泥井和回流泵。典型流程如图4–16所示。

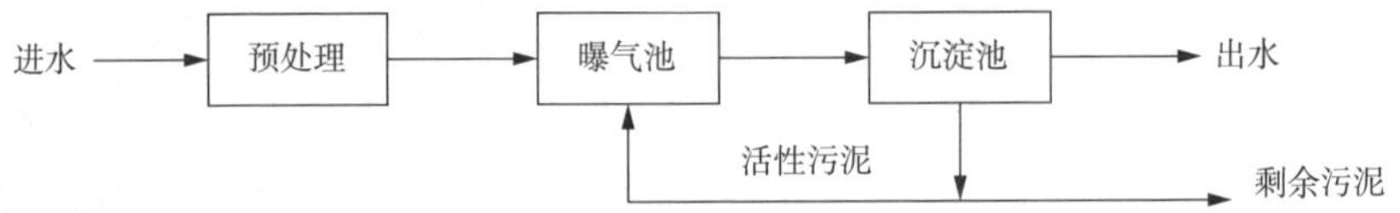

图4–16 活性污泥法的典型流程

废水中的有机物在曝气池停留的过程中，曝气池中的微生物吸附废水中的大部分有机物，并且在曝气池中被氧化成无机物，然后在沉淀池中经过沉淀后的部分活性泥需要回流到曝气池中。

该工艺的优点有：有机物去除率高，污泥负荷高，池的容积小，耗电省，运行成本低；缺点有：普通曝气池占地多，建设投资大，满足国家标准相关指标范围小、易产生污泥膨胀的现象，磷和氮的去除率低。

4）生物接触氧化法

生物接触氧化法也称为A/O法，即“厌氧–好氧”废水处理工艺，是在传统活性污泥法的基础上发展起来的一种工业废水处理工艺。其中，A代表Anoxic（缺氧的），O代表Oxic（好氧的）。A/O法是一种缺氧–好氧生物工业废水处理工艺。该工艺通过增加好氧池与缺氧池所形成的硝化–反硝化反应系统，很好地处理了废水中的氮含量，具有明显的脱氮效果。

生物接触氧化法是一种介于活性污泥法与生物滤池之间的生物膜法工艺，如图4-17所示。其特点是在池内设置填料，池底曝气对废水进行充氧，并使池体内废水处于流动状态，以保证废水与废水中的填料充分接触，避免生物接触氧化池中存在废水与填料接触不均的缺陷。

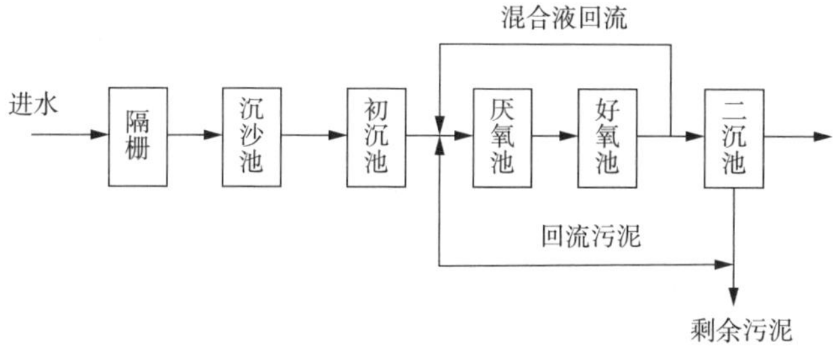

图4-17　生物接触氧化法典型流程

该法中微生物所需氧由鼓风曝气供给，生物膜生长至一定厚度后，填料壁的微生物会因缺氧而进行厌氧代谢，产生的气体及曝气形成的冲刷作用会造成生物膜的脱落，并促进新生物膜的生长，此时，脱落的生物膜将随出水流出池外。生物接触氧化法也称淹没式生物滤池，即在反应器内设置填料，经过充氧的废水与长满生物膜的填料接触，在生物膜的作用下，废水得到净化。

生物接触氧化处理系统除必要的前处理和后处理外，基本组成部分是生物接触氧化池（包括配套的曝气系统）和泥水分离设施。生物接触氧化的核心构筑物是接触氧化池，由池体、填料及支架、曝气装置、进出水装置及排泥管道等部分组成。

（1）曝气装置。曝气装置是氧化池的重要组成部分，主要有充氧、充分搅动、防止填料阻塞等三个作用。按供气方式，曝气装置可分为鼓风曝气、机械曝气和射流曝气。目前国内应用较多的是鼓风曝气，这种方法动力消耗低，动力效率高，供气量易控制，但气流量波动大。射流曝气在处理水量较小时经常被采用，该方法氧的利用率较高，管理和维修方便，且工作量小，但动力消耗较大，脱落的生物膜易被击碎、上浮。

（2）填料。填料是生物膜的载体，也对截留悬浮物起一定作用，是氧化池的关键，直接影响生物接触氧化法的效果。载体填料按形状可分为蜂窝管状、束状、波纹状、圆环辐射状、盾状、板状、网状、筒状、不规则形状等；按性状可分为硬性、半软性、软性；按材质可分为塑料、玻璃钢、纤维填料等。目前国内常用的是玻璃钢或塑料蜂窝填料、软性纤维填料、半软性填料、立体波纹塑料填料等。国外还有中空微孔纤维束填料、塑料波纹填料及网状、筒状、鲍尔环等填料。

A/O法优点在于：体积负荷高，停留时间短，节约占地面积；生物活性高；有较高的微生物浓度；污泥产量低；出水水质好且稳定；动力消耗低；不产生污泥膨胀；挂膜方便，可间歇运行；工艺运行简单，操作方便，抗冲击负荷能力强。目前存在的问题主要是池内填料间的生物膜有时会出现堵塞现象，尚待改进。

5）序批式活性污泥法（SBR）

序批式活性污泥法（Sequencing Batch Reactor，简称SBR）是早在1914年就由英国学者Ardern和Locket发明的水处理工艺。20世纪70年代初，美国Natre Dame大学的R.Irvine教授采用实验室规模对SBR工艺进行了系统深入的研究，并于1980年在美国环保局（EPA）的资助下，在印第安那州的Culwer城改建并投产了世界上第一个SBR法废水处理厂。SBR工艺的过程是按时序来运行的，一个操作过程分五个阶段：进水、反应、沉淀、滗水、闲置。

由于SBR在运行过程中，各阶段的运行时间、反应器内混合液体积的变化以及运行状态等都可以根据具体废水的性质、出水水质、出水质量与运行功能要求等灵活变化。对于SBR反应器来说，只是时序控制，无空间控制障碍，所以可以灵活调控。因此，SBR工艺发展速度极快，并衍生出许多种新型SBR处理工艺。SBR法典型流程如图4–18所示。

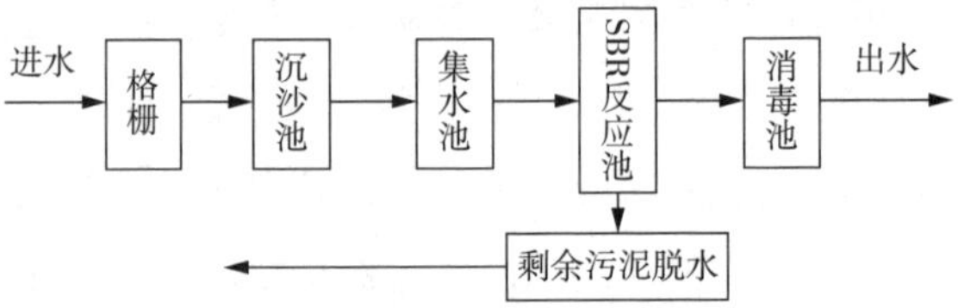

图4–18　SBR法典型流程

设计要点：理论上SBR反应器的容积负荷有一个较大的范围，为0.1～1.3kg/（m^3·d），但为安全计，一般取低值，如0.1kg/（m^3·d）左右。同时设置，最高水位和最低水位，最高水位即反应时的水位，最低水位是指排放工序结束时的水位，最低水位必须保证在排水在此水位时，沉淀污泥不随上清液而流失。

SBR工艺的优点：出水水质较好，不产生污泥膨胀，除磷脱氮效果好。

SBR工艺的缺点：池容和设备利用率低，占地面积较多、运行管理复杂，自控水平要求高。

6）曝气生物滤池（BAF）

曝气生物滤池是20世纪90年代初兴起的废水处理新工艺，已在欧美和日本等发达国家广为流行。该工艺具有去除*SS*、*COD*、*BOD*、硝化、脱氮、除磷、去除AO_x（有害物质）的作用。其特点是集生物氧化和截留悬浮固体于一体，节省了后续沉淀池（二沉池），并具有容积负荷和水力负荷大、水力停留时间短、所需基建投资少、出水水质好、运行能耗低、运行费用省等优势。

曝气生物滤池是充分借鉴污水处理接触氧化法和给水过滤池的设计思路，将生物降解与吸附过滤两种处理过程合并在同一单元反应器中。以滤池中填装的粒状填料（如陶粒、焦炭、石英砂、活性炭等）为载体，在滤池内部进行曝气，使滤料表面生长着大量生物膜，当污水流经时，利用滤料上所附生物膜中高浓度的活性微生物强氧化分解作用以及滤料粒径较小的特点，充分发挥微生物的生物代谢、生物絮凝、生物膜和填料的物理吸附和截留以及反应器内沿水流方向食物链的分级捕食作用，以实现污染物的高效清除，同时利用反应器内好氧、缺氧区域的存在，实现脱氮除磷的功能。它是具有活性污泥特点的生物膜法。BAF法典型流程如图4-19所示。

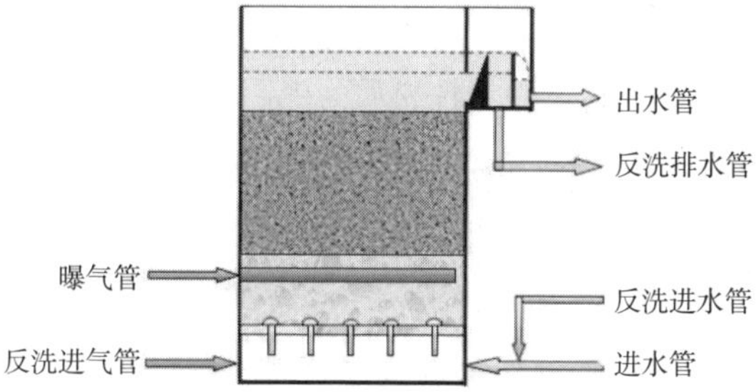

图4-19　BAF法典型流程

BAF工艺的优点：总体投资省，包括机械设备、自控电气系统、土建和征地费；占地面积小，通常为常规处理工艺占地面积的80%，厂区布置紧凑，美观；处理出水质量好，可达到中水水质标准或生活杂用水水质标准；工艺流程短，氧的传输效率高，供氧动力消耗低，处理单位废水的电耗低；过滤速度高，处理负荷大大高于常规处理工艺。

BAF工艺的缺点：曝气生物滤池运行维护较复杂，尤其是填料的反洗与更换，从而导致运行费用较高。

7）膜-生物反应器法（MBR工艺）

膜-生物反应器工艺（MBR工艺）是膜分离技术与生物技术有机结合的新型废

水处理技术。它利用膜分离设备将生化反应池中的活性污泥和大分子有机物质截留住，省掉二沉池。活性污泥浓度因此大大提高，水力停留时间（*HRT*）和污泥停留时间（*SRT*）可以分别控制，而难降解的物质在反应器中不断反应、降解。因此，膜-生物反应器工艺通过膜分离技术大大强化了生物反应器的功能。与传统的生物处理方法相比，MBR工艺具有生化效率高、抗负荷冲击能力强、出水水质稳定、占地面积小、排泥周期长、易实现自动控制等优点，是目前最有前景的废水处理新技术之一。MBR膜具有三种不同的膜结构，如图4-20所示。

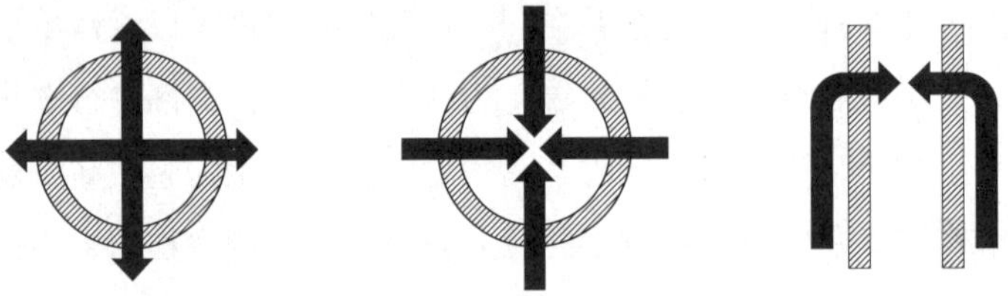

（a）中空纤维（HF）　（b）多管（MT）　（c）平板（FS）

图4-20　MBR膜结构图

以中空纤维膜组件为例。

中空纤维膜组件一般放置于MBR中，废水浸没膜组件，通过自吸泵的抽吸，利用膜丝内腔的抽吸负压来运行。膜组件材质为聚乙烯。膜组件公称孔径为0.4μm，是悬浮固体、胶体等的有效屏障；中空纤维膜丝较细，有较好的柔韧性，能保持较长的寿命，即使有膜丝破损的现象发生，由于膜丝内径仅为270μm，可被污泥迅速阻住，对处理水质完全没有影响。

在装置中，通过鼓风机曝气，除提供微生物生长所必须的溶解氧之外，还使上升的气泡及其产生的紊动水流清洗膜丝表面，阻止污泥聚集，保持膜通量稳定，一般设计气水比为20∶1。MBR反应池中产生的剩余污泥由气提泵定量提升至污泥浓缩池，污泥在其中浓缩，并使污泥减容，上层清液回流至调节池，MBR出水由自吸泵抽送至回清水池。MBR膜-生物反应器法典型流程如图4-21所示。

MBR的技术优势：出水水质好；工艺参数易于控制，能实现HRT与SRT的完全分别控制；设备紧凑，省掉二沉池，占地少；剩余污泥产量少；有利于增殖缓慢的硝化细菌的截留、生长和繁殖；克服了常规活性污泥法中容易发生污泥膨胀的弊端；系统可采用PLC控制，易于实现全程自动化。

MBR工艺的缺点：MBR工艺造价相对较高，为普通废水处理工艺的1.5～2.0倍。国产膜片质量较差、使用时间较短，进口膜片价格过高，运行维护及更换费用较高。

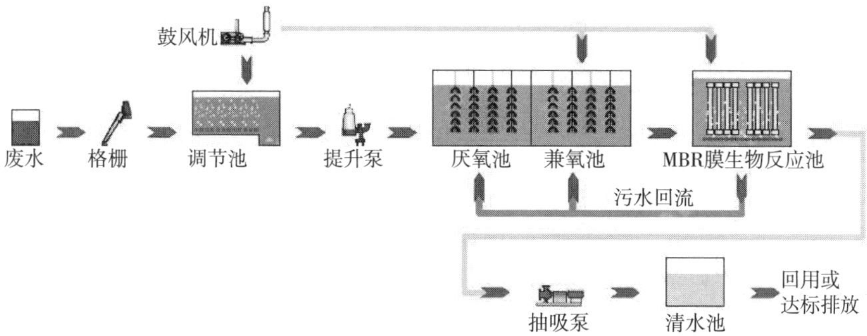

图4–21　MBR膜–生物反应器法典型流程

8）高级氧化技术

高级氧化法可直接矿化或通过氧化提高污染物的可生化性，对可生化性差、相对分子质量相对较大、含环境类激素等微量有害化学物质的废水处理有很大的优势。与其他传统的水处理方法相比，高级氧化法可产生大量非常活泼的羟基自由基，直接与废水中的污染物反应，将其降解为二氧化碳、水和无害物，不产生二次污染；作为一种物理化学过程，高级氧化法反应速度较快，容易控制，处理成本较低。

（1）Fenton氧化。Fenton法是在酸性条件下，H_2O_2在Fe^{2+}离子的催化作用下，将有机物氧化分解的过程。该法既可用于废水预处理，又可用于废水的最终深度处理，受到国内外的广泛关注。

Fenton试剂在水处理中的作用主要包括对有机物的氧化和混凝两种。氧化作用是指H_2O_2和Fe^{2+}作用，生成具有极强氧化能力的羟基自由基，而进行的游离基反应；混凝作用是指反应生成的$Fe(OH)_3$胶体具有絮凝、吸附功能，可以去除水中部分有机物。

影响Fenton氧化效果的因素包括：溶液pH值、Fenton试剂的配比、反应温度、H_2O_2投加量及投加方式、催化剂种类、催化剂与H_2O_2投加量之比等。

① 溶液的pH值。Fe^{2+}在溶液中的存在形式受制于溶液的pH值，在中性和碱性环境中，Fe^{2+}不能催化H_2O_2产生·OH。普遍认为，当pH值在2～4时，处理效果较好。

② Fenton试剂的配比（Fe^{2+}：H_2O_2）。在Fenton反应中，Fe^{2+}起到催化H_2O_2产生自由基的作用，在无Fe^{2+}条件下，H_2O_2难于分解产生自由基；当Fe^{2+}浓度很低时，反应速度很慢，自由基的产生量小，使整个过程受到限制；当Fe^{2+}浓度过高时，会被氧化成Fe^{3+}，导致色度增加。

③ 反应温度。温度对Fenton试剂处理废水的影响较为复杂。适当的温度可以激活·OH自由基，温度升高·OH自由基的活性增大，*COD*去除率提高，但也会使H_2O_2分解，不利于·OH的生成。经研究表明，最佳温度在30℃左右。

④ H_2O_2的投加方式。保持H_2O_2总投加量不变，分批投加，可提高废水的处理效果。

⑤ 反应时间。Fenton试剂在处理有机废水时，反应开始阶段*COD*的去除率随时间的延长而增大。经一定时间后，*COD*的去除率接近最大值，而后基本稳定。

此外，Fenton试剂是否配用催化剂和絮凝剂对处理效果也有影响。Fenton试剂反应最常用的催化剂是$FeSO_4 \cdot 7H_2O$，其他催化剂，如Fe^{+}/TiO_2，Cu^{2+}，Mn^{2+}，活性炭等均有一定的催化能力，可根据污染物的种类确定不同的催化剂。

（2）臭氧氧化。臭氧氧化是利用臭氧氧化废水中的有机物和还原性物质的一种处理方法。臭氧氧化降解有机物的机理有两种方式，即臭氧分子的直接进攻和臭氧分解形成自由基的反应。

臭氧通入水体后，一方面，臭氧分子和有机物的直接反应；另一方面，臭氧在水中能快速分解产生羟基自由基，与大多数有机物发生快速反应，无选择性地把有害物质氧化成CO_2和H_2O，无二次污染。

臭氧催化氧化法是对传统非催化臭氧氧化法的改进和加强。它通过催化剂的作用，提高臭氧氧化能力，使有机物在较短的时间内降解、矿化成二氧化碳、水和无机物，或者至少氧化成无害物质。在催化臭氧氧化降解过程中，催化剂有两方面的作用，即提高臭氧的反应活性和利用率，提高有机物的降解率和矿化程度。

与其他氧化技术一样，臭氧催化氧化法技术也是利用反应中产生的羟基自由基来分解废水中的有机物，最后达到彻底矿化的目的。由于自由基氧化性极强，能快速与大部分有机物进行反应，而且对传统生化法难处理的有机物能有效降解，所以随着环保要求的不断提高，臭氧催化氧化技术将受到越来越多的关注。

臭氧不易储存，需一边生产一边使用。目前臭氧的制备方法有：无声放电法、放射法、紫外线辐射法、等离子射流法和电解法等。无声放电法又有气相中放电和液相中放电两种。在水处理中多采用气相中无声放电法。

（三）高速路综合服务区废水处理

通常高速公路远离城市，其废水无法排入市政下水管网，如果废水不加处理任意排放，将会对公路沿线的环境质量、居民生活、人文景观价值产生极大的负面影响，对高速公路服务区的正常运作也会造成一系列的影响。因此，服务区必须建设废水处理设施，在达到规定排放标准的基础上才能对废水进行正常的排放。

1. 废水量变化大

高速公路服务区废水通常是服务区常住工作人员及来往旅客所产生的废水。受到所在地季节、气候等因素的变化，车辆来往的随机性是非常大的，这样会造成废水量呈现较大的波动性。通常夏季的排水量大，节假日车流高峰期废水量骤增。

2. 特征污染因子

高速公路服务区的餐厅、大型公厕、宾馆所形成的废水排放量是比较大的，特别以洗手间、淋浴间最为显著，从而造成整个服务区排放的废水当中*SS*、氨氮浓度非常高；车辆加油站、维修站排水中以石油类为主。高速公路服务区中洗车、修车排放的废水量是微乎其微的。为确保废水处理效果，对服务区的餐饮、厨房、加油站洗车、修车等排放的含油废水，必须经过隔油池进行预后处理，有效降低废水中的动植物油和矿物油含量，再将其和生活废水一起进行相应的后期处理。

3. 废水处理状况分析

一些建设较早的高速公路并未进行废水处理装置的设置，采用普通化粪池作为废水处理设施，出水水质较差，一般仅能达到《污水综合排放标准》（GB 8978—1996）三级标准，有时连三级排放标准都很难达到。

20世纪90年代中期以后采用地埋式一体化废水处理设施。一体化废水处理设施设计相对合理。能满足达标排放。出水一般都能达到《污水综合排放标准》（GB 8978—1996）二级标准。一体化废水处理设施的工艺流程一般如下：

废水 → 格栅 → 调节池 → 生物处理 → 沉淀池 → 消毒池 → 排放

在上述工艺中，生物处理以生物接触氧化法居多。生物接触氧化法就是反应器内设置填料，经过充氧的废水与长满生物膜的填料相接触，在生物膜的作用下，使废水得到净化。但生物接触氧化法潜存的问题需要特别注意：其无法适应废水来源带来的变化，即便能够对废水池进行相应的调整，可是整体投资成本非常高，且并不能达到很好的收益。在水质变化非常大的状况下，整体水质的可控制变量非常少，这对于今后运行系统的调整是极为不利的。因此废水处理装置受到废水量及运行管理因素的影响，废水处理效率及处理成效无法得到长时间的保障。

除此之外，近几年高速公路服务区还有采用活性污泥法、SBR法、MBR法、稳定塘生物处理技术等其他方式处理废水，并取得较好的效果。

4. 废水处理方法

1）SBR法

SBR工艺指的是把初沉、反应及二沉各施工工序放置在相同的反应器当中来进行交替的间歇性活动污泥法工艺技术。

曝气池的运行操作通常涵盖了进水、反应、沉淀、排水及闲置五部分工序。污染物的降解一般是在进水期和反应期来得以体现的，这适合用于小水量及分散污染源的治理上。SBR工艺当中节省了初沉及二沉池这两道工序，大大节省了空间。污染物伴随着时间的推移按照相关次序会历经好氧、缺氧阶段，可促使脱氮除磷反应的进一步加强。因间歇性运行，其对水量、水质会产生较为显著的抗冲击负荷作用。

SBR工艺的整体运行管理极易实现自动化，操作简单灵活，可达到非常好的泥水分离成效，对污泥的膨胀起到很好地抑制作用，整体运行成本较低，出水水质好。但是，这种工艺的不足之处在于有着非常高的自控要求，对管理人员的专业素养有着较高的要求，并且要有专业的技术人员来做好定期维护工作。

2）MBR法

MBR法处理工艺把以往的活性污泥降解性能和膜的高效分离性能融合为一体，在科学技术日新月异的今天，该工艺技术愈发成熟，并且运用于各个领域。

膜组件良好的固液分离效果使得膜-生物反应器能够保持非常高的生物量及较长的污泥龄，为此，有着非常好的生化降解能力。膜-生物反应器当中的污泥浓度是非常高的，耐冲击负荷。膜的截留作用使得生物反应器中的微生物发生聚集，对生活废水处理的过程当中，膜-生物反应器通常能够使得混合液悬浮固体浓度（*MLSS*）的质量浓度达到5~8mg/L。膜-生物反应器有着强大的氨氮去除性能，占地面积小，自动化程度较高。在经过MBR处理的基础上，综合相关的其他技术和消毒处理措施，如采用“A/O+生物膜过滤”废水处理工艺（见图4-22）整体出水可达到《城市废水再生利用城市杂用水质》（GB/T 18920—2002）的相关标准，实现中水应用在洗车、冲厕所或绿化等方面。这样不但能够达到很好地环境效益，并且能够产生一定的经济效益。

3）稳定塘生物处理技术

稳定塘生物处理技术是通过人工的方式对生物氧化进行科学、合理地掌控，做好废水处理的一种工艺技术。其主要利用的是菌藻的共同作用对废水当中的有机污

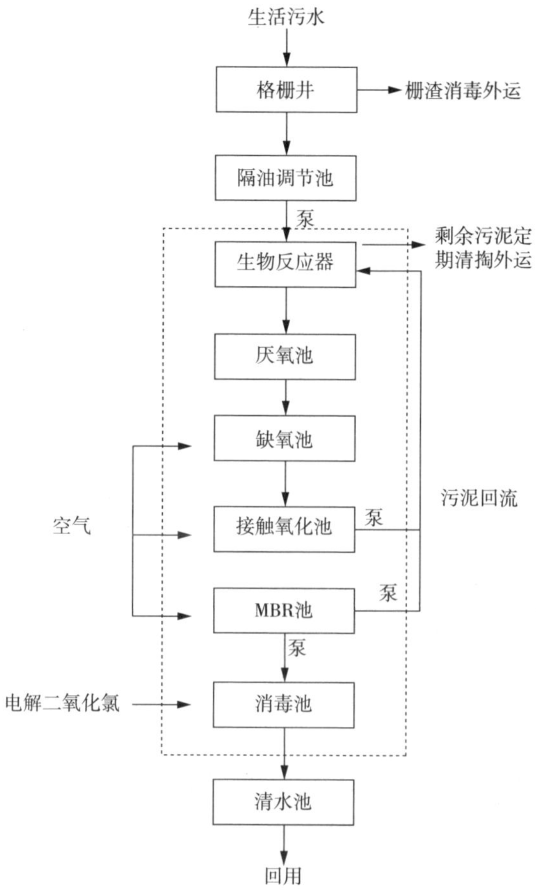

图4-22　高速路服务区“A/O+生物膜过滤”废水处理工艺流程图

染物进行的针对性处理。整体上投资比较少、设备运行成本较低，维护起来十分简单，可以将废水当中的病原体及有机物进行有效地清除，达到废水处理的目的。

在高速公路服务区的废水处理当中，稳定塘生物处理技术有着非常广阔的运用空间。稳定塘生物处理技术运用的是水域的自我净化能力，按照净化作用机理通常可划分为：兼性塘、曝气塘、厌氧塘、综合生物塘等几种类型。每一种稳定塘的生物系统是紧密联系在一起，有着非常好的处理能力。稳定塘系统是一个配合完美的生态体系，从基本的生态学机理入手，可促使稳定塘和土壤的净化性能得到充分、有效的发挥，通过工程措施可促使废水在进行一级处理的基础上变得更加稳定，同时可利用经过净化的水质来进行农田的灌溉、渔业的养殖等，从而达到废水资源化的目的。

（四）汽车服务（汽车）废水处理

洗车废水中含有大量的油污、有机物、阴离子合成洗涤类等大量污染物质，如不经处理直接排放，必然造成环境污染。然而，汽车服务业的大部分洗车场采用传统洗车方式，用水直接来自市政管道，并且洗车废水任意排放，未经任何处理直接进入废水管网，从而成为生态环境的严重污染源。为节约用水、缓解城市供水压力和废水处理压力，应倡导节能减排，保护环境。对汽车服务业的洗车废水进行回用处理，成为一个重要的发展方向，具有重要的经济效益和社会意义。

在油品销售企业，近几年随着新业态的发展，加油站洗车服务越来越多，且区别于传统的人工清洗，目前在加油站主要采用机械洗车。其特点是洗车时所采用的石油类产品较多，废水中含油量较高，洗车废水中含有的洗涤剂类物质相对较多。由于日均洗车次数高，洗车用水量大，在废水处理上应采用循环水处理设备装置。

1. 传统常用工艺

传统工艺采用沉淀－除油－过滤的处理工艺。在这个处理工艺中，沉沙槽、格栅的作用主要是对客车洗刷的废水进行初次沉淀，将大颗粒物质沉于沉沙槽中，水中大的悬浮物则被格栅拦截。斜板隔油池则用来处理漂浮油和沉淀较大颗粒物，可用集油器收集漂浮油，输送至储油池中。通过调节沉淀池对水量和水质进行调节后，在气浮池中除去废水中的乳化油和悬浮物。整个处理工艺所产生的污泥则被输送至污泥干化场中干化。

该工艺一般采用石英砂过滤，活性炭吸附多介质过滤器，石英砂等滤料可以滤除水中的泥、沙、铁锈、油污等；活性炭用来去除水中的各种气味、颜色、洗涤剂、肥皂等物质，但其始终留存在系统之中；精密过滤器可过滤掉水中残留的泥、沙、铁锈、油污等物质，从而保证最终出水水质。但是此工艺需要经常反洗，活性炭使用一段时间饱和后需再生或更换。其缺点是成本高，难以承受。

这种传统的处理工艺适用于普通的洗车废水处理，但由于该流程有专门的除沙、除油工艺，占地面积较大，出水可满足废水排放标准，但却在总大肠杆菌、浊度等指标上难以满足《中华人民共和国生活杂用水水质标准》（GB/T 18920—2002）的回用洗车用水要求。因此，若需回用则还要有更为严格的深度处理工艺。

2. 膜－生物反应器

用膜－生物反应器处理洗车废水，冲洗汽车的废水与生活废水混合后进入废水沉沙隔油池，去除废水中相对密度较大的无机沙粒和浮油有利于后续膜–生物反应器的处理，反应器中膜组件的主要功能是对污泥混合液进行泥水分离，滤出处理后的水。

此法可以采用较高的污泥浓度（≥10g/L），剩余污泥排放量可达到最低限度，从而泥龄很长，可使世代周期长的细菌（如硝化菌）在反应器内得以截留和繁殖，并使出水被代谢物含量很低，水质稳定；占地小，运行管理简单，易于实现自动化。但是必须采用连续的运行方式以保持活性污泥的活性，如间断较长时间后，罐体内的活性污泥会失去活性。且当膜–生物反应器进水水温低于8℃时，活性污泥的活性也将受到一定的影响，这必将导致出水的恶化。并且，该工艺需注意避免对微生物新陈代谢有抑制作用的消毒剂混入系统中，否则微生物的正常生理机能将受到破坏，也会使出水恶化。另外，采用该工艺还应考虑洗车废水特征和水量，避免洗车水的营养成分不足以满足生化细菌代谢繁殖。

该工艺虽能达到良好的处理效果，但运行时受到的制约因素较多，且色度去除效果不甚理想，可考虑添加活性炭工艺，不但脱色，对洗涤剂及有机物的去除也有着良好的效果。

3. 膜滤法

膜滤法是一种物理处理法，适用于处理水量小而水质变化大的情况。一般是让废水经过一系列的过滤介质，使得废水中含有的泥沙等大颗粒物质与部分有机物质通过过滤机理得以去除。其过滤介质通常采用石英砂、活性炭、陶粒等。其中，多介质过滤器中可装有石英砂等滤料以滤除水中的泥、沙、铁锈、油污等；活性炭用来将水中的各种气味、颜色、洗涤剂、肥皂等吸附去除；精密过滤器可将水中残留的泥、沙、铁锈、油污等过滤掉，从而保证最终出水水质；膜则将水中大分子化合物、黏土、颜料、矿物质、乳液粒子、微生物、润滑脂、洗涤剂以及油、水乳液去除。

此法运用过滤、吸附等物理原理将水中的污染物去除，出水效果良好；设备安装简便，软硬管均可；占地面积小，使用经济等。但是各工艺需要经常反洗，活性炭使用一段时间后需再生，精密过滤中的滤芯也需定期更换等。并且进水需要有较好的水质，否则各工艺的使用寿命将会缩短。

4. 混凝–沉淀（吸附）–过滤–消毒

洗车废水污染物以悬浮状态、乳化状态、胶体状态及溶液状态存在，其中主要是胶体污染微粒及因表面活性剂作用形成的乳化物。混凝可通过压缩双电层等作用使胶体脱稳，使其形成絮体沉淀，达到去除目的。粉末活性炭的加入可以吸附废水中溶解性有机物，弥补混凝去除溶解性有机物效果不佳的缺点。过滤可明显降低出水浊度，是提高出水水质的重要措施。最后通过消毒保证出水安全性，达到回用目的。

5. 平流沉淀－混凝－二级气浮－过滤－消毒

如图4–23所示，洗车废水经收水管渠集中，自流到平流式沉淀池，去除较大的悬浮物及泥沙。出水加药混凝进入气浮池，气浮采用加压溶气法。加压溶气水骤然减压释放的大量微气泡与混凝形成的矾花黏附形成密度小于水的带气泡载体，载体上浮到水面，形成浮渣，达到除油净化水质的目的。洗车废水经沉淀池去除大量泥沙，经气浮池去除油污、微小颗粒和胶体后，在双气浮综合净水器中，再经混凝、气浮、沉淀后到滤池进行过滤，使水的浊度、BOD_5、COD等达到回用水标准，并在集水池前加次氯酸钠消毒。采用该工艺每日清洗能力高，处理水量较大，适合在采用自助洗车、洗车量较大的场所。

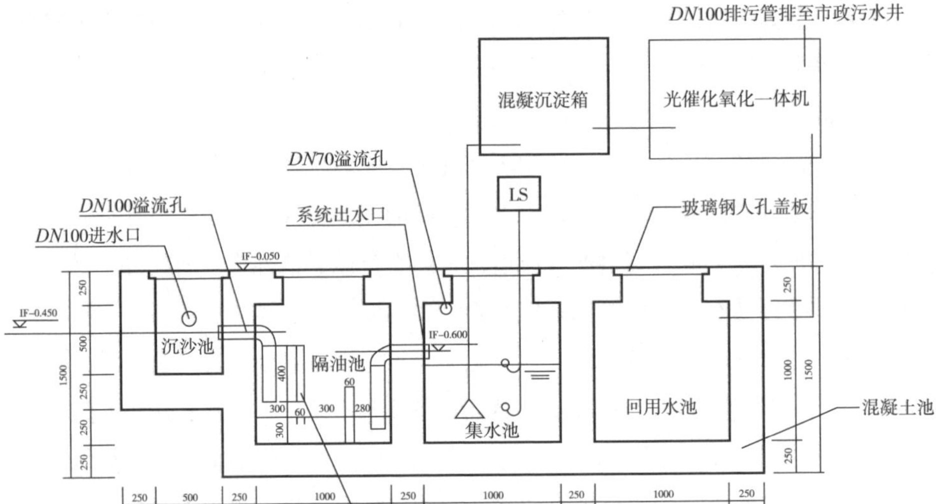

图4–23 “平流沉淀－混凝－二级气浮－过滤－消毒”洗车工艺剖面图

思考题

结合油品销售企业油库、加油站的实际情况，谈谈可以采取哪些措施从源头消减含油污水的产生？

第二节 废气

在油品销售企业，油气挥发的过程主要可分为四个阶段，即卸油、储油、装油以及汽车加注。为有效降低油气对环境造成污染，同时减少对石油资源的浪费，非常有必要开展VOCs的大气污染治理。

在治理方面，应结合销售企业特点，从以下三方面入手：一是在储油库、加油站和油罐车应配备相应的油气收集系统，将油品装、卸、加注过程中产生的油气进行密闭收集、储存，并在油库应配备相应的油气回收处理装置。二是油库成品油储罐应采用高效密封的内（外）浮顶罐，当采用固定顶罐时，还可通过密闭排气系统将含VOCs气体输送至回收设备。三是成品油运载工具（汽车油罐车、铁路油槽车、油轮等）在装载过程中排放的VOCs密闭收集输送至回收设备，也可返回储罐或通过气体管网送到回收装置。

油品销售企业油气挥发的主要环节是油品装卸、加注过程，包括汽车油罐车、铁路槽车、油轮的装卸过程，以及加油站的汽油加注过程中的油气挥发。解决成品油装卸、加注过程中的油气挥发，最根本的手段是采取密闭作业进行油气回收。回收排放出的烃类气体，采用油气回收措施就是在成品油灌装集中的地点设置油气回收系统，将灌装过程中产生的油气回收，通过装置恢复成液态，重新送入储罐。这样不仅可以大幅度降低油气排放量，而且具有明显的经济效益和环境效益。

随着国家法律、法规和技术标准的不断完善，油品销售企业不仅在油库采取了油气回收措施，而且对所有的加油站都建立了密闭卸油和加油系统。通过该系统可以将加油时从汽车油箱里排出的油气回收到地下储油罐，将向地下油罐卸油时排出的油气回收到油罐车里，使加油站基本无油气排放。

一 废气源头消减及过程管控

本节主要从源头管理介绍油库、加油站控制油品逸散的措施，包括优化油品生产调度、减少倒罐作业、改变装卸作业方式、改进油品计量和采样（自动化）等措施减少油品挥发。

（一）油库油品逸散控制措施

1. 储罐选用要求

储存闪点＜28℃油品的油罐，应选用浮顶罐或内浮顶罐；储存闪点≥28℃、≤45℃油品的油罐，宜选用内浮顶罐或浮顶罐；闪点＞45℃的油罐，宜选用固定顶罐；储存闪点≤45℃油品的固定顶油罐和卧式油罐，必须安装阻火器和呼吸阀。

2. 采用内浮顶油罐

对储油罐进行双重密封浮顶油罐的浮盘是随着罐内液面高度的变化而上下移动的，浮盘周围与罐壁间设有密封装置，油气通过密封装置和罐壁间的缝隙进入大气，密封装置的密封效果决定了油气的挥发量。因此，提高储油罐的密封性是降低油气挥发量的关键。储罐的密封装置通常为一次密封和二次密封组成的双重密封。

一次密封从结构上可以分为以下三种类型。

（1）充液管式密封。它属于不带有油气空间的安装方式，是一种非常理想的液面弹性密封。它通过在合成橡胶密封管内充入一定数量的液体，使其漂浮在油品液面上，实现密封。由于充液管内流体可以在360° 圆周方向自由流动，随机填补环形缝隙，能够适应因储油罐变形而产生的环形间隙变化，最大限度地减少油气挥发量，因此，充液管式密封是密封效果最好的一次密封装置。

（2）泡沫密封。这是目前普遍采用的密封方式，包括带油气空间和不带油气空间两种安装方式，其密封效果低于充液管式密封。它通过在合成橡胶带中放置弹性泡沫体，以填补储油罐缝隙来降低油气挥发量。采用不带油气空间安装方式的密封效果优于带油气空间安装方式。

（3）机械密封。这是通过一组称为“滑靴”的金属密封与罐壁保持接触来阻隔油气挥发的。由于金属密封环与罐壁间存在缝隙，油气易挥发，所以，机械密封已逐渐被前两种密封所取代。

二次密封是依靠弹簧板的反弹力压紧罐壁，利用包覆在弹簧板上的软塑料品进行密封。加设二次密封可以进一步降低油品静止储存时的挥发损耗。

3. 制造密闭集气系统

当油品储罐内的气体空间处在一个可调压力的系统下时，就能有效控制油气挥发到大气中，从而降低油气损耗。具体做法是，将同类油品储罐用密闭气体管道相连，并将其与一集气罐连接在一起，形成一个密闭的集气系统。这个系统可以实现对储罐气体空间的统一调节控制，不会产生太大的内外压力差，故而能有效地控制油品在储运过程中油气的挥发。

4. 采用氮封系统

采用氮气充填于固定顶油罐的油气空间谓之氮封。因氮气的密度小于油气而浮于油气之上故而形成氮封。氮封具有以下特点：

（1）氮封可减少油品蒸发损失98%左右；

（2）氮封能有效防止烃类气体对周围环境的污染，污染程度下降95%～98%；

（3）氮封可防止油罐内气体爆炸，且对储存油品的性质无任何影响。

5. 密闭装卸

改进油库公路汽车、铁路槽车、油轮等装卸油品传统的上部发油方式，采用液下充装替代，避免喷溅式装油作业，减少油气挥发。同时，改变以往敞开作业的方式，采取密闭充装，并配套相应的油气集收系统。

6. 采用自动计量

在油罐安装自动计量液位仪，实现油高、水高、温度、密度自动采集，减少或避免人工操作，降低油罐计量孔盖开启频次，减少人为操作带来的油品挥发逸散。尤其是建设油气回收系统后，油库、加油站以及油罐车等采用密闭装车方式，均应采用自动计量，从生产环节减少油气挥发。

7. 安装罐下采样器

在油罐安装罐下采集器，实现密闭采集油罐油品，避免人工上罐取样操作，降低油罐计量孔盖开启频次，减少人为操作带来的油品挥发逸散。

8. 减少密封泄漏点

管道低点放空和检修用法兰等的附件数量，应减少到最低程度。

9. 管理措施

（1）尽量装满储油罐。储油罐内的空间越大，就需要更多的油气才能达到饱和度，此时小呼吸损耗就越大；相反储油罐内空间越小，小呼吸损耗就越小。因此油库应在合理调度，保证储油安全容量的前提下，应将储油罐尽量装满。另外，油气挥发的速率与储存面成正比，应尽量选择立式油罐装油，以减少油气在储运过程中的挥发耗损。

（2）减少油罐周转。储油罐周转越频繁，大呼吸油气耗损越大，如油库同品种油品频繁转罐，则也会增加油品的大呼吸损耗，增加油罐油气的挥发。因此，在油库管理中，应合理调配油品，做好收发作业安排，减少油罐间的周转频次。

（3）加强油罐密封检查力度。油罐设备密闭性越好，在储运油品过程中，油气的挥发就越少。因此，石油生产企业必须制定严格的储罐检查制度，定期检查储油的密封状况。具体方法是：在储油罐内外压力差最小的时候（清晨或傍晚）用人工检尺测量，此时的罐内外温差小，小呼吸损耗也小，可以打开计量孔进行检尺计量。

（4）加强油品收、发、储各类设备的日常检修管理，定期保养维护，减少或避免设备拆卸、解体大修，降低因设备维修带来的油气挥发。

（二）加油站油品逸散控制措施

1. 卸油油气排放控制

（1）应采用浸没式卸油方式，卸油管出油口距罐底高度应小于200mm。

（2）卸油和油气回收接口应安装*DN*100的截流阀、密封式快速接头和帽盖，现有加油站已采取卸油油气排放控制措施但接口尺寸不符的可采用变径连接。

（3）连接软管应采用*DN*100的密封式快速接头与卸油车连接，卸油后连接软管内不能存留残油。

（4）所有油气管线排放口应按GB 50156的要求设置压力/真空阀。

（5）连接排气管的地下管线应坡向油罐，坡度不应小于1%，管线直径不小于*DN*50。

（6）未采取加油和储油油气回收技术措施的加油站，卸油时应将量油孔和其他可能造成气体短路的部位密封，保证卸油产生的油气密闭置换到油罐汽车罐内。

2. 储油油气排放控制

（1）所有影响储油油气密闭性的部件，包括油气管线和所连接的法兰、阀门、快接头以及其他相关部件都应保证在小于750 Pa时不漏气。

（2）埋地油罐应采用电子式液位计进行汽油密闭测量，宜选择具有测漏功能的电子式液位测量系统。

（3）应采用符合相关规定的溢油控制措施。

3. 加油油气排放控制

（1）加油产生的油气应采用真空辅助方式密闭收集。

（2）油气回收管线应坡向油罐，坡度不应小于1%。

（3）新、改、扩建的加油站在油气管线覆土、地面硬化施工之前，应向管线内注入10L汽油并检测液阻。

（4）加油软管应配备拉断截止阀，加油时应防止溢油和滴油。

（5）油气回收系统供应商应向有关设计、管理和使用单位提供技术评估报告、操作规程和其他相关技术资料。

（6）应严格按规程操作和管理油气回收设施，定期检查、维护并记录备查。

（7）当汽车油箱油面达到自动停止加油高度时，不应再向油箱内加油。

二 油气回收处理基本工艺介绍

目前的VOCs的治理包括破坏性、非破坏性方法以及这两种方法的组合。

破坏性的方法包括燃烧、生物氧化、热氧化、光催化氧化，低温等离子体及其集成的技术，主要是由化学或生化反应，用光、热、微生物和催化剂将VOCs转化成CO_2和H_2O等无毒无机小分子化合物。

非破坏性法，即回收法，主要是碳吸附、吸收、冷凝和膜分离技术，通过物理方法控制温度、压力或用选择性渗透膜和选择性吸附剂等来富集和分离挥发性有机化合物。

传统的挥发性废气处理常用吸收法、吸附法、燃烧法去除等。在最近几年中，半导体光催化剂技术、低温等离子方法得到了迅速发展。在油品销售企业，油气回收技术主要有三种，吸附法油气回收技术、吸收法油气回收技术和冷凝法油气回收技术。

（一）吸附工艺

1. 吸附工艺简介

吸附法主要适用于低浓度气态污染物的净化，对于高浓度的有机气体，通常首先需要经过冷凝等工艺将浓度降低后再进行吸附净化。吸附技术是最为经典和常用的气体净化技术，也是目前工业VOCs治理的主流技术之一。吸附法的关键技术是吸附剂、吸附设备和工艺、再生介质、后处理工艺等。

活性炭因具有大比表面积和微孔结构而广泛应用于吸附回收有机气体。目前，对活性炭吸附有机气体的研究主要集中在吸附平衡的预测、活性炭材料的改性及有机物的物化性质对活性炭吸附性能的影响。

2. 活性炭吸附工艺原理及流程

活性炭纤维吸附有机废气是当今世界上最为先进的技术之一，活性炭纤维比颗粒状活性炭具有更大的吸附容量和更快的吸附动力学性能，活性炭吸、脱附工艺流程见图4–24。

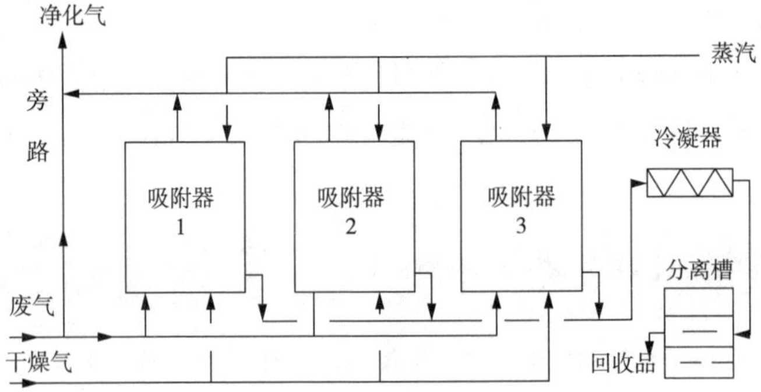

图4–24 吸附装置工艺流程图

3. 活性炭的物理吸附

活性炭净化空气的物理吸附，如图4–25所示四种情况。

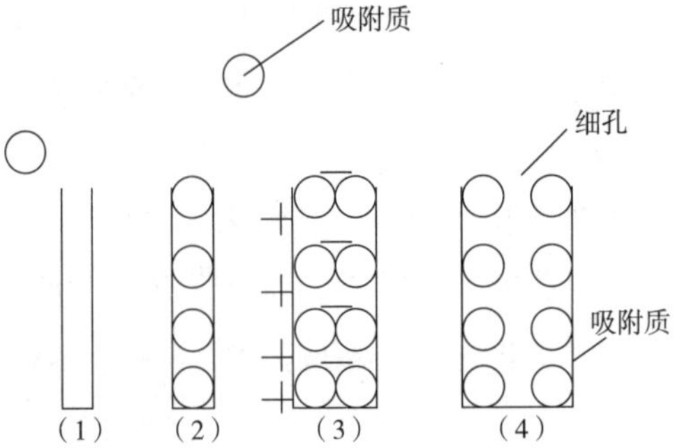

图4–25 分子尺寸和活性炭的关系

（1）分子直径大于孔的直径，由于空间位阻，分子不能入孔，因此不吸附。

（2）分子直径等于孔的直径，吸附剂的捕捉力很强，非常适合低浓度吸附。

（3）分子直径小于孔的直径，孔内发生毛细管冷凝，吸附容量大。

（4）分子直径远小于孔的直径，吸附分子很容易解吸，解吸速率高，低浓度下的吸附量较小。

4. 活性炭吸附工艺的优缺点

优点：① 适用于低浓度的各种污染物；

② 活性炭价格不高，能源消耗低，应用起来比较经济；

③ 通过脱附冷凝可回收溶剂有机物；

④ 应用方便，只与同空气相接触就可以发挥作用；

⑤ 活性炭具有良好的耐酸碱和耐热性，化学稳定性较高。

缺点：① 吸附量小，物理吸附存在吸附饱和的问题；

② 随着吸附剂的消耗，吸附能力也变弱，使用一段时间后可能会出现吸附量小或失去吸附功能；

③ 存在吸附的专一性问题，对混合气体的吸附性可能会减弱；

④ 存在分子直径与活性炭孔径不匹配的问题，可能会造成脱附的现象。

（二）吸收工艺

1. 吸收工艺简介

用溶液、溶剂或清水吸收工业废气中的挥发性气体，使其与废气分离的方法称为吸收法。溶液、溶剂、清水称为吸收剂。不同的吸收剂可以吸收不同的有害气体。

吸收法使用的吸收设备叫吸收器、净化器或洗涤器。吸收法的工艺流程和湿法除尘工艺近似，只是湿法除尘工艺用清水，而吸收法净化有害气体需用溶剂或溶液。

2. 吸收工艺原理及流程

以石油和天然气回收为例，石油和天然气回收应包括炼油厂、化工厂、石油和天然气站装卸产生的油气。石油和天然气从出厂到销售终端是一个完整的系统。

美国和欧洲国家，通常是在加油站采用一阶段和两阶段油气回收措施，即密闭卸油与加油，储罐内油气返回油罐车，在加油时使用真空辅助装置或油箱内压返回储罐。在油库、炼油厂和其他石油制品经销地设置油气回收装置，回收油气。

吸收法通常用于油气回收。装卸油品时产生的油气进入吸收塔，从出口排出贫油空气，解吸塔内进行吸收液的真空解吸，解吸的吸收液再循环利用，回收塔用汽油将进入的解吸气进行回收，尾气返回吸收塔重复该过程。用溶液吸收法回收挥发性有机物的吸收液通常是特殊的吸收液，吸收液的选择将影响回收效果。吸收法工艺流程如图4-26所示。

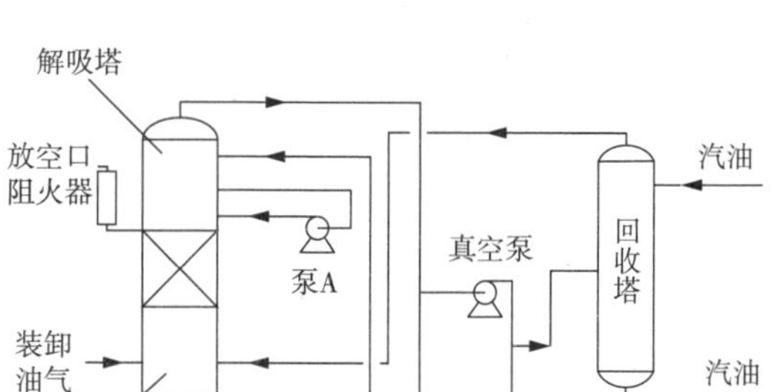

图4-26 吸收法工艺流程图

3. 吸收工艺优缺点

优点：吸收法工艺比较简单，设备投资较低，操作和维修费用基本与碳吸附法相当，由于吸收介质是采用煤油和吸收液，因此没有二次污染问题。

缺点：此工艺方法回收效率低，对于环保要求较高时，很难达到允许的油气排放标准；设备占地空间大；能耗高；吸收剂消耗较大，需不断补充。

（三）冷凝工艺

1. 冷凝工艺简介

油品在储运和销售过程中部分轻烃组分挥发进入大气，造成资源浪费和环境危害。同时有机溶剂广泛应用于工业生产中，每年都有大量的有机溶剂挥发到空气中，危害人类健康，造成严重的环境污染。采取合适的方法回收这些挥发性有机物不但可以降低企业生产成本，而且具有巨大的环保效益。

冷凝法是用来回收VOCs的一种有效方法，其基本原理是利用气态污染物在不同的温度和压力下具有不同饱和蒸气压，通过降低温度和增加压力，使某些有机物凝结出来，使VOCs得以净化和回收。

2. 冷凝工艺原理及流程

冷凝式油气回收设备采用多级复叠或自复叠制冷技术，系统流程虽然相对复杂，但其关键部件压缩机和节流机构已全部实现本土化生产，投资和运行成本较低。

根据换热管工作原理可分为制冷剂回路和气体回路部分，换热管连接两部。在气体循环部分，低温冷媒在换热器中和热的有机溶剂混合气体进行热交换，有机溶剂液化后回收，制冷剂流入储液罐。

制冷剂回路，压缩机将制冷剂压缩成高温高压气态制冷剂，通过风冷冷凝器液化，通过干燥过滤器，在冷媒－制冷剂热交换器中冷的液态制冷剂与冷媒进行热交换，低温冷媒进入储液罐，制冷剂通过吸入过滤器进入压缩机入口，完成整个的制冷剂冷媒换热过程。冷凝法油气回收工艺流程如图4–27所示。

3. 冷凝工艺的影响因素

冷凝分离法回收轻烃要对原料气体冷却降温。根据原理可分为节流膨胀制冷、膨胀机膨胀制冷。根据工艺可分为制冷剂制冷（如丙烷制冷）、节流膨胀制冷、膨胀机膨胀制冷、混合制冷。混合制冷是指在膨胀机膨胀制冷或工艺流体自身节流膨胀制冷的基础上外加制冷剂制冷。

分离方法包括精馏系统精馏分离，分离器相平衡分离。这个过程一般包括脱水、增压（低压力气体）、精馏和制冷。以上冷凝工艺的各个部分的选择都会影响最终的

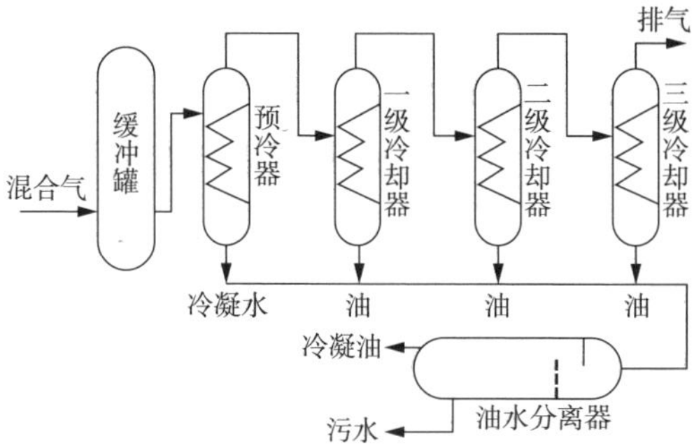

图4-27 冷凝法油气回收工艺流程图

冷凝效果。

4. 冷凝工艺优缺点

优点：冷凝法是利用物质沸点的不同回收，适合沸点较高的有机物，该方法具有回收纯度高、设备工艺简单、能耗低的优点；并有设备紧凑、占用空间小、自动化程度高、维护方便、安全性好、输出为液态油可直接利用等优点。

缺点：单一冷凝法要达标需要降到很低的温度，耗电量巨大，不是真正意义上的节能减排。

（四）膜分离工艺

1. 膜分离工艺简介

在石油开采和储运过程中，部分油品挥发到大气中形成油气，除空气外，主要是$C_4 \sim C_5$以及少量芳香烃。这些有机蒸气的排放不仅造成严重的资源浪费，而且对空气质量有很大影响，进而影响人类的健康。目前，有机蒸气的分离回收方法主要是冷凝、活性炭吸附、膜分离法、溶剂吸收法。膜分离技术是一种效率较高的分离方法。

2. 膜分离工艺原理及流程

膜分离有机蒸气回收系统是通过溶解-扩散机理来实现分离的。气体分子与膜接触后，在膜的表面溶解，进而在膜两侧表面就会产生一个浓度梯度，因为不同气体分子通过致密膜的溶解扩散速度有所不同，使得气体分子由膜内向膜另一侧扩散，最后从膜的另一侧表面解吸，最终达到分离目的。

膜分离装置设于高压冷凝器之后，缓冲罐前，由于排放气压缩机能力不足，只有一部分气体经过膜分离装置，其他部分直接进入缓冲罐，渗透气返回至低压冷却器前，尾气进入缓冲罐。膜分离装置回收烃类工艺流程如图4-28所示。

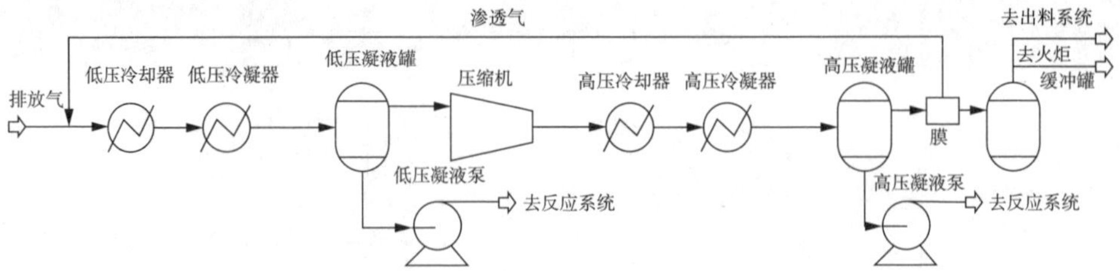

图4–28 膜分离装置回收烃类工艺流程图

3. 膜分离工艺的影响因素

支撑层的材质对渗透速率和烃类VOCs回收率产生重要影响，对于同一种材质的支撑层，渗透速率和烃类VOCs回收率随孔径的减小而增大，但当孔径减到某一临界值时，随孔径的继续减小，渗透速率和烃类VOCs回收率将减小。

4. 膜分离工艺优缺点

优点：膜分离技术是近代石油化工学科中分离科学的前沿技术。它具有投资小、见效快、流程简单、回收率高、能耗低、无二次污染的特点，具有较高的科技含量。

缺点：投资大；膜国产率低，价格昂贵，而且膜寿命短；膜分离装置要求稳流、稳压气体，操作要求高。

（五）燃烧工艺

1. 燃烧工艺简介

有一类VOCs处理方法被称作破坏性技术，即通过化学或生物的技术使VOCs转化为二氧化碳、水以及氯化氢等无毒或毒性小的无机物。燃烧法即属此类技术。

燃烧法分直接燃烧法和催化燃烧法。直接燃烧法适合处理高浓度VOCs的废气，因其运行温度通常在800～1200℃，工艺能耗成本较高，且燃烧尾气中容易出现二噁英、NO_x等副产物；由于废气中VOCs浓度一般较低，仅仅依靠反应热，一般难以维持反应所需的温度。

为了提高热经济性，人们开展了大量的研究，一个方向是改进催化剂的性能使反应温度降低，另一个方向是研究新的工艺技术、新的反应器设计以使反应能在较高的温度下自热地实现。

2. 燃烧工艺原理及流程

在催化燃烧中，预热式是一种基本的流程形式。有机废气在进入反应器之前，要在预热室中的加热，因为有机废气温度低于100℃时，浓度低，热量不能自给。燃烧净化后，与未处理的废气进行热交换，回收部分的热量。煤气或电加热是该工艺常用的方法，加热到催化反应所需的点火温度。催化燃烧工艺流程如图4–29所示。

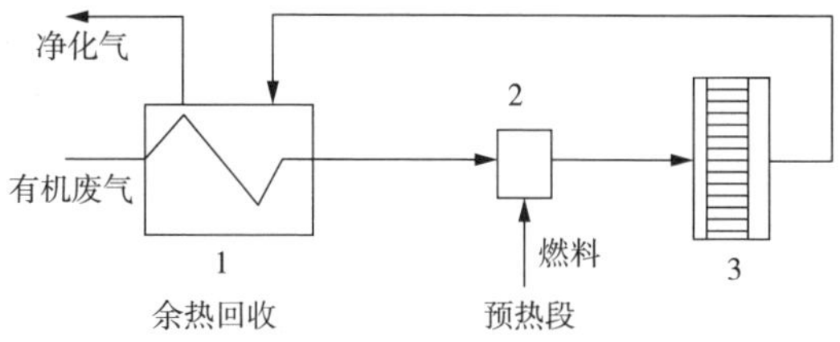

图4–29 催化燃烧工艺流程图

1—热交换器；2—燃烧室；3—催化反应器

3. 燃烧工艺的影响因素

催化燃烧催化剂的选择是关键，在消除效率和能耗方面其性能具有决定性的作用。对于挥发性有机化合物氧化催化剂一般可分为2类：贵金属催化剂（铂、钯等）和金属氧化物催化剂（铜、铬、锰等）。贵金属催化剂因具有良好的起燃活性，被广泛使用于挥发性有机化合物的催化燃烧。在用于催化氧化VOCs的贵金属催化剂中，铂比钯活性要高。

4. 燃烧工艺优缺点

优点：与直接燃烧法相比，其辅助燃料费用低，二次污染物NO_x生成量少，燃烧设备的体积较小，VOCs去除率较高。

缺点：催化剂价格较贵，且要求废气中不得含有会导致催化剂失活的成分。

（六）生物过滤工艺

1. 生物过滤工艺简介

利用微生物的新陈代谢过程对多种有机物和某些无机物进行生物降解，可以有效去除工业废气中的污染物质，此即为处理有机废气的生物法。

最先提出采用微生物处理废气构想的人是Bach，他曾于1923年利用土壤过滤床处理废水处理厂散发的含H_2S恶臭气体。在德国和荷兰的许多地区，该技术已大规模并成功地应用于控制气味、挥发性有机化合物和空气中的有毒排放，许多常见的空气污染物的控制效率已经达到90%以上。

2. 生物过滤工艺原理及流程

生物过滤工艺系统通过气体输送装置、喷淋装置和过滤塔主体三个部分组合而成。挥发性有机化合物通过加压预湿，在过滤塔内与填料层表面的生物膜相接触，挥发性有机物从气相转移到生物膜，进而被微生物分解利用，并且被转化成二氧化碳、水和其他的分子物质，然后将净化后的气体排出。喷淋装置定期向填料层喷洒喷淋液，以调节填料层的水分含量、pH值和营养盐含量。生物过滤工艺流程如图4–30所示。

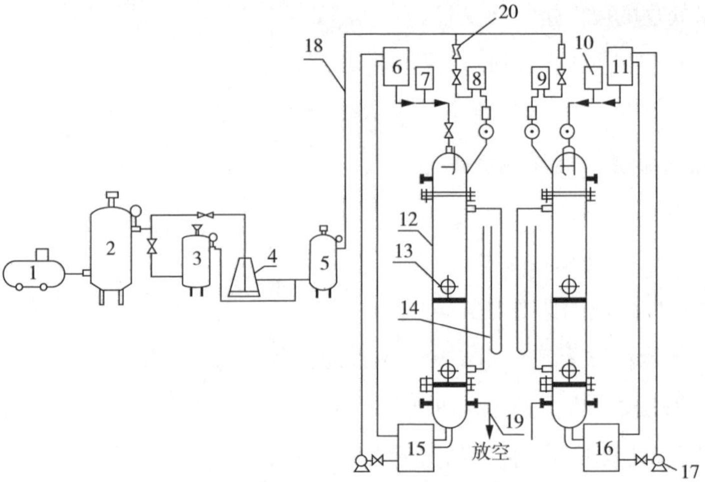

图4–30 生物过滤工艺流程图

1—压缩机；2、3、5—缓冲罐；4—配气瓶；6、11—高位槽；7、8、9、10—预热器；12—生物滴滤塔；13—视镜；14—差压计；15、16—循环槽；17—循环泵；18—入气口采样口；19—出气口采样口；20—转子流量计

3. 生物过滤工艺的影响因素

（1）填料。生物滴滤器中，生物膜生长在填料的表面，气态有机物流通于填料之间的空隙。填料比表面积的大小在一定程度上反映了微生物的多少，孔隙率则影响气体、液体的流速，而填料层的高度对有机物是否处理完全有着重要意义。

（2）营养液。生物滴滤塔中的营养物质，微量元素和缓冲液均匀喷洒在填料上，以提供生物膜中生物菌群生长和繁殖所需的营养物质。挥发性有机物的去除率在一定程度上受营养液的流量、氮和磷的含量等的影响。

（3）进气。生物滴滤器运行过程中，气体流量、入口气体浓度的大小都对气体本身的去除效率有着显著的影响。

4. 生物过滤工艺优缺点

优点：适用范围广，处理效率高，工艺简单，费用低，无二次污染。

缺点：对高浓度、生物降解性差及难生物降解的VOCs去除率低。

（七）等离子体工艺

1. 等离子体工艺简介

等离子体污染物控制技术利用气体放电产生具有高度反应活性的粒子与各种有机、无机污染物发生反应，从而使污染物分子分解成为小分子化合物或氧化成容易处理的化合物而被去除。

这一技术的最大特点是可以高效、便捷地对多种污染物进行破坏分解，使用的设备简单，占用的空间较小，并适合于多种工作环境。

2. 等离子体工艺原理及流程

用于处理挥发性有机物的主要是电晕放电，主要的降解机制如下：在施加的电场下，在电极空间中的电子获得了能量并开始加速。运动的过程中的电子与气体分子相互碰撞，使气体分子被激发、电离或吸附电子成为负离子。等离子体工艺流程如图4–31所示。

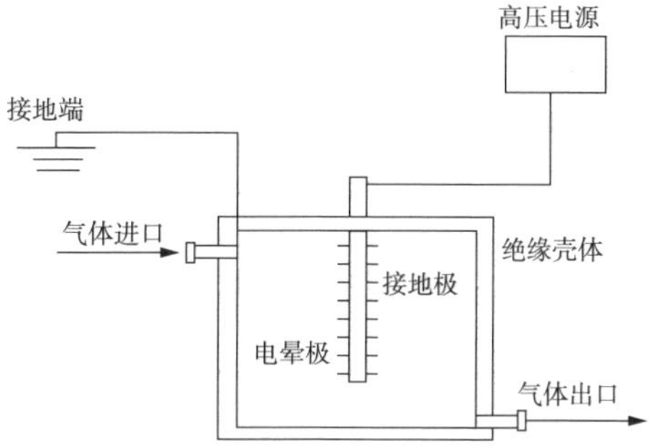

图4–31 等离子体工艺流程图

3. 等离子体工艺的影响因素

在降解过程中，电极电压的选择和控制是其主要内容，它会影响放电介质的放电和电子的携能，以及之后的一系列反应，进而影响降解效率。同时，电极电压也作为该方法达到商业应用的一个重要参数，因此电极电压的选择特别关键。

低温等离子体降解VOCs除了和电极电压有密切关系外，还受反应器结构、反应背景气氛、VOCs废气中含水量、放电频率、放电电压、VOCs的化学结构、催化剂种类、低温等离子体放电形式、反应温度以及VOCs的初始浓度等的影响，其中以气体浓度和气流量的影响为主。

4. 等离子体工艺优缺点

优点：处理效率高，运行费用低，特别对芳烃的去除效率高。

缺点：对高浓度VOCs处理效率一般，目前主要停留在实验室阶段，缺乏实际应用。

（八）光催化氧化工艺

1. 光催化氧化工艺简介

光化学和光催化氧化法是目前研究较多的一种高级氧化技术。光催化反应即在光的作用下进行的化学反应。分子吸收特定波长的电磁辐射后，是分子达到激发态，然后发生化学反应，产生新的物质或成为热反应的引发剂。

2. 光催化氧化工艺原理及流程

TiO_2作为一种半导体材料其自身的光电特性决定了它可以用作光催化剂。半导体的能带结构通常是一个电子填充低能量价带（VB）和一个空的高能量的导带（CB），导带和价带之间的区域被称为禁带。

当照射半导体的光能量等于或大于禁带宽度时，其价带电子被激发，跨过禁带进入导带，并在价带中产生相应空穴。电子从价带激发到导带，激发后分离的电子和空穴都有一部分进一步进行反应。光催化氧化工艺流程和反应机理分别见图4–32和图4–33。

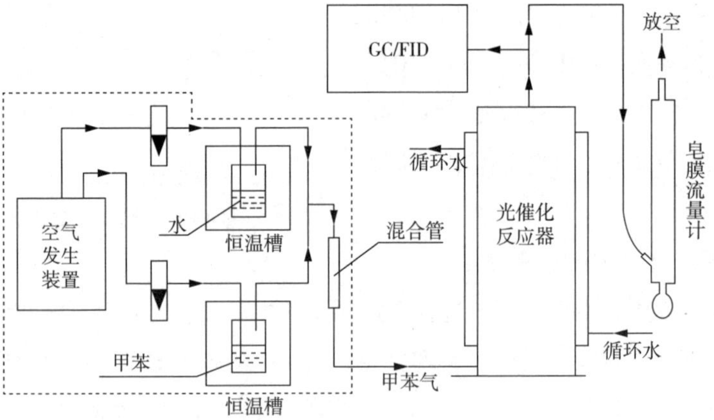

图4–32　光催化氧化工艺流程图

3. 光催化氧化工艺的影响因素

研究表明，反应物初始浓度对光催化效率或降解速率有明显的影响。光催化效率随着初始浓度增加而波动，存在明显的浓度转变点；低浓度目标物的光催化降解效率大于高浓度目标物的光催化降解效率。

湿度对光催化反应的影响尚无一致性结论。对于不同化合物或者不同浓度等实验条件，存在很大的差别。

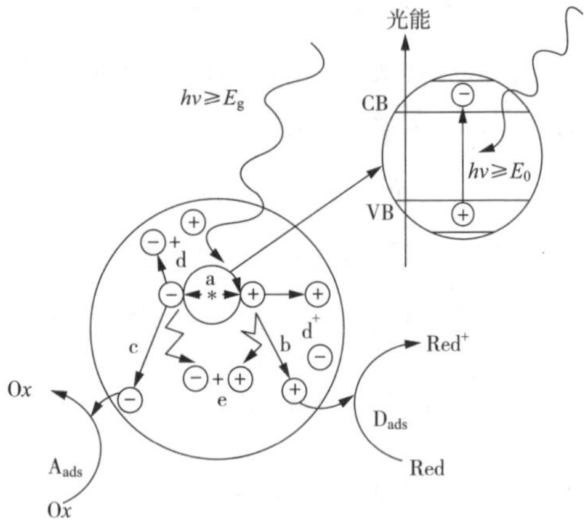

图4–33　光催化反应机理

4. 光催化氧化工艺优缺点

优点：处理效率高，运行费用低，适用于低浓度广范围的VOCs去除，特别是对芳烃的去除效率高。

缺点：对高浓度VOCs处理效率一般，主要还停留在实验室阶段，缺乏实际应用。

（九）沸石转轮+RTO工艺

沸石转轮浓缩技术是一种处理大风量、低浓度挥发性有机物的污染治理技术。系统内主要包含：利用疏水性沸石转轮吸附及浓缩挥发性有机物气体，透过多种形式的焚化炉处理浓缩的挥发性有机物。沸石转轮+RTO工艺如图4-34所示。

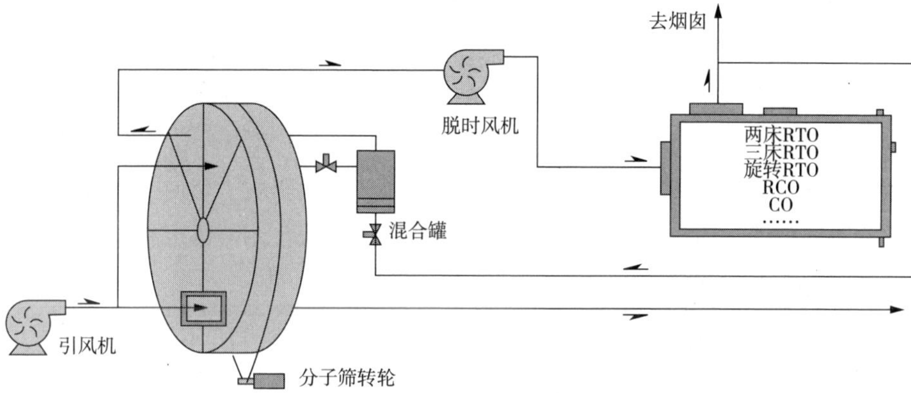

图4-34　沸石转轮+RTO工艺图

1. 工艺原理

VOCs废气通过沸石浓缩转轮后，能有效地被吸附于沸石中，达到被去除的目的。经过沸石吸附的挥发性气体被洁净后直接通过烟囱排放到大气中，转轮持续以1～6r/h的速度旋转。同时将吸附的挥发性有机物传送至脱附区，于脱附区中利用一小股加热气体将挥发性有机物进行脱附，脱附后的沸石转轮旋转至吸附区，持续吸附挥发性有机气体。脱附后的浓缩有机废气送至焚化炉进行燃烧转成二氧化碳及水蒸气排放至大气中。

2. 适用范围

沸石转轮+RTO工艺适用于去除中、高浓度（低于20%L.E.L）、大风量的有机废气；适用于去除含有多种有机成分或有机成分经常发生变化的废气；不适用于含有较多硅树脂废气。

3. 性能特点

该工艺具有较高的VOCs去除率，其两床设备的去除率达95%以上，三床设备则超过99%，达到超低成本运行。当VOCs浓度达到450mg/L时，不需要额外的燃料消耗；如果VOCs浓度更高，还可进行二次余热回收而大大降低生产成本；热效率高达95%；不产生NO_x等二次污染；处理风量范围5000～200000m^3/h；全自动控制，操作简易，维护方便；转轮浓缩比高，浓缩比高达20：1，转轮使用寿命长，无须定期更换吸附剂；系统自动控制，自动化程度高，操作简单，运行安全可靠。

（十）工艺选择

各种油气回收工艺技术各有优缺点，选择什么样的油气回收技术，需要根据VOCs的类型、浓度及流量、交通运输情况、当地的气候条件，排放标准要求以及配套的油气收集系统情况综合评估，同时应从设备投资、效益、操作、使用寿命等方面进行综合考虑。随着我国对环境保护的日益重视，油气排放的浓度要求越来越高，发展单一的油气回收方法已不能满足油气回收的需求，所以应当根据不同的场合需要，采用不同的油气回收方法甚至是多种回收方法的联合使用，这也是今后油气回收应注重研究的方向。

在技术选择上，目前吸附法在销售企业油库得到较广泛的应用，也有采用“低温冷凝+吸附”“吸附浓缩+回收”“吸附浓缩+燃烧”工艺路线组合的方案来实现油气回收。相关油气回收技术方法见图4-35。

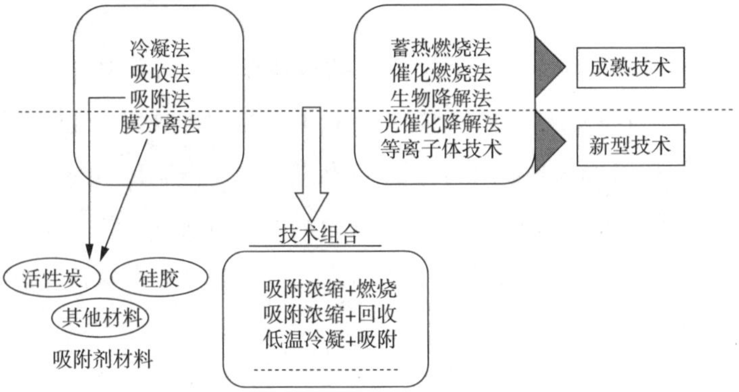

图4-35　油气回收技术方法

三　油库油气回收

在油品销售企业，油库的油气回收主要是针对汽油装卸作业环节，包括公路装车、码头装船、铁路装车等过程的油气回收综合治理。油库油气回收系统一般是由油气收集系统、油气回收处理装置组成，其中收集系统又可分为罐区集气系统和装油区集气系统。目前，在公路汽油装车环节已基本全面实现油气收集回收处置，并在码头、铁路等装油环节逐步试点推广。在油品储存环节，主要是采取密闭技术控制措施，也可对油罐排放油气进行收集处置。另外，对于油罐清罐、检修环节产生的油气，其收集处理技术也在一些地方逐步研究和实施。

（一）油气收集系统

1. 油罐区集气子系统

油罐区集气子系统是将固定顶油罐的气体空间用管道连通，并与一集气罐相连，构成一个密闭的集气系统，用于收集和平衡油罐区油罐大呼吸和小呼吸所产生的油气。如果油罐区与装油区距离较远，可独立设置集气罐。集气罐可以是单独成罐，也可以是几个集气罐组成的集气罐组。油罐区集气罐可选用可变容积或固定容积的气罐。可变容积集气罐的优点是能使其有效容积得到充分利用，减少系统中初始的空气量。

2. 装油区集气子系统

装油区集气子系统包括密闭装油鹤管或输油臂、集气管道、引气设备、集气罐等。装油过程中产生的油气通过密封式快速接头，由集气管道输送到集气罐或直接输送到油气回收处理装置。装油区集气子系统可增设一个大小为1 ~ 3m^{3}的固定容积集气罐，该集气罐只起到缓冲、均衡的作用。如果该集气罐与油罐区集气子系统共用，则应考虑油罐区集气子系统的特点，来统筹选型与设计。油库集气系统工艺流程见图4–36。

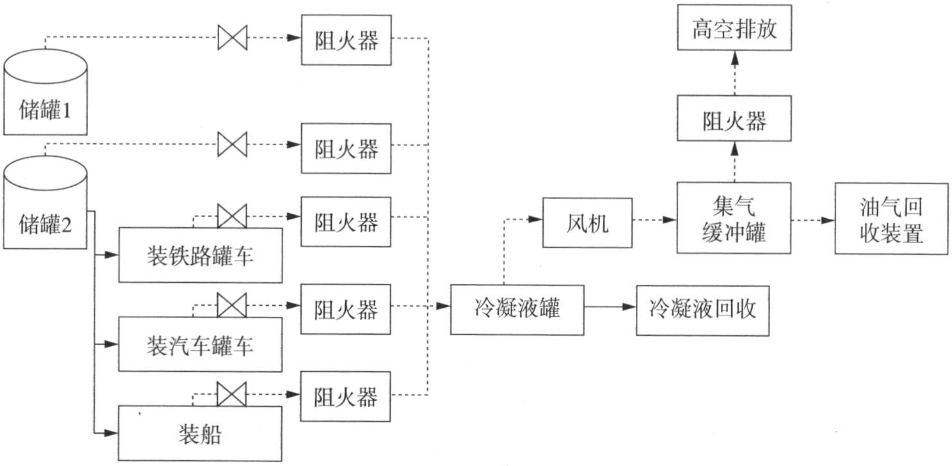

图4–36　油库集气系统工艺流程图

对装油区采用油气回收集气系统的各类装卸作业，作业过程应确保车、船的舱盖密闭，并应采取油罐液位自动监测，以确保油气的密闭收集。

（二）油气回收处理装置

油库油气回收处理工艺，主要有吸附法、吸收法、膜分离法和冷凝法四种。其中吸附法通常是利用活性炭或其他吸附材料来吸附油分子，然后再进行脱附。吸收法是让油气与吸收剂接触进行吸收，然后将回收的油液与吸收剂分离，实现油气的回收利用。膜分离技术的基本原理是利用高分子膜对油气的优先透过性的特点，让油气–空气的混合气在一定的压差推动下经膜的“过滤作用”使混合气中的油气优先透过膜得以“脱除”回收，而空气则被选择性地截留。冷凝回收设备可直接将油气冷凝成液体回收。

目前在油品销售企业，多数油库公路装车区采用“吸附+吸收”的工艺技术（见图4–37）对油气进行回收再利用，主要是其具有工艺简单、可操作性强、能耗低及安全环保等优势。该工艺主要流程是，油气先进入吸附罐中的活性炭床，烃类组分被活性炭拦截吸附，空气排放。活性炭床吸附到接近饱和量（不能到饱和状态，处于饱和边缘就会造成排放超标），通过真空泵脱附进入吸收塔，从汽油储罐抽汽油对脱附的气体进行喷淋吸收，回收后的汽油再循环进入油罐。

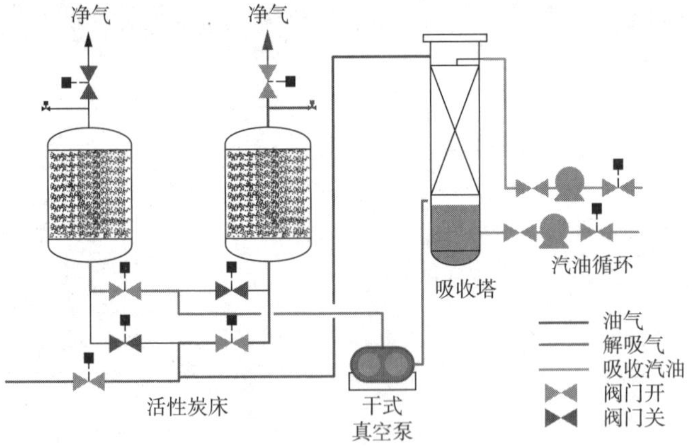

图4–37 “吸附+吸收”工艺技术流程

采用“吸附+吸收”工艺进行油气回收处理工艺技术，在设备良好运行工况下，其排放浓度能达到当前国家要求的25mg/L。但随着国家环保要求不断提高，油气新排放限值标准将显著提高，该工艺路线及设备选型亟待优化。

“吸附+吸收”工艺主要包括集气系统、吸附系统、真空系统、吸收系统以及控制系统，其主要设备设施和功能如表4–4所示。

表4–4　“吸附+吸收”工艺油气回收系统

系统名称	主要设施	主要设备	功能
集气系统	密闭灌装车	油气回收装车鹤管或下装鹤管	完成油气的密闭收集与输送
	油气回收装车鹤管	油气回收管及接头	
	其他收集设施	油气回收管道、管道阻火器、油气回收管道止回阀	
吸附系统	吸附塔	2台吸附塔	完成对油气的吸附和解吸，两个罐交替使用
	附属设备	气体流量计、进气阀、吸附罐、活性炭床层、排气阀、吹扫气阀、温度仪等	
真空系统	干式真空泵	解吸控制阀、真空泵、气液分离罐、密封液冷却器、液位计、止回阀等	为解吸过程提供真空环境，间歇性工作
吸收系统	供油设备	进油泵、进油控制阀、止回阀、液体流量计、液位计等	吸收回收从吸附罐中解吸出来的油气，间歇性工作
	回油设备	回油泵、回油控制阀、止回阀、液体流量计、液位计等	
	吸收塔	吸收塔、规整填料与除沫器、喷头	
控制系统	PLC控制柜	PLC系统、电动阀、电机、变频器 、配电系统等	完成装置的生产控制和安全控制
	计算机监控系统	工控机	

吸附分离是该工艺的关键，其原理主要是：利用混合物中各组分与吸附剂之间结合力强弱的差别，混合物中难吸附与易吸附组分实现分离。合适的吸附剂对各组分的吸附有很高的选择性。一般要求吸附剂压降小、导热系数大，使用寿命长。目前，较为常见的吸附剂主要是活性炭、疏水硅胶。

活性炭是目前常用的油气吸附材料，具有比表面积大、表面疏水、孔隙发达、油气吸附速率快等优点，如图4–38所示。活性炭吸附油气速度较快，一般在40min内已经达到或基本接近饱和；活性炭饱和吸附率随吸附操作温度升高而降低，即油气温度较低将有利于增加吸附容量；活性炭吸附存在劣化度，即吸附过程活

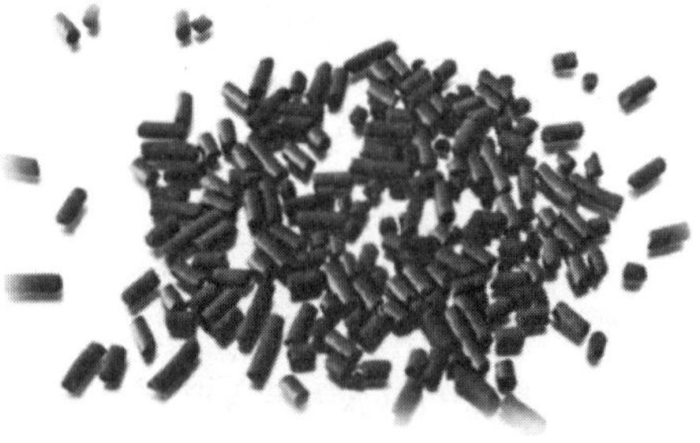

图4–38　活性炭

性炭有效表面结构受到破坏，导致再生难彻底，影响其使用寿命。但活性炭在实际使用中存有一定缺陷，如吸附放热严重、脱附困难、易粉化等问题，不仅影响使用寿命，严重时还有可能引起火灾。

疏水硅胶，是硅胶的疏水化改性的新型吸附剂材料，被广泛应用于油气回收领域，其导热系数比活性炭大，具有不可燃性、遇水不易破裂等优点。虽然硅胶不具有可燃性，但当吸附过量的水分子后，硅胶的刚性结构就会遭到破坏而不利于回收过程。硅胶大多为块状、球形或微球形，其结构如图4–39所示。

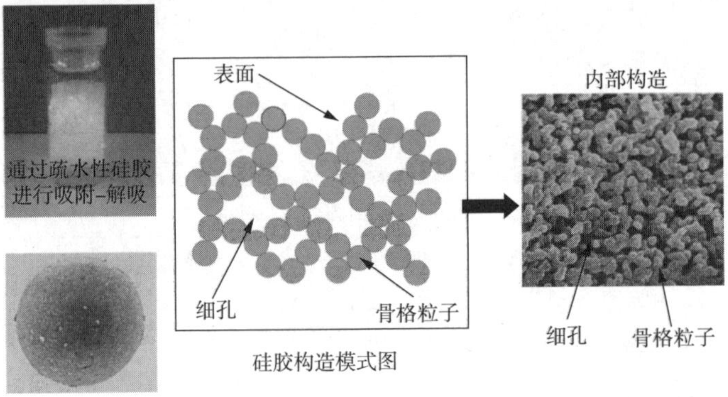

图4–39 疏水硅胶

油库油气回收处理效率影响因素主要有：加油站卸油油气回收效果、油罐车密闭性、油气收集系统密闭性及阻力、油气回收装置处理效率等。

四 加油站油气回收

加油站油气回收系统由卸油油气回收（一次油气回收）系统、加油油气回收（二次油气回收）系统、油气排放处理装置和在线监测系统四部分组成。该系统将加油站在卸油、储油和加油过程中产生的油气，通过密闭收集、储存返回到油罐车内，然后运送到油库进行集中治理，从而减少或避免油气在加油站的排放，如图4–40所示。

（一）加油站油气回收系统原理

1. 卸油油气回收系统（一次或一阶段油气回收）

该系统是指将油槽车的汽油通过密闭的管道卸入油罐中，利用压力平衡原理将油气收集入汽车罐内的系统。其主要内容包括以下三方面。

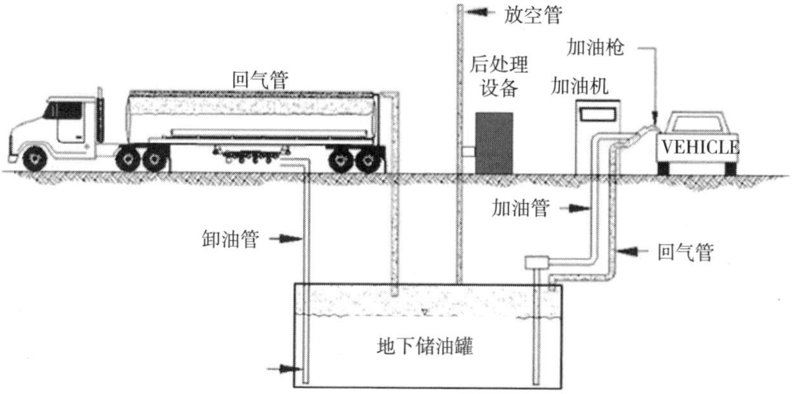

图4-40　加油站油气回收系统原理图

（1）从卸车点埋地敷设一根油气回收管线与加油站的低标号汽油储罐的气相空间联通，油气回收管线卸车侧安装截流阀（球阀）、密封式快速接头和帽盖。一次油气回收系统如图4-41所示。

（2）在汽油储罐内部卸车管安装防溢油阀，如图4-42所示。

（3）卸车液相管无法安装防溢油阀时，汽油罐内所有油气回收管线、通气管安装卸车气相防溢油浮球阀，如图4-43所示。

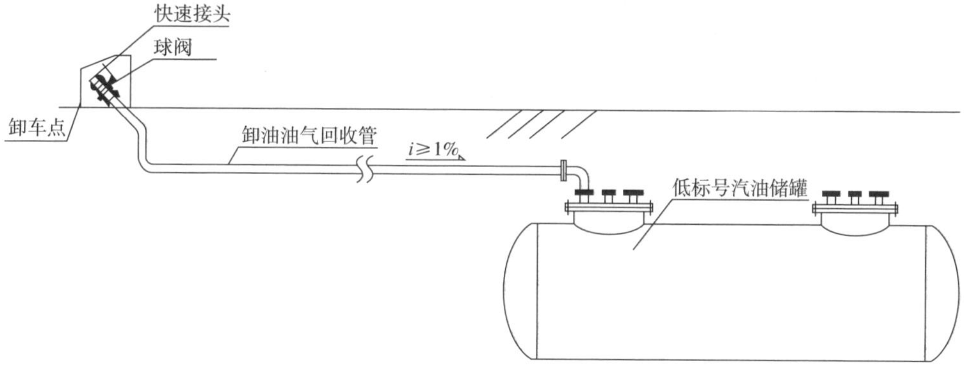

图4-41　一次油气回收系统流程图

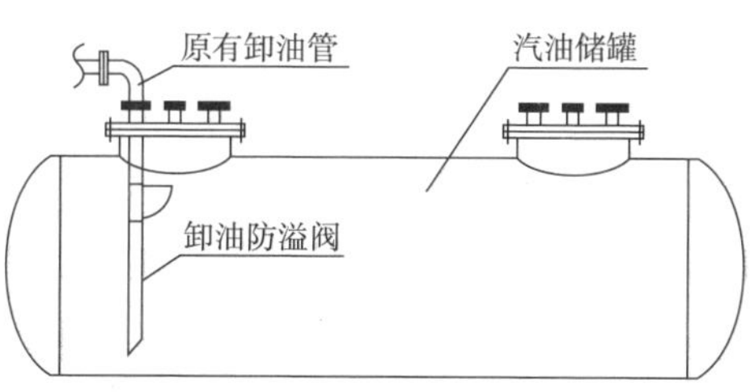

图4-42　一次油气回收系统卸油管

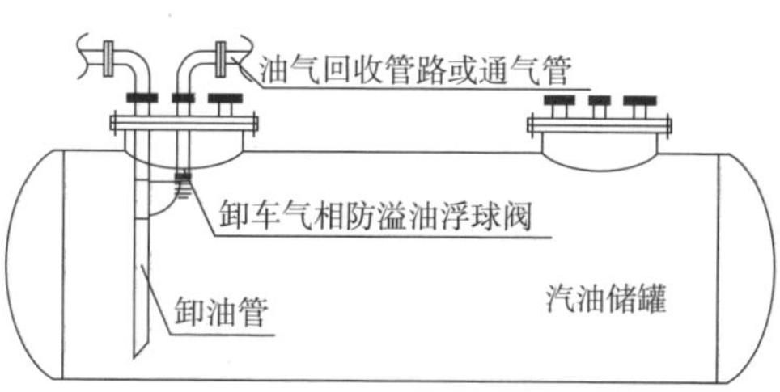

图4-43　一次油气回收系统回气管

2. 加油油气回收系统（二次或二阶段油气回收）

将给汽车油箱加汽油时产生的油气，通过密闭方式收集进入埋地油罐的系统。其主要内容包括以下三方面。

（1）汽油加油枪配套使用油气回收专用加油枪、拉断阀、加油软管，采用分散式加油油气回收系统的，还要在加油机内部安装真空泵。二次油气回收系统加油机内设备分布如图4–44所示。

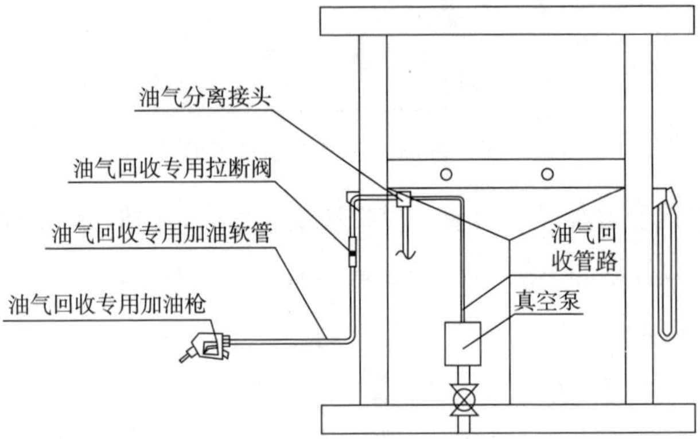

图4–44 二次油气回收系统加油机内设备分布图

（2）从各汽油加油机敷设加油油气回收埋地管线，并汇总为一根管线至低标号汽油储罐，与其气相连接，如图4–45所示。

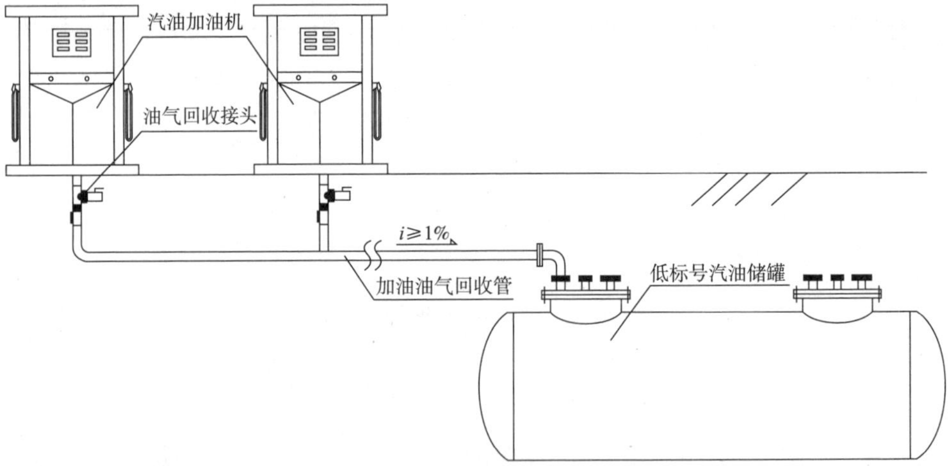

图4–45 二次油气回收系统流程图

（3）所有汽油储罐的通气管地上部分汇总合并为两根排放管，一根安装球阀、顶部安装一个真空/压力阀（带阻火功能），一根安装球阀、顶部安装一个阻火通气帽，如图4–46所示。

3. 油气排放处理系统（三次或三阶段油气回收）

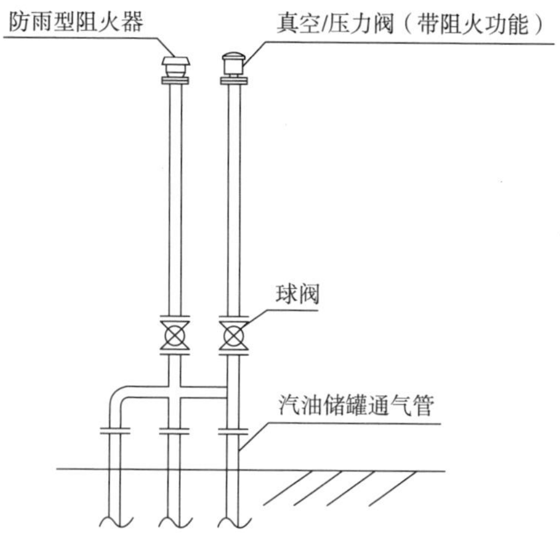

图4–46　二次油气回收系统通气管

指针对加油油气回收系统部分排放的油气，通过采用吸附、吸收、冷凝、膜分离等方法对这部分排放的油气进行回收处理的装置。油气回收装置（三次回收）入口管线与高标号汽油油罐气相连接，出口管线及凝液回流管线与低标号汽油储罐气相连接，见图4–47。

鉴于加油站采取一、二次油气回收系统后，几乎已经杜绝了油气的排放；在考虑到三次回收系统能耗高，经济效益低下、环保效益不明显等综合因素，一般情况下加油站不提倡建设油气排放处理系统。目前，普遍的做法是将一次、二次回收的油气通过油罐车运输回到油库进行回收处理，实践证明运回油气密闭运回油库回收处理的方式社会和经济效益显著。

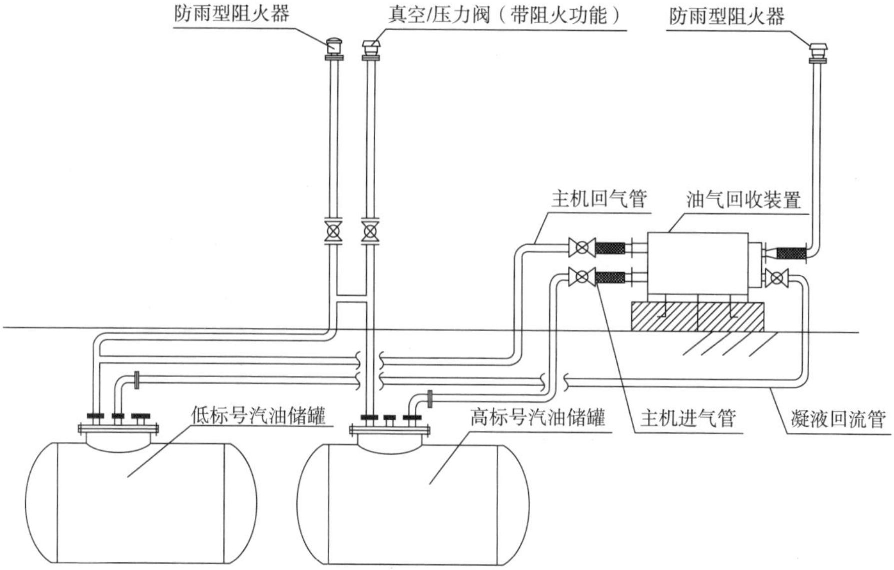

图4–47　三次油气回收系统流程图

4. 在线监测系统

在线监测系统是指在线监测加油油气回收过程的气液比以及油气回收系统的密

闭性、管线液阻是否正常，当发现异常时可提醒操作人员采取相应措施。安装在线监测系统后，可实时采集加油机的加油量及气体传感器实时的回气量，根据计算出的气液比实时调节电子比例调节阀的开度（或变动电机频率调节泵的转速），使气液比始终处于合适的范围。同时采集连接机、罐、管压力传感器和油气浓度传感器的数据，监测气相的变化来监测管线的液阻、卸油口密闭性、油罐的气密性，当监测数据超出规定时及时报警，在第一时间发出维修预警。若监测数据超过一定范围时，系统连锁停止相应加油枪的加油功能，在系统故障修复后方可恢复加油枪加油，并能记录、储存、处理和实时传输数据。在线监测系统流程图和加油机内部设备分布图分别如图4–48和图4–49所示。

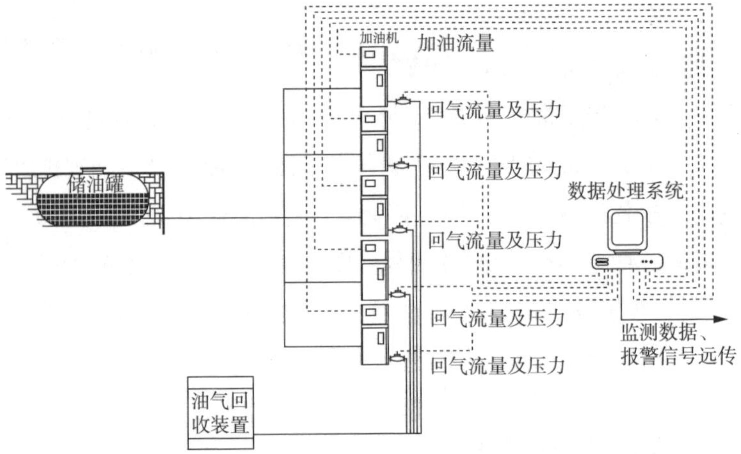

图4–48　在线监测系统流程图

（二）油气回收工艺介绍

油气回收系统根据泵的安装位置，分为分散式和集中式。分散式的真空泵分散在每一台加油机内。集中式由一台或两台真空泵集中为油站所有需要油气回收的加油枪进行油气回收。

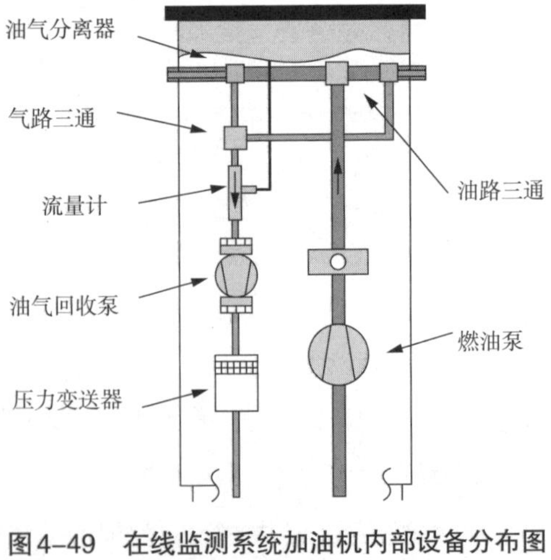

图4–49　在线监测系统加油机内部设备分布图

加油油气回收管道坡向油罐的坡度，不应小于1%。受地形限制，不能满足时，可在管道靠近油罐的位置设置集液器，且管道坡向集液器坡度不应小于1%。目前加油站常见的油气回收工艺有以下四类。

1. 工艺一：地下连通/分散式/无集液井

这类工艺属于分散式系统，其二次油气回收管道的坡度满足要求，油气管道中间不设置集液井；通气管、一次回收管道在地下与二次油气回收管道连通，见图4-50。

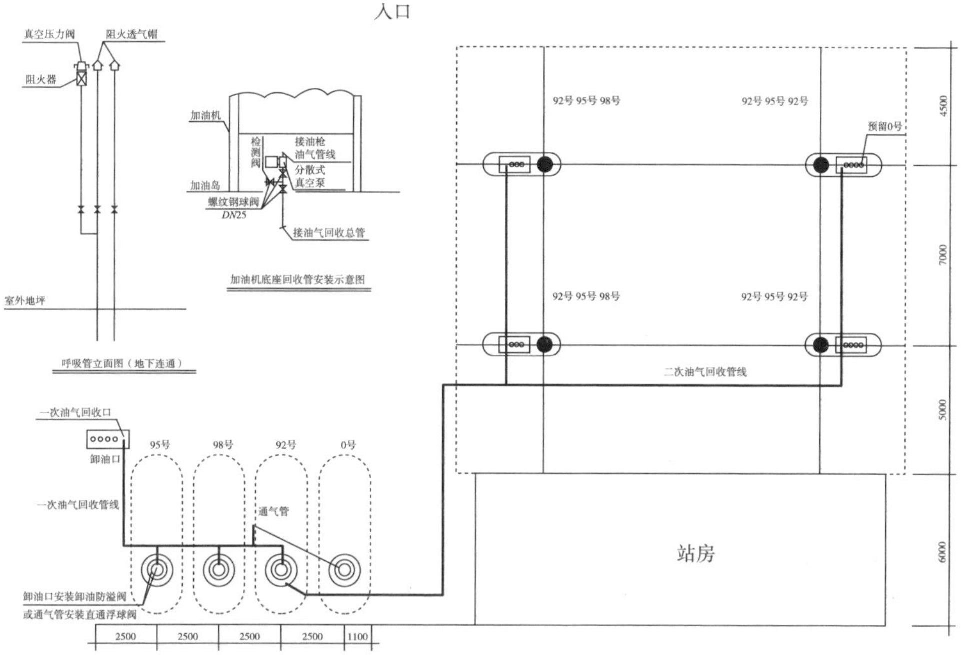

图4-50　地下连通/分散式/无集液井工艺

2. 工艺二：高位连通/分散式/有集液井

这类工艺属于分散式系统，其二次油气回收管道设置有集液井，集液井内的冷凝液可通过潜泵虹吸回到汽油罐，如集液井未设置虹吸回罐功能，应定期检查、抽液清空集液井。其一次回收管道、通气管一般在地上高位连通，连通管至卸油口，低位设低位回气管返回汽油罐，如图4-51所示。

3. 工艺三：中位连通/集中式/有集油槽

如图4-52所示，这类工艺属于集中式系统，其二次油气回收管道设置有集液井，集液井内的冷凝液可通过潜泵虹吸回到汽油罐，如集液井未设置虹吸回罐功能应定期抽液清空。一次回收管道、通气管在地上中位连通，连通管至卸油口，低位设低位回气管返回汽油罐。

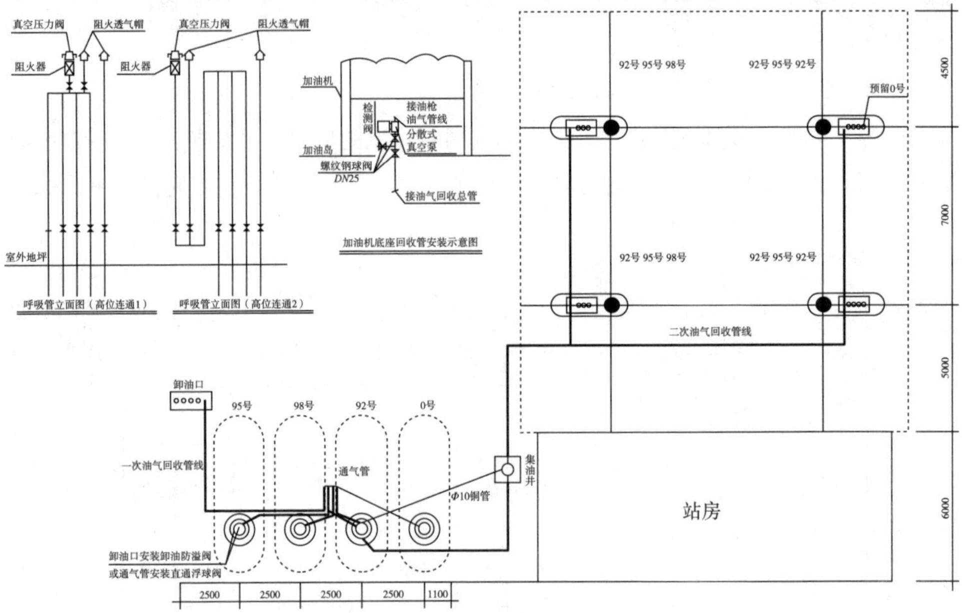

图4-51　高位连通/分散式/有集液井工艺

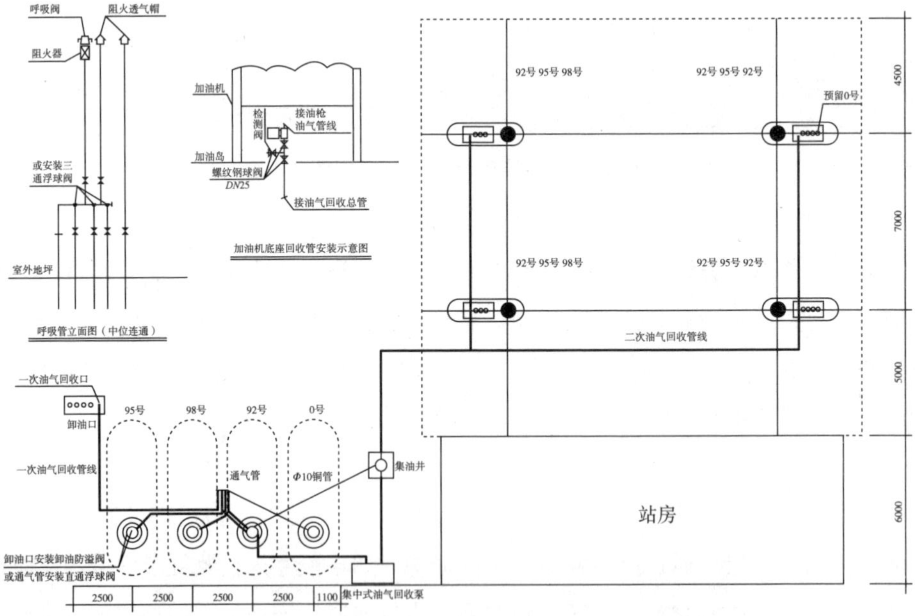

图4-52　高位连通/分散式/有集液井工艺

4. 工艺四：中位连通/集中式/mini900

这类工艺属于集中式系统，通气管、一次回收管道在地下连通。在人孔井内安装有mini900泵，各加油机分别连接集中式二次回收管道，通过真空泵回收油气进罐，如图4–53所示。

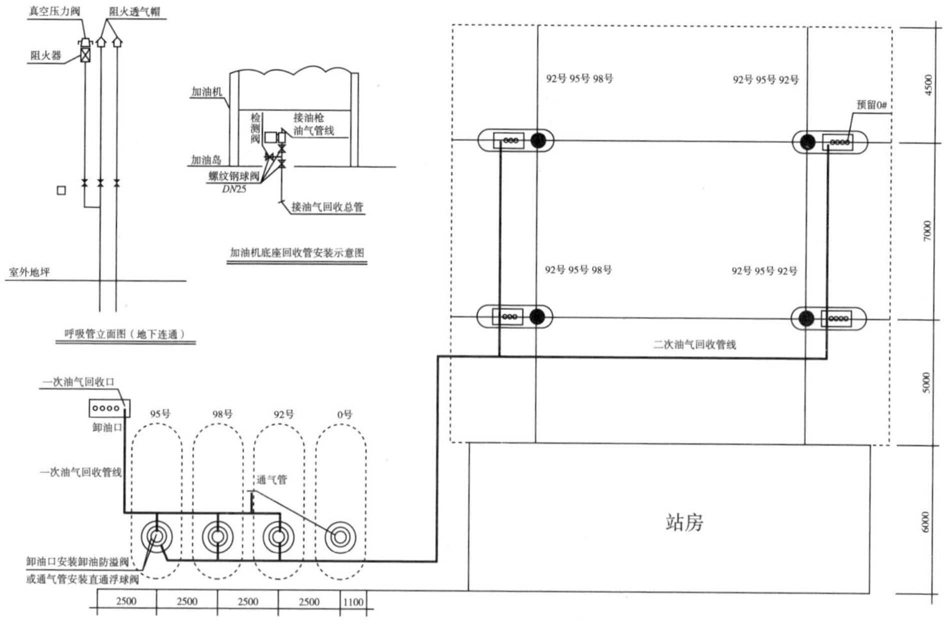

图4–53　中位连通/集中式/mini900工艺

（三）油气回收在线监测

1. 系统构成及整体功能

加油站油气回收在线监控系统的系统构成包括：

（1）场传感器（如气体流量传感器、压力传感器等）。

（2）采集控制器（如气液比采集控制器等）。

（3）站内监控平台（通用工控机、实现所需功能的软件系统等）三个层级，整个系统的构成如图4–54所示。所需要的硬件设备及数量要求如表4–5所示。

在线监控系统的功能包括：

① 通过测量、计算、分析加油油气回收系统回气量、加油量和油气回收系统气体空间压力，实现各汽油加油枪气液比、油气回收系统密闭性等指标的监控功能；

② 具备监测处理装置油气排放浓度、油气回收系统密闭性、管线液阻等扩展功

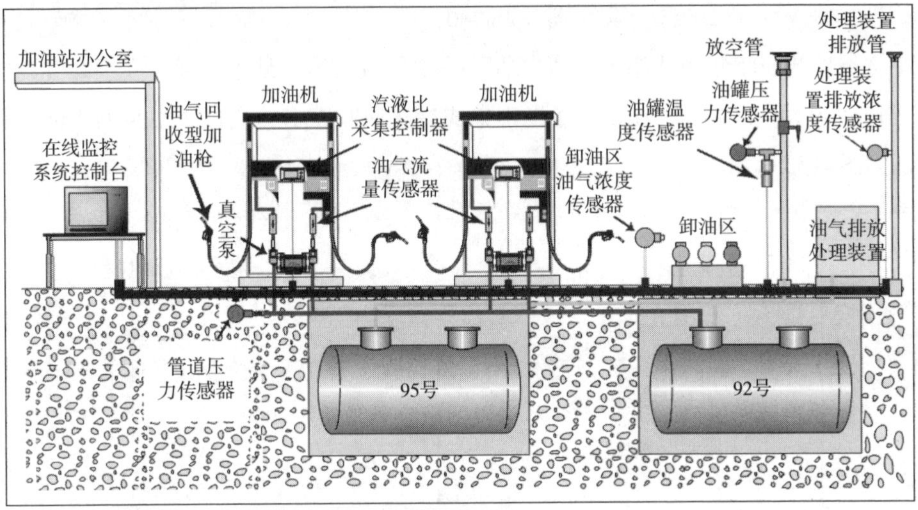

图4-54 在线监控系统

能，并按要求发出预警、报警信号；

③ 站内监控平台具有显示当前及历史油气回收系统运行状态的各种参数、表格或图形的功能，并能存储和打印一段时间内所要求的全部监控数据，并通过一定的数据格式将数据、图文等传输至相关政府主管部门；

④ 具备关闭气液比报警加油枪加油功能。

表4-5 在线监控系统硬件组成和数量建议

序号	设备名称	功 能	数量建议
1	气体或油气流量传感器	检测加油枪回气量	1个/（1）把汽油枪（共用一个面板的加油枪除外）
2	气液比采集控制器	采集加油数据，计算、存储气液比等指标	选配
3	差压式压力传感器	检测油气回收系统管道、油罐气体空间等部位的油气压力	至少1个，如油罐非连通应每罐安装
4	浓度传感器	检测处理装置排放管等处的油气浓度	选配
5	温度传感器	采集站内周围环境或收集油气的温度	选配
6	站级监控系统控制台	数据的汇总、存储和显示等	1台/站
7	数据处理终端及软件	数据的处理、报警和上传等	1套/站
8	系统液阻、密闭性分析模块	软件分析判定油气回收系统管线液阻、系统密闭性状况	选配
9	有线/无线数据传输模块	信息实时上传	选配
10	后备电源	防止突然断电对设备造成的影响或造成数据丢失	选配

2. 系统总体技术和功能要求

对于整个系统来说，在线监控系统的检测/测量器件应有制造计量器具CMC标志，进口产品应取得我国质量技术监督部门的计量器具型式批准证书，取得防爆合格证。系统运行应能满足我国大部分地区的环境温度、湿度条件。系统应具有耐腐蚀、密封性强、防尘、防雨的特性。在线监控系统在一定的工作条件下应稳定、可靠地运行。在安全要求方面，加油站在线监控系统应满足加油站现场的防爆等级要求。系统应具备软件、数据安全管理功能，操作人员需要登录账号和密码后才能登录控制界面，系统须对所有的控制操作进行记录并保存记录。仪器受外界强干扰或偶然意外或掉电后又上电等情况发生，造成程序中断，应能实现自动启动，自动恢复运行状态并记录出现故障时的时间和恢复运行时的时间。在线监控系统应具有的功能包括以下几方面。

1）气液比预警报警功能要求

在24h（自然天）内，加油站在线监控系统监测到任一条加油枪的有效气液比（每次连续加油量大于15L）小于0.9或大于1.3的次数超过该枪加油总次数的25%时，系统应对该条加油枪预警，连续7天处于预警状态应报警，报警时应停止该枪的加油功能并存储、发送对应加油枪的状态、参数等信息。

2）系统密闭性预警报警功能要求

（1）在线监控系统应以不大于30s采样间隔监测系统压力，通过数据能够分析油气回收系统的密闭性、油气回收管线的液阻和处理装置的运行情况。

（2）在24h（自然天）内，在线监控系统监测到的油罐压力数据连续5min大于真空/压力（*P*/*V*）阀正压开启压力+300Pa或小于真空/压力（*P*/*V*）阀负压开启压力–300Pa时，系统应预警，若连续7天处于预警状态应报警。

（3）在24h（自然天）内，油罐压力处于–50～50Pa范围内的连续时间超过12h，系统应预警，若连续7天处于预警状态应报警。

3）数据采集和传输设备要求

（1）在线监控系统应配有数据采集和传输设备，应具备显示、设置系统时间和时间标签功能，显示实时数据及查询历史数据的功能；并能以报表形式输出，应具备数字信号输出功能，应具有中文数据采集、记录、处理和控制软件。

（2）系统掉电后，能自动保存数据；恢复供电后系统可自动启动，恢复运行状态并正常开始工作，应能保持重启前的预警、报警状态。

（3）在线监控系统停止运行自启动后，应继续与停止前的数据进行连续计算。

（4）在线监控系统程序应具备防篡改功能，应使用加密算法进行数据传输。

（5）在线监控系统具备3年以上数据的存储能力。

（6）系统应支持自动或手动方式进行零点漂移的校准。

4）数据通信功能要求

（1）在线监控系统应具有远程数据通信功能，能够按照规定的内容、格式和时间间隔，将监测数据打包上传到指定的INTERNET网络IP地址。

（2）上传数据至少应包括：加油站在线监控系统配置数据、监测数据、报警数据、加油站在线监控系统故障数据等。

（3）在线监控系统可具有检测接口，支持检测数据传输协议，用于支持加油站在线监控系统检测软件对加油站在线监控系统上传数据的一致性、报警准确性、关闭加油枪性能进行检测。

5）加油枪关闭功能要求

（1）在线监控系统可具备关闭加油枪加油的功能；关闭加油枪的功能应能在对应加油枪挂枪后立即启动。

（2）关闭加油枪时，不应对加油站其他设施造成影响。

（3）在手动解除报警状态并上传此项操作信息后，可恢复加油作业。

（4）如解除报警状态后，该加油枪气液比仍处于预警状态，次日应继续报警并关闭加油枪，直至恢复正常。

思考题

1．结合油品销售企业油库、加油站情况，谈谈可以采取哪些措施从源头消减油气的产生？

2．油库完整的油气回收应包含哪些系统？

第三节 固体废物

油品销售企业在成品油装卸、加油、运输以及废水处置过程中均有固体废物产生，其中部分为危险废物。随着成品油销量的不断增加，固体废物引发的环境问题和矛盾日益突出。近年来，固体废物污染防治问题受到国家和地方环保部门普遍关注。固体废物污染防治是油品销售企业继废水处理、废气治理后的又一个重要环保治理专题。

一 一般固体废物收集、储存和运输

固体废物产生单位应全面排查识别生产经营过程中固体废物类别、产生源，形成识别清单，掌握本企业固体废物的产、排状况，并每年进行更新。同时应制定危险废物管理计划并向地方环保主管部门申报，按要求对危险废物进行分类收集、储存、处置及运输，建立长效管理工作机制，实现合规处置。

收集、储存、运输、利用、处置固体废物必须采取防扬散、防流失、防渗漏或者其他防止污染环境的措施；不得擅自倾倒、堆放、丢弃、遗撒固体废物。

固体废物产生的单位应积极采用自行利用，委托第三方有资质单位处置或合同环境管理等方式，开展固体废物综合利用，减少废物量。对不能综合利用的固体废物，应规范处理，合法处置。

固体废物产生单位应建设具有防雨、防火、防雷、防扬尘功能的固体废物临时储存设施；应建立危险废物储存过程管理的规章制度，定期开展一次巡查。固体废物产生单位应建立固体废物管理档案，包括固体废物申报登记资料和固体废物产生、收集、储存、运输、利用、处理处置等管理台账。

二 危险废物收集、储存和运输

由于危险废物固有的属性包括化学反应、毒性、腐蚀性、传染性、易燃性，可导致对人类健康或环境产生危害。危险废物是油品销售企业固体废物管理中的重点，在其收集、储存和运输过程必须采取区别于一般废物的特殊管理。

（一）一般要求

从事危险废物收集、储存、运输经营活动的单位应具有危险废物经营许可证。在收集、储存、运输危险废物时，应根据危险废物收集、储存、处置经营许可证核发的有关规定建立相应的规章制度和污染防治措施，包括危险废物分析管理制度、安全管理制度、污染防治措施等；危险废物产生单位内部自行从事的危险废物收集、储存、运输活动应遵照国家相关管理规定，建立健全规章制度及操作流程，确保该过程的安全、可靠。

危险废物转移过程应按《危险废物转移联单管理办法》执行。

危险废物收集、储存、运输单位应建立规范的管理和技术人员培训制度，定期针对管理和技术人员进行培训。培训内容至少应包括危险废物鉴别要求、危险废物经营许可证管理、危险废物转移联单管理、危险废物包装和标识、危险废物运输要求、危险废物事故应急方法等。

危险废物收集、储存、运输单位应参照《危险废物经营单位编制应急预案指南》编制应急预案。针对危险废物收集、储存、运输过程中的事故易发环节应定期组织应急演练。

危险废物在收集、储存、运输过程中一旦发生意外事故，收集、储存、运输单位及相关部门应根据风险程度采取如下措施。

（1）设立事故警戒线，启动应急预案，并按《环境保护行政主管部门突发环境事件信息报告办法（试行）》（环发〔2006〕50号）要求进行报告。

（2）若造成事故的危险废物具有剧毒性、易燃性、爆炸性或高传染性，应立即疏散人群，并请求环境保护、消防、医疗、公安等相关部门支援。

（3）对事故现场受到污染的土壤和水体等环境介质应进行相应的清理和修复。

（4）清理过程中产生的所有废物均应按危险废物进行管理和处置。

（5）进入现场清理和包装危险废物的人员应受过专业培训，穿着防护服，并佩戴相应的防护用具。

危险废物收集、储存、运输时应按腐蚀性、毒性、易燃性、反应性和感染性等危险特性对危险废物进行分类、包装并设置相应的标志及标签。危险废物标签设置和图形标志见图4-55和图4-56。

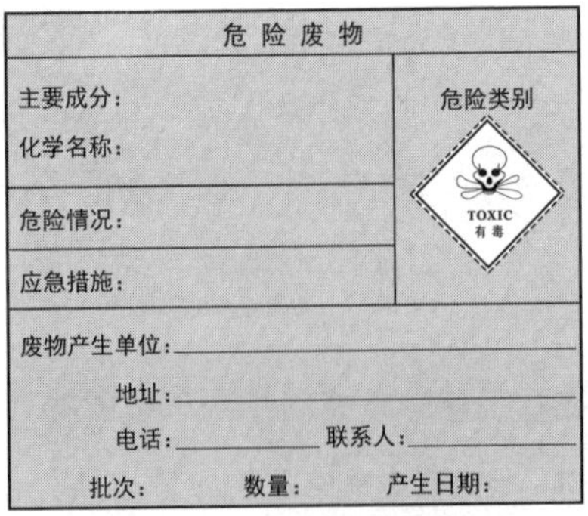

图4-55　危险废物标签

危险分类	符号	危险分类	符号
Explopsive 爆炸性	 黑色字 橙色底	Toxic 有毒	
Flammable 易燃	 黑色字 红色底	Harmful 有害	
Oxidizing 助燃	 黑色字 黄色底	Corrosive 腐蚀性	
Irritant 刺激性		Asbestos 石棉	

图4–56 危险废物标志

（二）收集管理

危险废物收集包括两个方面：一是在危险废物产生节点将危险废物集中到适当的包装容器中或运输车辆上的活动；二是将已包装或装到运输车辆上的危险废物集中到危险废物产生的单位内部临时储存设施的内部转运。

危险废物的收集应根据危险废物产生的工艺特征、排放周期、危险废物特性、废物管理计划等因素制定收集计划。收集计划应包括收集任务概述、收集目标及原则、危险废物特性评估、危险废物收集量估算、收集作业范围和方法、收集设备与包装容器、安全生产与个人防护、工程防护与事故应急、进度安排与组织管理等。

危险废物的收集应制定详细的操作规程，内容至少应包括适用范围、操作程序和方法、专用设备和工具、转移和交接、安全保障和应急防护等。

危险废物收集和转运作业人员应根据工作需要配备必要的个人防护装备，如手套、防护镜、防护服、防毒面具或口罩等。

在危险废物的收集和转运过程中，应采取相应的安全防护和污染防治措施，包括防爆、防火、防中毒、防感染、防泄露、防飞扬、防雨或其他防止污染环境的措施。

1. 危险废物的包装要求

危险废物收集时应根据危险废物的种类、数量、危险特性、物理形态、运输要求等因素确定包装形式，具体包装应符合如下要求。

（1）包装材质要与危险废物相容，可根据废物特性选择钢、铝、塑料等材质。

（2）性质类似的废物可收集到同一容器中，性质不相容的危险废物不应混合包装。

（3）危险废物包装应能有效隔断危险废物迁移扩散途径，并达到防渗、防漏的要求。

（4）包装好的危险废物应设置相应的标签，标签信息应填写完整翔实。

（5）盛装过危险废物的包装袋或包装容器破损后应按危险废物进行管理和处置。

（6）危险废物还应根据GB 12463的有关要求进行运输包装。

2. 危险废物的收集作业要求

（1）应根据收集设备、转运车辆以及现场人员等实际情况确定相应作业区域，同时要设置作业界限标志和警示牌。

（2）作业区域内应设置危险废物收集专用通道和人员避险通道。

（3）收集时应配备必要的收集工具和包装物，以及必要的应急监测设备及应急装备。

（4）危险废物收集应填写记录表，并将记录表作为危险废物管理的重要档案妥善保存。

（5）收集结束后应清理和恢复收集作业区域，确保作业区域环境整洁安全。

（6）收集过危险废物的容器、设备、设施、场所及其他物品转作它用时，应消除污染，确保其使用安全。

3. 危险废物内部转运作业要求

（1）危险废物内部转运应综合考虑厂区的实际情况确定转运路线，尽量避开办公区和生活区。

（2）危险废物内部转运作业应采用专用的工具，危险废物内部转运应建立厂内转运记录表。

（3）危险废物内部转运结束后，应对转运路线进行检查和清理，确保无危险废物遗失在转运路线上，并对转运工具进行清洗。

收集不具备运输包装条件的危险废物时，且危险特性不会对环境和操作人员造成重大危害，可在临时包装后进行暂时储存，但正式运输前应按本标准要求进行包装。危险废物收集前应进行放射性检测，如具有放射性则应按《放射性废物管理规定》（GB 14500）进行收集和处置。

（三）储存管理

危险废物储存可分为产生单位内部储存、中转储存及集中性储存。所对应的储存设施分别为：产生危险废物的单位用于暂时储存的设施；拥有危险废物收集经营许可证的单位用于临时储存废矿物油、废镍镉电池的设施；以及危险废物经营单位所配置的储存设施。

危险废物储存设施的选址、设计、建设、运行管理应满足GB 18597、GB Z1和GB Z2的有关要求。

危险废物储存设施应配备通信设备、照明设施和消防设施。

储存危险废物时应按危险废物的种类和特性进行分区储存，每个储存区域之间宜设置挡墙间隔，并应设置防雨、防火、防雷、防扬尘装置。

储存易燃易爆危险废物应配置有机气体报警、火灾报警装置和导出静电的接地装置。

废弃危险化学品储存应满足GB 15603、《危险化学品安全管理条例》《废弃危险化学品污染环境防治办法》的要求。储存废弃剧毒化学品还应充分考虑防盗要求，采用双钥匙封闭式管理，且有专人24h看管。

危险废物储存期限应符合《中华人民共和国固体废物污染环境防治法》的有关规定。

危险废物储存单位应建立危险废物储存的台账制度，危险废物出入库交接记录内容应可参照表4-6执行。

表4-6 危险废物收集记录

收集地点		收集日期	
危险废物种类		危险废物名称	
危险废物数量		危险废物形态	
包装形式		暂存地点	
责任主体			
通信地址			
联系电话		邮编	
收集单位			
通信地址			
联系电话		邮编	
收集人签字		责任人签字	

危险废物储存设施应根据储存的废物种类和特性按照图4-56设置标志。

（四）运输管理

危险废物运输应由持有危险废物经营许可证的单位按照其许可证的经营范围组织实施，承担危险废物运输的单位应获得交通运输部门颁发的危险货物运输资质；从事危险废物道路运输的驾驶员、押运员及装卸管理人员应取得危险废物污染防治从业人员技术资格。废弃危险化学品的运输应执行《危险化学品安全管理条例》有关运输的规定。

运输单位在承运危险废物时，应在运输车辆和危险废物包装上分别设置危险废物标志。

危险废物在运输时的中转、装卸过程应遵守如下技术要求。

（1）卸载区的工作人员应熟悉废物的危险特性，并配备适当的个人防护装备，装卸剧毒废物应配备特殊的防护装备。

（2）卸载区应配备必要的消防设备和设施，并设置明显的指示标志。

（3）危险废物装卸区应设置隔离设施，液态废物卸载区应设置收集槽和缓冲罐。

（4）废弃危险化学品的运输应执行《危险化学品安全管理条例》有关运输的规定。

三 处理技术

成品油销售企业产生的固体废物大部分是含油污泥，包括底泥（清罐油泥）、隔油池油泥、浮选池浮渣及剩余活性污泥。含油污泥一般是由水包油（O/W）、油包水（W/O）以及悬浮固体组成的稳定悬浮乳状液体系，脱水效果差，含油污泥成分和物性受废水水质、处理工艺、加药剂等因素影响，含油量差别大，处理难度高，含有重金属的含油污泥对环境还具有放射性污染。由于这些污泥中含有大量的石油类物质，且成分复杂，因此被列入《国家危险废物目录》（2016年）中的废矿物油类，编号HW08。

为解决含油污泥进入环境带来的二次污染问题，应对含油污泥进行稳定化、无害化、减量化和资源化处理处置，消除和解决含油污泥对环境的污染，同时兼顾环境、社会和经济效益，需找经济、合理、有效的含油污泥处理处置技术，实现含油污泥的循环利用。

目前在石化企业应用的含油污泥处置技术，主要有调质脱水、清洗、热萃取、干化技术、焚烧、热解吸、等离子体和生物修复等技术。

（一）调质脱水

含油污泥黏度高、脱水比阻大，多数污泥粒子属“油性固体”（如沥青质、胶质和石蜡等），质软；在进行机械脱水时，因其黏度大、乳化严重、固－固粒子间黏附力强和密度差小等原因导致分离效果较差。污泥脱水过程实际上是污泥的固体粒子群和水的相对运动，而污泥的调质是通过一定手段调整固体粒子群的性状和排列状态，使之适合不同脱水条件的预处理操作，提高机械脱水性能。调质－脱水分离处理基本流程如图4–57所示。

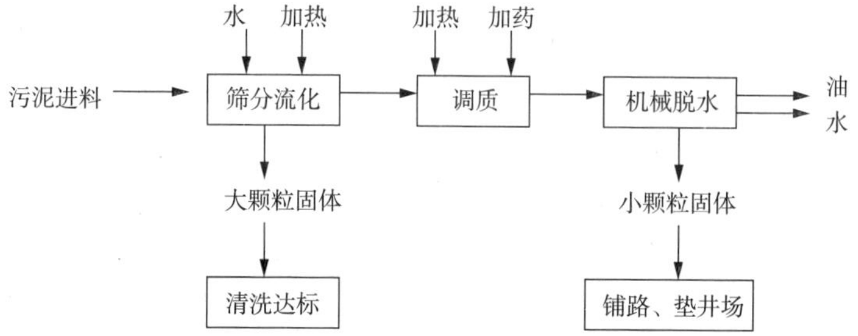

图4–57 调质–脱水处理基本流程图

1. 筛分与流化

在实际生产过程中，含油污泥通常与堆置时间较长的老化污泥等一同处理。考虑到污泥含水率及来源的不同，为确保后续处理设备的正常运行和最终的处理效果，需要对含油污泥进行筛分和流化。

（1）筛分。集料斗或污泥池内的污泥进入振动筛、转鼓分离器等粗颗粒预处理装置，随着设备的振动、旋转不断加入清洗热水，进料被均化，进料中大块板结的污泥可被高压热水打碎，分选出较大的粗颗粒（直径>20mm）从装置排出后进行清洗处理，小颗粒的物质送入流化装置。

（2）流化。经预处理后的污泥送至带有加热功能的流化池中，污泥升温至45℃左右，通过机械搅拌、空气搅动等方式均化，将含固量较高的污泥流化成含固量在10%～15%的可流动污泥。经过均化的污泥经流化池上部溢流进入污泥缓冲罐，由提升泵输送至污泥调质罐。池底部大于5mm的颗粒通过沉降分离出来，经表面清洗后达到排放标准。

2. 调质

含油污泥调质应根据含油污泥的性质和特点、脱水设施的性能要求和脱水泥饼的处理利用方式等原则进行选择。

投加絮凝剂和助凝剂是常用的调质方法。絮凝剂对污泥胶体粒子有静电中和及网捕卷扫作用；助凝剂是加速絮凝过程，加大絮凝颗粒的密度，加强吸附架桥作用，充分发挥网捕作用。通过上述作用使污泥中的悬浮固体微粒加速凝聚，改善脱水性能。

除投加混凝剂、助凝剂外，还可辅以加热降黏等强化手段，以降低污泥比阻，减少污泥结合水含量。含油污泥经过调质后，污泥的脱水、沉降性能将得到很大改善。

3. 机械脱水

经过调质后的含油污泥，其脱水、沉降性能得到很大改善。处于乳化状态的石油类物质在混凝剂、破乳剂等的作用下，相互凝聚为较大的油粒，在一定程度上从水相中脱离出来，但仍难以直接与水、泥分离，必须进入机械脱水阶段。目前多采用两相或三相离心分离脱水，也可以采用其他机械脱水设备。

调质–脱水技术是一种比较成熟的含油污泥处理技术，油的回收率较高，适用于各类污泥的减容处理。在国外，采用调质脱水技术处理油泥较为普遍，处理后可达到直接填埋要求。但鉴于我国对危险废物的填埋要求越来越严格，这种方法现在仅能作为含油污泥的预处理方法，必须采取后续的深度处理才能达到污泥彻底处置的要求。

（二）清洗技术

含油污泥清洗是指在药剂和机械剪切力的作用下，更为彻底地将固体表面的油剥离的技术。因此，选择有效的清洗药剂和合理的清洗工艺与设备是技术的关键。

1. 清洗剂的选择和应用

清洗剂多为表面活性剂，其作用机理主要包括卷起、乳化和溶解。卷起机理与清洗表面的润湿性有关，是由表面活性剂与清洗表面相互作用决定的。在表面活性剂的作用下，油珠与固体颗粒表面的接触角大于90° 时，油珠较易剥离。乳化过程需要降低油污与水之间的界面张力并将油污分散。溶解是在表面活性剂的作用下油污被溶解，在原位形成微乳液。

目前使用的清洗剂主要有化学清洗剂和生物清洗剂两大类。

化学清洗剂主要包括非离子表面活性剂、阴离子表面活性剂、阳离子表面活性剂以及两性表面活性剂等。化学清洗剂的选择应遵循普适性、无害化、经济性与安全性的原则。药剂的使用不应导致后续的工艺毒害或环境污染，低价、安全是药剂选择的一个重要指标。

生物表面活性剂是通过筛选合适的微生物菌株，或改变其生长条件，生产出多种生物表面活性剂。与化学表面活性剂相比，生物表面活性剂容易被生物降解，不产生二次污染。由于生物制剂成品的生产成本较高，实际应用中可以与化学清洗剂配合使用。

2. 清洗工艺

首先，污泥进行水力剪切清洗，利用高速旋转状态下产生强的水力剪切力，使含油污泥颗粒在水力剪切作用下产生高强度的表面摩擦，固体表面的吸附油不断解吸。经过清洗后，含油污泥中的大部分油被去除，剩余的油以游离的小油珠分散在泥浆中，可采用旋流器将油泥进行固液分离。因此，含油清洗设备应具有水力剪切和旋流分离的作用，其基本工艺流程如图4–58所示。

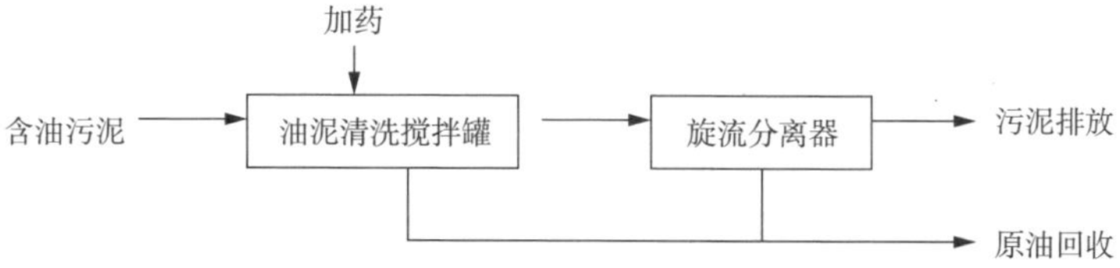

图4–58　含油污泥清洗基本工艺流程图

含油污泥清洗效果关键在于油固分离和油水分离。这两个过程均与清洗设备的效能密切相关。含油污泥表面油的解吸速率与剪切作用力成正比，因此，保持较高的旋流速度有利于表面吸附矿物油的解吸。油固分离后的矿物油以微小的颗粒状态存在，在高速剪切应力场中，油滴容易破碎，不利于油水分离。因此，应通过控制搅拌速度，创造良好的水力条件以实现微小油滴的聚集，以提高油泥的清洗效果。

旋流分离作用是利用物体高速旋转时产生的离心力，将固液多相体系中不同密度的物质进行分离。密度大的固体颗粒被甩到外围器壁，而密度小的液体则被推向中心内层，从而实现固液分离。

（三）萃取技术

溶剂萃取技术是基于溶质在两种互不混溶的溶剂中具有不同的分配能力，利用“相似相溶”原理，选择一种合适的溶剂作萃取剂，将原油从含油污泥中萃取出来。该技术能够实现油、水、泥三相有效分离，可最大限度地实现含油污泥的减量化、资源化和无害化。其工艺流程如图4–59所示。

首先，萃取剂和油泥在反应塔中充分混合，在一定温度下进行破乳、萃取和脱水，实现油、水、泥三相分离；然后，溶剂油在蒸馏系统实现萃取剂和原油的分离；最后，脱水、脱油后的固体物在蒸馏系统实现萃取剂和废渣的分离。

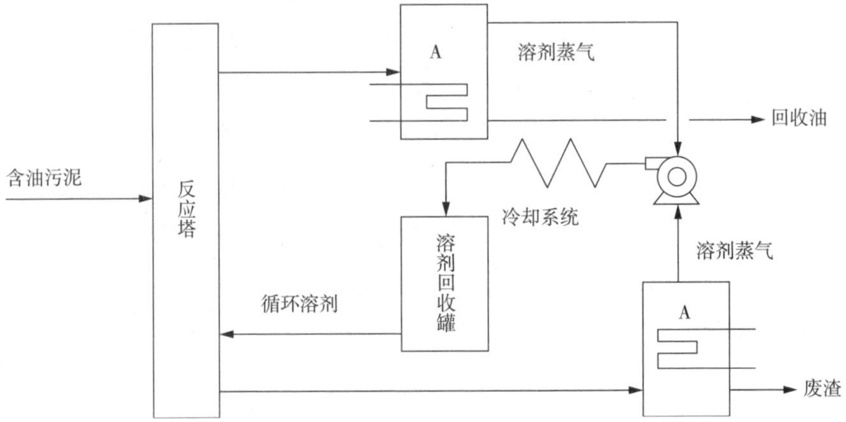

图4–59　含油污泥萃取处理工艺流程

选择适宜的萃取剂是溶剂萃取过程能够顺利进行且经济合理的关键之一，因此，萃取剂选择应遵循以下几点要求：

（1）选择性好。萃取剂必须对油具有显著的溶解性能，且为疏水性溶剂，其分配系数越大越好。

（2）分层效果好。萃取相与萃余相要有较大的密度差，以利于两液相能以相对较快的速度逆流后分层，此外界面张力要适中，不宜过大或过小。

（3）化学稳定性强。萃取剂不易分解、聚合，并应有足够的热稳定性和抗氧化稳定性，对设备的腐蚀性小。

（4）易回收。萃取剂相对挥发度要大，汽化潜热要小，萃取剂与油易于蒸馏分离。

（5）安全性能良好。为了满足工业使用，萃取剂还应具有无毒、不易燃、不易爆、安全隐患小等特点。

该技术不仅可以实现油、水和泥沙的彻底分离，而且为污泥中有价值组分的回收与再利用打下良好的基础。该技术的优点是：处理比较彻底，能够将大部分石油类物质提取回收，且能有效去除微量有害物质；工艺过程简单、快速、选择性高。但仍面临两大难题：一是缺乏高效、无公害、安全隐患小的萃取剂；二是萃取剂损耗的问题尚未得到很好解决，成本较高。

（四）干化技术

含油污泥机械脱水后，含水率仍在70%～80%。目前石化企业对泥饼采用的最终处置方法主要有安全填埋和焚烧等。对高含水污泥进行填埋困难较大，而焚烧能将污泥中的水分和有机质全部去除，杀灭病原体，并最大限度地减容，是最彻底的处理方法。

焚烧法对污泥预脱水要求严格，含水率需达到38%以下时才可在不需要辅助燃料时直接燃烧。因此，污泥填埋或焚烧前，需采用干化处理，以减少污泥量，提高污泥热值。

污泥干化是采用热量进行干燥的处理方式（即热干化），使污泥中的水分蒸发的过程。热媒可选择蒸汽、烟气等。热干化可使污泥减容，并有效改善污泥干化后的臭味、病原体、黏度、不稳定等负面特性。污泥热干化于20世纪40年代已有应用，但于90年代才真正成熟地大规模应用于市政污泥处置。

污泥经干化后体积和质量大幅降低，细菌和病原体得到有效去除，营养成分和热值得以保持，可以进一步填埋、堆肥、焚烧及土地利用，因此，污泥干化是污泥处理处置及资源化利用的有效手段。

1. 流化床干化技术

机械脱水后污泥含水率降至85%左右，通过螺旋输送机送入流化床干燥器干化，流化床温度约115℃。干化后的污泥成颗粒状，干污泥颗粒粒径约3～5mm。冷却后的干污泥颗粒进入污泥颗粒料仓（污泥颗粒含水率小于10%），经汽车外运最终处置。

流化床干燥器中产生的气体、粉尘和带出的少量污泥颗粒由干燥器上部排出，进入旋风分离器，分离出来的粉尘、污泥颗粒与脱水污泥混合后重新进入流化床干燥器干化。旋风分离器分离出的含水蒸气的气体，洗涤后循环使用。

2. 薄层干化技术

脱水污泥进入干燥器内，与圆柱形反应器同轴的转子在不同位置上装配有不同曲线的桨叶，含水污泥在并流循环的热工艺气体带动下，被高速旋转的转子带动桨叶所形成的涡流在反应器内壁上形成一层物料薄层，该薄层以一定的速率从反应器进料一侧向另一侧移动，从而完成接触和干化。

3. 盘式干化技术

机械脱水后的污泥送至涂层机，在涂层机中返混的干污泥颗粒与进入的脱水污泥混合，形成有湿污泥附着的污泥颗粒。污泥颗粒被送入盘式干燥器上部，均匀分布在顶层圆盘上，通过与中央转动主轴相连的耙臂上做圆周运动，受重力作用下至圆盘底部。颗粒在圆盘上运动时被直接进行表面加热干化，并逐盘增大，最终形成坚实的固体颗粒，俗称“珍珠工艺”。

4. 带式干化技术

空气作为介质被加热后通过风机穿过网带，网带上的污泥在40～140℃下进行加热蒸发。污泥摊铺晾晒或半干化挤压成面条型，以免粘结网带。

5. 转鼓干燥技术

转鼓干化机由转鼓和翼片螺杆组成，转鼓和翼片螺杆分别通过加热，同向或反向旋转，污泥在连续移动过程中被干化。转鼓沿加热方向分为三个温区：高温（370℃）、次高温（340℃）和低温（85℃）。污泥经转鼓和翼片螺杆推移和加热，被逐步烘干至粒状，在转鼓后端的低温区经过空气阀由螺旋输送机送至污泥料仓。

由于污泥含有油类和易挥发的烃类物质，在选择干化工艺时应特别关注安全问题，与干化过程有关的三个主要安全因素为氧气、粉尘和颗粒的温度。经验控制数值为：密闭式干化氧气含量＜2%～4%；粉尘浓度＜60g/m^3；颗粒温度＜110℃，在不同的工艺中的上述数据略有不同，运行过程中应严格控制。根据GB 50747—2012中6.6.2规定，油泥、浮渣不应进行热干化处理，从而限制了该技术在石化企业的推广应用。

（五）焚烧技术

焚烧适用于有机废物的处理与处置，包括废有机溶剂、废渣液、污泥等。其原理为：有机废物与一定量的过剩空气在焚烧炉内进行高温氧化反应，废物中的可燃成分与空气中的氧气发生剧烈的化学反应，在800～1100℃的温度下热解。有害、有毒的有机物分解为二氧化碳和水，无机组分转化为性质稳定的固体残渣，放出热量。在一般情况下，焚烧产热可以产生蒸汽或发电，因此，焚烧是一种较彻底的无害化、减量化和资源化的固废处理技术。

焚烧处理存在减容效果好，有害物质去除效率高的优点，还可回收资源和能量，如焚烧过程产生的热量可用于产生蒸汽或发电。但也存在一些缺点，如建设投资和运行费用高，存有潜在的二次污染，如烟气中酸性气体、二噁英等，运行操作复杂，对自控和设备运行条件要求较高。

焚烧过程中产生的废水、废气和废渣排放必须符合国家和地方的有关标准要求。固体废物焚烧技术主要有三大类：层状燃烧技术、流化床燃烧技术和旋转燃烧技术（也称回转窑式），对比情况见表4–7。

表4–7 三种主要固体废物焚烧技术的特性比较

项目	层状燃烧技术	旋转燃烧技术	流化床燃烧技术
炉型	炉排炉	回转炉	循环流化床锅炉
技术成熟性	成熟	成熟	成熟
入炉固体废物质量要求	较低	较低	较高，需预处理
国产化率	以引进设备或技术为主，目前已国产化	以引进设备或技术为主，目前已国产化	高
垃圾热值及水分适应性	一般	较好	高
单炉处理能力	可达1000t/d	有限	目前可达600t/d
垃圾燃烬率	较难控制	较高	高
垃圾减量化	相对稍低	高	最高
常用辅助燃料	燃气、燃油	燃气、燃油	燃气、燃油、燃煤
投资	高	较高	低
焚烧效率	较低	低	高
大气污染物	二噁英及NO_x较高	NO_x高	二噁英及NO_x最小
操作技术	要求高	一般	要求高
维修费用	高	中	低
其他	炉排系统复杂	连接传动装置复杂	给料系统复杂

1. 层状燃烧技术

层状燃烧技术发展较为成熟，目前多用于市政垃圾处理。

（1）工作原理。固体废物从进料斗进入倾斜向下的炉排，通过炉排之间的交错运动，将垃圾向下方推动，使固体废物依次通过炉排上的各个区域，经强烈地翻动和搅动直至燃尽排出炉膛。空气从炉排下部进入并确保空气在炉排上最佳分布，合理使用一、二次风；高温烟气通过锅炉的受热面产生热蒸汽，冷却烟气经烟气净化设施处理后排出。

（2）特点。对炉排的材质和加工精度要求高，排与排之间的间隙小，机械结构复杂，损坏率高，维护量大。炉排炉造价及维护费用高，使其推广应用有一定困难。

2. 流化床燃烧技术

流化床燃烧技术已发展成熟，由于其热强度高，适宜燃烧热值低、水分高的废物，如污泥等。但在处理危险废物时，需额外增加二燃室以符合现行危险废物焚烧标准的要求。

（1）工作原理。炉体内有多孔、耐温的布风板，板上装有载热的惰性颗粒（石英砂）。通过床下鼓入200℃以上的热风，使惰性颗粒呈沸腾状，形成流化床段。在流化床段上方，设有足够高的燃烬段（即悬浮段）。床内燃烧温度800～900℃，冷态气流断面流速为2m/s，热态为3～4m/s。当燃料预热料层温度达到600℃左右时，投入固体废物，固体废物被干燥、着火、燃烧。密度较大的燃尽废物落到炉底，经过水冷后，用分选设备将粗渣、细渣送到厂外，少量的中等炉渣和石英砂通过提升设备送回到炉中继续使用。

（2）特点。床层温度易于控制，燃烧稳定。炉内没有机械运动部件操作方便、维护简单，燃料适应性广。炉内可焚烧高水分、低热值的废物，床内混合均匀，燃烬度高。但烟气中灰尘量大，运行费用较高，燃料粒度均匀性要求较高，需大功率的破碎装置。石英砂对设备磨损严重，需定期补充。

3. 旋转燃烧技术

旋转燃烧技术适应性广，是用于处理固态、液态和气态可燃性废物的通用技术。

（1）工作原理。旋转焚烧炉燃烧设备主要是一个缓慢旋转的回转窑。其内壁可采用耐火砖砌筑或管式水冷壁，炉体水平放置并略为倾斜。通过炉体滚筒不停运转，利用内壁耐高温抄板将垃圾由筒体下部在筒体滚动时带到筒体上部，然后靠废物自重落下。固废在筒内翻滚时可与空气充分接触，进行较完全的燃烧。同时向炉体倾斜的方向移动，直至燃尽并排出炉体。转窑中的燃烧烟气，通过垂直的二燃室（1100℃高温）再次燃烧后，进入烟气净化系统。

（2）特点。设备利用率高，灰渣中含碳量低，过剩空气量低，有害气体排放量低，但燃烧不易控制，垃圾热值低（低于5000kJ/kg）时燃烧困难。热效率低，由于窑身较长，占地面积大，价格较昂贵。

（六）热解吸

热解吸是近年来国外含油污泥无害化处理的另一个手段，是一种改型的污泥高温处理方法，20世纪90年代初在国外迅速发展并获得应用。热解吸技术是基于含油污泥中有机物的热不稳定性，在无氧条件下，利用热能将油品中的重组分通过热分解作用转化为轻组分，再以气态形式从污泥中蒸发出来，从而实现油品与泥沙的分离。这一过程产生的气体经冷却后形成三种相态物质：气相以甲烷和二氧化碳为主；液相以常温燃油和水为主；固相为无机矿物与残炭。其工艺流程如图4-60所示。

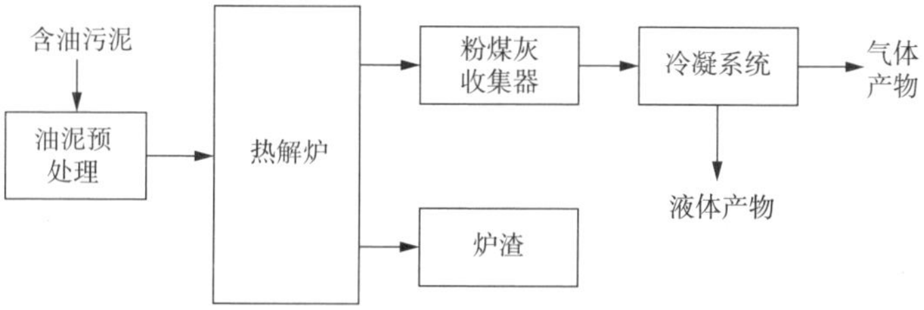

图4-60　含油污泥热解吸处理工艺流程

影响热解吸过程及其产物率的因素有热解温度、加热速率、气固相停留时间及物料的尺寸等。该技术的主要优点是：油分（烃类化合物）的回收率较高，对含油污泥处理比较彻底，处理后固体残渣含油率可达0.01%，残渣中腐败性有机物含量很少，减小对环境的二次污染；缺点是能耗大，工艺过程复杂，投资较高。但随着含油污泥排放指标的严格控制，该工艺因具有处理彻底、速度快、资源回收利用高等特点，将成为含油污泥处理的重要方式。

（七）等离子体技术

利用热等离子体技术进行含油污泥深度处理，是一项完全不同于常规含油污泥处理的新工艺。由于热等离子体能够提供高温、高能量的反应环境，不仅大幅度提高反应速率，还能产生常温下不可能发生的化学反应。

热等离子体技术用于处理含油污泥具有其独特的优点：热等离子体的高能量密度和高温及其相应的快速反应，使得在小反应器中处理大量含油污泥成为可能，含油污泥的热值被充分利用，减容和减重效果好；高温还可获得很高的冷却速率以抑制亚稳态和非平衡组合成分的出现，因而不会产生二噁英，更加环保；高温可使无机成分被熔化，形成无害的玻璃体物质，重金属也可被固化在玻璃体结构中；燃气热值高、不含焦油。

热等离子体技术处理含油污泥的主要原理是：热等离子体的能量密度很高，通常为10000～20000℃，各种粒子的反应活性都很高。在高温和反应活性粒子的作用下，污染物分子被彻底分解。在缺氧或者无氧状态下，有机物发生热解，生成CO、H_2等可燃气体；在有氧状态下，可发生燃烧反应，使污染物转化为CO_2和H_2O等简单化合物，从而达到去除污染物的目的，尤其是难处理污染物及特殊要求污染物。热等离子体技术处理含油污泥的工艺流程如图4-61所示。

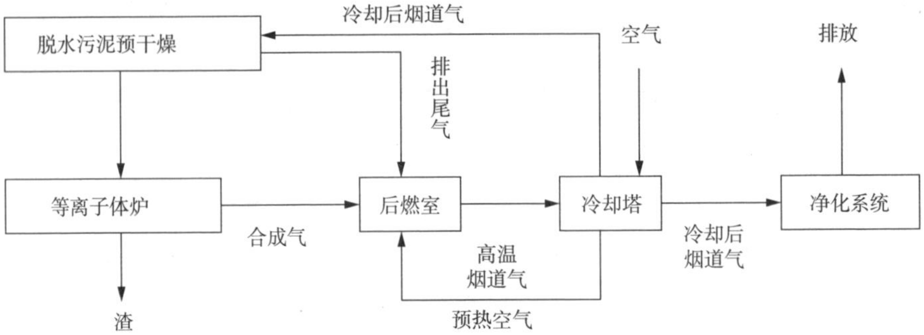

图4-61 热等离子体处理含油污泥工艺流程

（八）生物修复技术

生物修复技术是利用微生物来降解污泥中的石油烃等污染物，使其最终转化为CO_2和H_2O或其他无害物质的过程。

含油污泥的生物处理需要投加外源菌来强化污泥中石油烃类污染物的降解，这就要求筛选有针对性和适应性的高效石油降解菌株。通常将从油田区域获取的油泥或被石油污染的土壤中，筛选出有不同作用的菌株，并分离纯化。通过对菌株的降解性能进行评价，构建需要的菌群，通过发酵培养，制备可应用的菌剂。

为避免含油泥沙处理过程中对土壤造成污染，建议采用预制床处理工艺。预制床通常建设在地面上，采用防渗材料复合土工膜作防渗层护底，与素土夯实基底接触。防渗层上铺设排水系统，管内填塞粒径4～6cm的碎石，管网平行布置。

生物修复含油量较高的污泥周期长，效果差，通常在含油量较低的污泥或落地原油污染土壤中使用。

思考题

1．固体废物分为几类？在油品销售企业常见的危险废物有哪些，代码分别是什么？

2．危险废物的特性有哪几种？

第四节　噪声及其他

油品销售企业噪声主要是在油库、加油加气站的发电机、泵等大型设备运行时产生。另外，在施工过程也会伴随有噪声和扬尘的产生。本节主要介绍噪声和扬尘的污染防治措施。

一　噪声

（一）源头消减及防控

为了防止噪声的危害，保障员工的身体健康，保证油库、加油站的安全生产和正常工作，必须采取有效而切实可行的噪声控制措施。

1. 合理设计

在满足工艺设计要求的前提下，油库输油管线、通风管线应选择合适的流速，管道截面不宜突变，管道连接宜采用顺流走向。管道与强烈振动的设备连接，如与泵或风机连接，应采用柔性连接。管道穿越建（构）筑物时，应采取适当的隔振措施。油库的设备选择，如泵、风机、阀门、排风扇、电动机、锅炉等，应尽量选用噪声较低、振动较小的设备。

对于泵、风机、管道等油库噪声源，应进行隔振设计，采取适当的隔振措施。

2. 正确安装

油库各类设备安装方法应正确，设备应平衡，各部位连接应牢固可靠，防止由于螺栓松动，引起的机器振动，产生较大噪声，例如泵机组、风机机组等与机座的连接。

3. 加强维护

加强维护方面应做到：应定期对设备进行检查维护，调整旋转部件的动平衡；尽量减少机械零件间的摩擦和撞击；定时补充润滑油；及时更换磨损或损坏的零部件；检查各连接螺栓是否松动或脱落，对松动或脱落的螺栓及时加以置换及紧固。

4. 控制噪声传播途径

该控制方法是在噪声传播途径上阻断和屏蔽声波的传播，或使声波传播的能量随距离衰减等。控制噪声传播途径，除了从油库总平面布置上采取措施外，还可以采取诸如吸声、隔声、消声等技术性措施，增加其在传播途径中的声能损失。

5. 个人防护

个人防护主要包括限制个人在噪声源的工作时间，合理安排休息期，加强噪声危害及防护知识教育，定期检查听力，同时应使用个人防护用品，如佩戴耳塞、耳罩、帽盔以及耳塞或耳罩配合使用的护耳器等。

（二）噪声的治理

声学系统一般是由声源、传播途径和接收器三环节组成的，即声源→传播途径→接收器。对于所需要的声音，必须为它的产生、传播和接收提供良好的条件；对于噪声，则必须设法抑制它的产生、传播和对听者的干扰，根据以上三环节，分别采取措施控制噪声。

1. 在声源处抑制噪声

在声源处抑制噪声是最根本的措施，包括降低振动力，减小系统各环节对振动力的响应，以及改变操作程序或改造工艺过程等。从设计、建设阶段做好前期预防，对生产经营场所进行合理布局，保证配套的职业病防护设施与主体工程同时设计、同时施工、同时投入运行。从多方面做好针对噪声危害的前期预防工作，其中降低和消除生源是最根本、最彻底的降噪措施。

（1）降低机械噪声。改进机械设计，选用高分子材料或高阻尼合金代替普通钢制造机件；改进设备结构，如将化纤厂拉捻机的齿轮改成有弹性轴套的钢齿轮。旋转机械设备尽量选用噪声小的传动方式；改进工艺与操作方法；机器在运行中，由于机件撞击、摩擦或由于动平衡不佳而产生的噪声，可以通过改进机器加工精度和机器装配质量的方法有效降低。

（2）控制、减弱气流噪声。气流噪声指各种风机、空压机排气口、高压高速管道、风动工具等产生的空气动力性噪声。鼓风机、电动机等与生产无直接关系的声源可隔离或移出室外；一般风机应改进结构形式，选择最佳叶型、转速，提高装配精度和质量以降低噪声；高压高速管道发生的噪声应采取降低压差流速、减少速度缝制的措施减轻，进气口通道尽量保持最大面积和最短长度，清除管道中的障碍物，减少弯头和面积突变，改变高压高速气流喷嘴的形状等。

2. 在声传播途径中控制

在声传播途径中的控制是噪声控制中的普遍技术，包括隔声、吸声、消声等措施。合理的规划和建筑布局，如将高噪声场所与低噪声场所间、高噪声设备与低噪声设备隔开；噪声源与工作人员之间采取隔音、隔振防护措施。

3. 接收器的保护措施

在某些情况下的噪声特别强烈，在采取上述措施后仍不能达到要求，或者工作过程中不可避免地有噪声时，就需要从接收器保护的角度采取措施。对于人，可佩戴耳塞、耳罩、有源消声头盔等；对于精密仪器设备，可将其安置在隔声间内或隔振台上。

二　扬尘

针对油品销售企业扬尘主要是在油库、加油加气站的施工场所产生的情况，施工作业场所是销售企业扬尘控制的重要环节。另外，还应加强加油站、油库的清洁管理，保持场地的清洁，避免车辆进出时形成扬尘。对于施工作业场所扬尘控制的重点工作如下。

（一）冲洗、清扫、洒水、覆盖等降尘措施

（1）在车辆出入口处设置清洗车辆用喷头和冲洗池，驶入和驶出建筑工地的运输车辆必须车身整洁，不得污染道路，运输车辆经冲洗干净后驶出施工场地，防止

车辆将泥沙带出场外。车辆到指定有洗车池的地点进行冲洗，严禁随意择地冲洗车辆。在土方开挖、回填、运输、卸载、地基处理等施工过程中，采取喷、撒水措施，保持土方表面有一定的湿润度，防止扬尘。

（2）对出入施工现场的各种车辆进行限速（行驶速度不得超过15km/h），防止车速过快产生扬尘。

（3）车辆清洗废水经二次沉淀后循环使用或用于洒水降尘。

（4）沙、土和其他易飞扬、细颗粒散体材料、现场土方及垃圾，应采取表面固化或覆盖防尘网等措施。防止施工现场的沙尘及轻质材料被风吹至空中污染环境。

（5）为防止施工扬尘，施工现场应每天根据现场情况及时进行清扫洒水（雨雪天及地表结冰的天气除外），在土方施工、干燥天气、风力4级以上的天气条件下，应适当增加洒水次数。

（6）非施工作业面的裸露地面、长期存放或超过一天以上的临时存放的土堆应采用防尘网进行覆盖，或采取绿化、固化措施。

（7）施工现场设置易产生扬尘的施工机械时，必须配备降尘防尘装置。

（8）沙浆使用干粉沙浆，所有混凝土采用商品混凝土，由搅拌站负责配送。

（9）现场水泥、沙石料、石膏粉、干粉沙浆等含带粉尘物资应严密覆盖。

（10）施工区域内的临时道路专人清扫、洒水，各种加工场地及材料堆场划分责任区，由相关施工班组每日清扫，并指定责任人。

（11）关注天气变化，遇有4级以上的大风天气不得进行土方运输、开挖、回填、卸载，外架拆除等作业。

（二）现场道路环境保护

（1）在前期规划时，对于经常使用或后期也可以使用的临时道路应进行硬化处理。

（2）对道路进行不定期清扫，对道路定期进行冲洗，保持道路清洁。

（3）做好道路两侧道路的防尘维护，以减少行车时灰尘的外扬。

（4）对于停止施工的工地，应当对其裸露土地采取覆盖或者临时绿化等有效防尘措施。

（三）施工材料存放、垃圾处理措施

（1）全面规划、合理布局、统筹安排建设用地，按照“安全、环保、合理、适用”的原则规划弃渣用地。

（2）水泥、粉煤灰、灰土、沙石等易产生扬尘的细颗粒建筑材料应密闭存放或进行覆盖，使用过程中应采取有效措施防止扬尘。

（3）木工房木屑等废渣袋装处理。

（4）弃渣场必须远离用水源地、水井、河、渠等地表水体。弃渣必须集中至指定地点，严禁乱丢乱弃。施工结束后将弃渣整理、恢复，表面用耕植土覆盖。

（5）施工垃圾清运时应提前适量洒水，并按规定及时清运消纳。

（6）建筑物内的施工垃圾清运必须采用密闭式专用垃圾道或密闭式容器吊运，严禁凌空抛撒，安全网内的垃圾应及时清理。

三 电气设备节能

（一）节能变压器

在油库、加油站中，一般情况下都是动力和照明用电一体的配电变压器。此时需注意三相线电压的平衡问题，当各相绕组电流不相等的时候，会给电动机增加烧毁的概率，所以在石油库中应考虑最大一台直接对电动机容量以及变压器的容量相匹配，其电动机容量不能超过变压器容量的30%，单相负荷使变压器三相负荷的不平衡率超过25%时，则选用单相节能变压器。

（二）节能电动机

节能型电机是指通用标准型电动机具有高效率的电机。节能型电机采用新型电机设计、新工艺及新材料，通过降低电磁能、热能和机械能的损耗，提高输出效率。与标准电机相比，使用高效电机的节能效果非常明显，通常情况下效率可平均提高4%。高效节能电动机的特点有以下几方面。

（1）节约能源、降低长期运行成本，非常适合风机、水泵、压缩机使用，靠节电一年可收回电机购置成本。

（2）直接启动、无需控制柜，可全面更换异步电机。

（3）稀土永磁高效节能电机本身可比普通电机节约电能15%以上。

（4）电机功率因数接近1，提高电网品质因数，无需加功率因数补偿器。

（5）电机电流小，节约输配电容量、延长系统整体运行寿命。

（6）加驱动器可实现软起、软停、无级调速，节电效果进一步提高。

（三）节能型照明电路

电气设备上照明配电系统应该要减少输电线路的电压损耗，具体措施如下。

（1）尽可能选用电阻率比较小的线缆。

（2）较少输电线的长度。

（3）适当增大线缆的截面积，以减少线路中的阻抗。

（4）在有条件的情况下尽可能采用时控、光控、人体感应照明开关，减少不必要照明时间，非作业时间可不开光源。

（5）办公室应选用节能型高功率因数电感整流器，照明灯具的功率因数不应小于0.9。

思考题

1．谈谈噪声控制的措施有哪些。

2．在施工过程中如何控制扬尘的产生？

第五章

污染物排放标准及环境监测

扫码即获更多阅读体验

环境监测是指环境监测机构对环境质量状况进行监视和测定的活动。环境监测是通过对反映环境质量的指标进行监视和测定，以确定环境污染状况和环境质量的高低。环境监测的内容主要包括物理指标的监测、化学指标的监测和生态系统的监测。它是科学管理环境和环境执法监督的基础，是环境保护必不可少的基础性工作。

要点导图

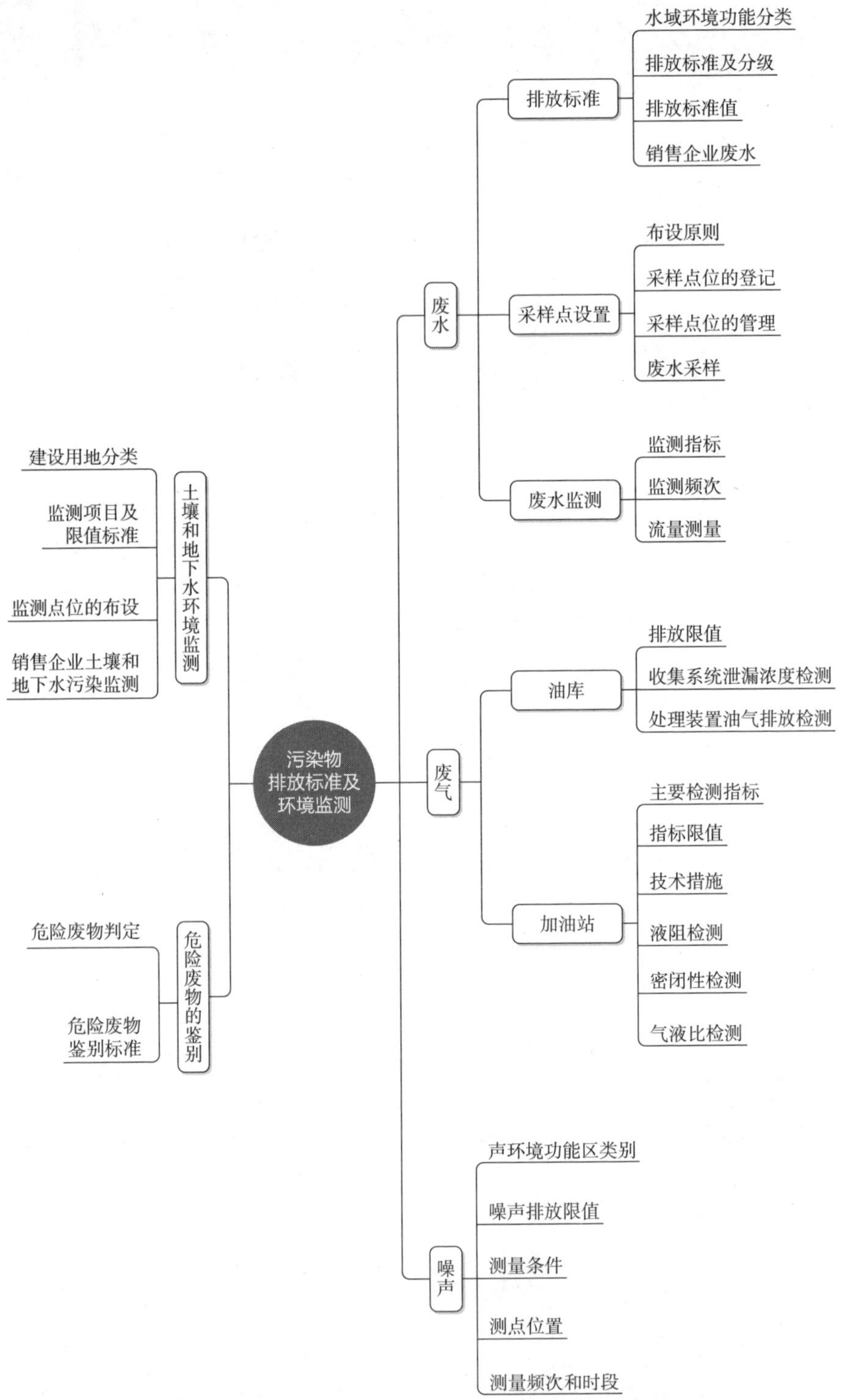
污染物排放标准及环境监测
废水
排放标准
水域环境功能分类
排放标准及分级
排放标准值
销售企业废水
采样点设置
布设原则
采样点位的登记
采样点位的管理
废水采样
废水监测
监测指标
监测频次
流量测量
废气
油库
排放限值
收集系统泄漏浓度检测
处理装置油气排放检测
加油站
主要检测指标
指标限值
技术措施
液阻检测
密闭性检测
气液比检测
噪声
声环境功能区类别
噪声排放限值
测量条件
测点位置
测量频次和时段
土壤和地下水环境监测
建设用地分类
监测项目及限值标准
监测点位的布设
销售企业土壤和地下水污染监测
危险废物的鉴别
危险废物判定
危险废物鉴别标准

环境监测的核心目标是提供环境质量现状及变化趋势的数据，判断环境质量，评价当前主要环境问题，为环境管理、污染源控制、环境规划等提供科学依据。环境监测主要是根据环境质量标准来评价环境质量。本章主要阐述油品销售企业主要污染物的排放标准及其环境监测相关要求。

第一节　废水

本节主要介绍油品销售企业废水排放执行标准，废水排放监测以及管理相关内容。

一　排放标准

（一）水域环境功能分类

水域环境功能分类是根据一个水域的水体所具有的不同环境功能作用所进行的类别划分。划分水域功能区可以确定水质控制标准，制定地方性排放标准，计算功能区水环境容量，确定功能区各排污口的允许排放总量及其分担率和消减率，提出优化治理措施，最终实现切实可行的目标管理。

按照《地表水环境质量标准》（GB 3838—2002）依据地表水水域环境功能和保护目标，按功能高低依次划分为五类，如表5-1所示。

（1）Ⅰ类，主要适用于源头水、国家自然保护区。

（2）Ⅱ类，主要适用于集中式生活饮用水地表水源地一级保护区、珍稀水生生物栖息地、鱼虾类产卵场、仔稚幼鱼的索饵场等。

（3）Ⅲ类，主要适用于集中式生活饮用水地表水源地二级保护区、鱼虾类越冬场、洄游通道、水产养殖区等渔业水域及游泳区。

（4）Ⅳ类，主要适用于一般工业用水区及人体非直接接触的娱乐用水区。

（5）V类，主要适用于农业用水区及一般景观要求水域。

对应地表水的上述五类水域功能，将地表水环境质量标准基本项目标准分为五类，不同功能类别分别执行相应类别的标准值。水域功能类别高的标准值严于水域功能类别低的标准值。同一水域兼有多类使用功能的，执行最高功能类别对应的标准值。实现水域功能与达标功能类别标准为同一含义。

表5-1　地表水环境质量标准基本项目标准限值　mg/L

序号	项目		Ⅰ类	Ⅱ类	Ⅲ类	Ⅳ类	Ⅴ类
1	水温/℃		人为造成的环境水温变化应限制在：周平均最大温升≤1，周平均最大温降≤2				
2	pH值（无量纲）		6～9				
3	溶解氧	≥	饱和率90%（或7.5）	6	5	3	2
4	高锰酸盐指数	≤	2	4	6	10	15
5	化学需氧量（*COD*）	≤	15	15	20	30	40
6	五日生化需氧量（BOD_5）	≤	3	3	4	6	10
7	氨氮（NH_3—N）	≤	0.15	0.5	1.0	1.5	2.0
8	总磷（以P计）	≤	0.02（湖、库0.01）	0.1（湖、库0.025）	0.2（湖、库0.05）	0.3（湖、库0.1）	0.4（湖、库0.2）
9	总氮（湖、库，以N计）	≤	0.2	0.5	1.0	1.5	2.0
10	铜	≤	0.01	1.0	1.0	1.0	1.0
11	锌	≤	0.05	1.0	1.0	2.0	2.0
12	氟化物（以F^-计）	≤	1.0	1.0	1.0	1.5	1.5
13	硒	≤	0.01	0.01	0.01	0.02	0.02
14	砷	≤	0.05	0.05	0.05	0.1	0.1
15	汞	≤	0.00005	0.00005	0.0001	0.001	0.001
16	镉	≤	0.001	0.005	0.005	0.005	0.01
17	铬（六价）	≤	0.01	0.05	0.05	0.05	0.1
18	铅	≤	0.01	0.01	0.05	0.05	0.1
19	氰化物	≤	0.005	0.05	0.2	0.2	0.2
20	挥发酚	≤	0.002	0.002	0.005	0.01	0.1
21	石油类	≤	0.05	0.05	0.05	0.5	1.0
22	阴离子表面活性剂	≤	0.2	0.2	0.2	0.3	0.3
23	硫化物	≤	0.05	0.1	0.2	0.5	1.0
24	粪大肠菌群/（个/L）	≤	200	2000	10000	20000	40000

（二）排放标准及分级

《污水综合排放标准》（GB 8978）是国家制定的综合废水排放标准，适用于现有单位水污染物的排放管理，以及建设项目的环境影响评价、建设项目环境保护设施设计、竣工验收及其投产后的排放管理。按照国家综合排放标准与国家行业排放标准不交叉执行的原则，除国家有制定行业排放标准的按行业标准执行，其他水污染物排放均执行本标准。

按照《污水综合排放标准》（GB 8978）规定，废水排放按照以下标准要求执行。

（1）排入GB 3838Ⅲ类水域（划定的保护区和游泳区除外）和排入GB 3097中二类海域的废水，执行一级标准。

（2）排入GB 3838中Ⅳ、Ⅴ类水域和排入GB 3097中三类海域的废水，执行二级标准。

（3）排入设置二级废水处理厂的城镇排水系统的废水，执行三级标准。

（4）排入未设置二级废水处理厂的城镇排水系统的废水，必须根据排水系统出水受纳水域的功能要求，分别执行（1）和（2）的规定。

（5）GB 3838中Ⅰ、Ⅱ类水域和Ⅲ类水域中划定的保护区，GB 3097中一类海域，禁止新建排污口，现有排污口应按水体功能要求，实行污染物总量控制，以保证受纳水体水质符合规定用途的水质标准。

（三）排放标准值

按照《污水综合排放标准》（GB 8978）规定，排放的污染物按其性质及控制方式分为两类。

第一类污染物，不分行业和废水排放方式，也不分受纳水体的功能类别，一律在车间或车间处理设施排放口采样，其最高允许排放浓度必须达到本标准要求（采矿行业的尾矿坝出水口不得视为车间排放口）。

第二类污染物，在排污单位排放口采样，其最高允许排放浓度必须达到本标准要求。

按排污单位建设时间年限，分时段规定了第一类污染物和第二类污染物最高允许排放浓度及部分行业最高允许排水量。

（1）1997年12月31日之前建设（包括改、扩建）的单位，水污染物的排放必须同时执行表5-2和表5-3的规定。

（2）1998年1月1日起建设（包括改、扩建）的单位，水污染物的排放必须执行表5-3的规定。

（3）建设（包括改、扩建）单位的建设时间，以环境影响评价报告书（表）批准日期为准划分。

（四）销售企业废水

对于油品销售企业的油库、加油站的含油废水和一般生活废水，目前尚未有针对性行业标准，但有些省市已制定有地方的废水排放标准。因此，如所在省市未制定地方标准，油库、加油站的含油废水和一般生活废水在排放时，应执行《污水综合排放标准》（GB 8979—1996）、地方制定的废水排放标准或项目建设环境影响评价批复的排放限值。船舶废水可参照《船舶水污染物排放控制标准》（GB 3552—2018）要求执行；汽车服务废水单独排放时，可参照《汽车维修业水污染物排放标准》（GB 26877—2011）执行。申领排污证的单位应按照排污证核定的排放限制和总量执行。

根据行业特点，油品销售企业水污染物主要是第二类，其中常见的污染物排放浓度要求见表5-2和表5-3。

表5-2 第二类污染物最高允许排放浓度（1997年12月31日之前建设的单位） mg/L

序号	污染物	适用范围	一级标准	二级标准	三级标准
1	pH值	一切排污单位	6～9	6～9	6～9
2	色度（稀释倍数）	染料工业	50	180	—
		其他排污单位①	50	80	—
3	悬浮物（*SS*）	采矿、选矿、选煤工业	100	300	—
		脉金选矿	100	500	—
		边远地区砂金选矿	100	800	—
		城镇二级废水处理厂	20	30	—
		其他排污单位①	70	200	400
4	五日生化需氧量（BOD_5）	甘蔗制糖、苎麻脱胶、湿法纤维板工业	30	100	600
		甜菜制糖、酒精、味精、皮革、化纤浆粕工业	30	150	600
		城镇二级废水处理厂	20	30	—
		其他排污单位①	30	60	300

续表

序号	污染物	适用范围	一级标准	二级标准	三级标准
5	化学需氧量（COD_{Cr}）	甜菜制糖、焦化、合成脂肪酸、湿法纤维板、染料、洗毛、有机磷农药工业	100	200	1000
		味精、酒精、医药原料药、生物制药、苎麻脱胶、皮革、化纤浆粕工业	100	300	1000
		石油化工工业（包括石油炼制）	100	150	500
		城镇二级废水处理厂	60	120	—
		其他排污单位①	100	150	500
6	石油类	一切排污单位	10	10	30
7	动植物油	一切排污单位	20	20	100
8	挥发酚	一切排污单位	0.5	0.5	2.0
11	氨氮	医药原料药、染料、石油化工工业	15	50	—
		其他排污单位①	15	25	—
17	阴离子表面活性剂（*LAS*）	合成洗涤剂工业	5.0	15	20
		其他排污单位①	5.0	10	20

注：① 指除在该控制项目中所列行业以外的一切排污单位。

表5-3 第二类污染物最高允许排放浓度（1998年1月1日后建设的单位） mg/L

序号	污染物	适用范围	一级标准	二级标准	三级标准
1	pH值	一切排污单位	6～9	6～9	6～9
2	色度（稀释倍数）	一切排污单位	50	80	—
3	悬浮物（*SS*）	采矿、选矿、选煤工业	70	300	—
		脉金选矿	70	400	—
		边远地区砂金选矿	70	800	—
		城镇二级废水处理厂	20	30	—
		其他排污单位①	70	150	400
4	五日生化需氧量（BOD_5）	甘蔗制糖、苎麻脱胶、湿法纤维板、染料、洗毛工业	20	60	600
		甜菜制糖、酒精、味精、皮革、化纤浆粕工业	20	100	600
		城镇二级废水处理厂	20	30	—
		其他排污单位①	20	30	300
5	化学需氧量（COD_{Cr}）	甜菜制糖、合成脂肪酸、湿法纤维板、染料、洗毛、有机磷农药工业	100	200	1000
		味精、酒精、医药原料药、生物制药、苎麻脱胶、皮革、化纤浆粕工业	100	300	1000

续表

序号	污染物	适用范围	一级标准	二级标准	三级标准
5	化学需氧量（COD_{Cr}）	石油化工工业（包括石油炼制）	60	120	—
		城镇二级废水处理厂	60	120	500
		其他排污单位①	100	150	500
6	石油类	一切排污单位	5	10	20
7	动植物油	一切排污单位	10	15	100
8	挥发酚	一切排污单位	0.5	0.5	2.0
17	阴离子表面活性剂（*LAS*）	一切排污单位	5.0	10	20
56	总有机碳（*TOC*）	合成脂肪酸工业	20	40	—
		苎麻脱胶工业	20	60	—
		其他排污单位①	20	30	—

注：① 指除在该控制项目中所列行业以外的一切排污单位。

二 采样点设置

（一）布设原则

（1）第一类污染物采样点位一律设在车间或车间处理设施的排放口或专门处理此类污染物设施的排口。

（2）第二类污染物采样点位一律设在排污单位的外排口。

（3）进入集中式废水处理厂和进入城市废水管网的废水采样点位应根据地方环境保护行政主管部门的要求确定。

（二）采样点位的登记

排污单位必须全面掌握与污染源废水排放有关的工艺流程、废水类型、排放规律、废水管网走向等情况的基础上确定采样点位。排污单位需向地方环境保护政府管理部门提供废水监测基本信息登记表，由其核实后确定采样点位。

油库应在废水总排放口、雨水排放口设置监测点位。对于有多个雨水排放口的，应对全部雨水排放口开展监测。加油站单独排入城镇污水集中处理设施的生活污水可以在排污登记时仅说明去向。

排污口的图形符号和标志特征见表5-4和表5-5。

表5-4　排污口图形符号类型

序号	提示图形符号	警告图形标志	名　称	功　能
1	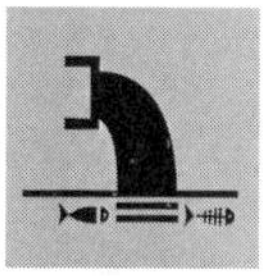		污水 排放口	表示污水向 水体排放
2			废气 排放口	表示废气向 大气环境排放
3	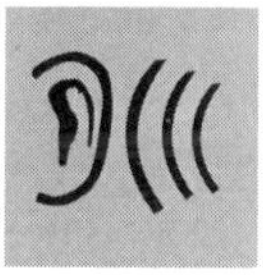		噪声 排放源	表示噪声向 外环境排放

表5-5　排污口标志的形状及颜色分类

项目	形　状	背景颜色	图形颜色
警告	三角形边框	黄色	黑色
提示标志	正方形边框	绿色	白色

（三）采样点位的管理

（1）采样点位应设置明显标志。采样点位一经确定，不得随意改动，应执行GB 15562.1标准。

（2）经设置的采样点应建立采样点管理档案，内容包括采样点性质、名称、位置和编号，采样点测流装置，排污规律和排污去向，采样频次及污染因子等。

（3）采样点位的日常管理。经确认的采样点是法定排污监测点，如因生产工艺或其他原因需变更时，由当地环境保护行政主管部门和环境监测站重新确认。排污单位必须经常进行排污口的清障、疏通工作。

（四）废水采样

实际的采样位置应在采样断面的中心。当水深大于1m时，应在表层下1/4深度处采样；水深小于或等于1m时，在水深的1/2处采样。采样注意事项如下。

（1）用样品容器直接采样时，必须用水样冲洗3次后再行采样。但当水面有浮油时，采油的容器不能冲洗。

（2）采样时应注意除去水面的杂物、垃圾等漂浮物。

（3）用于测定悬浮物、*BOD*、硫化物、油类、余氯的水样，必须单独定容采样，全部用于测定。

（4）在选用特殊的专用采样器（如油类采样器）时，应按照该采样器的使用方法采样。

（5）采样时应认真填写“废水采样记录表”，内容包括：污染源名称、监测目的、监测项目、采样点位、采样时间、样品编号、废水性质、废水流量、采样人姓名及其他有关事项等。

（6）采样后要在每个样品瓶上贴一标签，标明点位编号、采样日期和时间、测定项目和保存方法等。

（7）废水样品的组成往往相当复杂，其稳定性通常比地表水样更差，采样后应尽快开展测定。

三 废水监测

（一）监测指标

各外排口监测点位的监测指标应至少包括所执行的国家或地方污染物排放（控制）标准、环境影响评价文件及其批复、排污许可证等相关管理规定明确要求的污染物指标。

排污单位还应根据生产过程的原辅用料、生产工艺、中间及最终产品，确定是否排放纳入相关有毒有害或优先控制污染物名录中的污染物指标，或其他有毒污染物指标，这些指标也应纳入监测指标。对于主要排放口监测点位的监测指标，符合以下条件的为各废水外排口监测点位的主要监测指标。

（1）化学需氧量、五日生化需氧量、氨氮、总磷、总氮、悬浮物、石油类中排放量较大的污染物指标。

（2）污染物排放标准中规定的监控位置为车间或生产设施废水排放口的污染物

指标，以及有毒有害或优先控制污染物相关名录中的污染物指标。

（3）排污单位所在流域环境质量超标的污染物指标。

（二）监测频次

排污单位应在满足本标准要求的基础上，遵循以下原则确定各监测点位不同监测指标的监测频次。

（1）不应低于国家或地方发布的标准、规范性文件、规划、环境影响评价文件及其批复等明确规定的监测频次。

（2）主要排放口的监测频次高于非主要排放口。

（3）主要监测指标的监测频次高于其他监测指标。

（4）排向敏感地区的应适当增加监测频次。

（5）排放状况波动大的，应适当增加监测频次。

（6）历史稳定达标状况较差的需增加监测频次，达标状况良好的可以适当降低监测频次。

（7）监测成本应与排污企业自身能力相一致，尽量避免重复监测。

油库外排口监测点位最低监测频次按照表5-6执行。各排放口废水流量和污染物浓度同步监测。

表5-6　油库监测指标及最低监测频次

监测点位	监测项目	监测频次	
		直接排放	间接排放
废水总排放口	化学需氧量、氨氮	月	季度
	pH值、悬浮物、石油类	季度	半年
	总有机碳、挥发酚①、总氰化物①	半年	年
生活污水排放口	pH值、化学需氧量、氨氮、悬浮物	半年	—
雨水排放口	化学需氧量、氨氮、石油类	日②	

① 有切水作业的原油储库需监测挥发酚和总氰化物。
② 排水期间按日监测，如监测一年无异常情况，可放宽至每季度监测一次。

（三）流量测量

1．废水流量计法

废水的排放量，一般可通过安装流量计对废水流量进行测量，废水流量计的性能指标必须满足废水流量计技术要求。

2. 其他测流量方法

（1）容积法。该法是将废水纳入已知容量的容器中，测定其充满容器所需要的时间，从而计算废水量的方法。本法简单易行，测量精度较高，适用于计量废水量较小的连续或间歇排放的废水。对于流量小的排放口用此方法。但溢流口与受纳水体应有适当落差或能用导水管形成落差。

（2）流速仪法。该法是通过测量排污渠道的过水截面积，以流速仪测量废水流速，计算废水量。适当地选用流速仪，可用于很宽范围的流量测量。多数用于渠道较宽的废水量测量。测量时需要根据渠道深度和宽度确定点位垂直测点数和水平测点数。本方法简单，但易受废水水质影响，难用于废水量的连续测定。排污截面底部需硬质平滑，截面形状为规则几何形，排污口处须有3～5m的平直过流水段，且水位高度不小于0.1m。

（3）量水槽法。该法是在明渠或涵管内安装量水槽，测量其上游水位可以计量废水量。常用的巴氏槽如图5-1所示。用量水槽测量流量与溢流堰法相比，同样可以获得较高的精度（±2%～±5%）和进行连续自动测量。其优点为：水头损失小、壅水高度小、底部冲刷力大，不易沉积杂物。

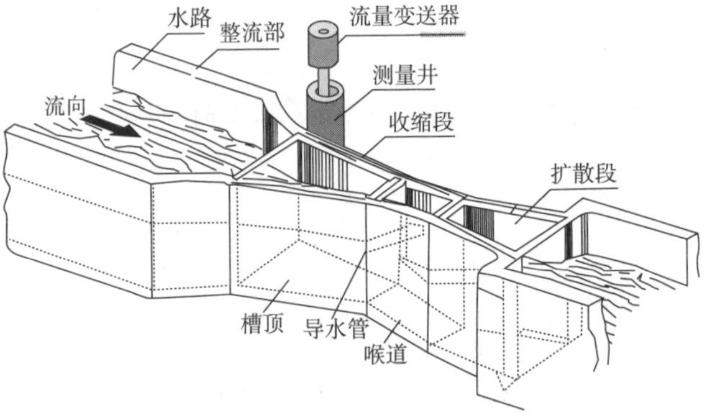

图5-1 巴氏槽结构图

（4）溢流堰法。该法是在固定形状的渠道上安装特定形状的开口堰板，过堰水头与流量有固定关系，据此测量废水流量。根据废水量大小可选择三角堰、矩形堰、梯形堰等。溢流堰法精度较高，在安装液位计后可实行连续自动测量。为进行连续自动测量液位，已有的传感器有浮子式、电容式、超声波式和压力式等。

利用堰板测流，由于堰板的安装会造成一定的水头损失。另外，固体沉积物在堰前堆积或藻类等物质在堰板上黏附均会影响测量精度。在排放口处修建的明渠式测流段要符合流量堰（槽）的技术要求。以上方法均可选用，但在选定方法时，应注意各自的测量范围和所需条件。在以上方法无法使用时，可使用统计法。

如废水为管道排放，所使用的电磁式或其他类型的流量计应定期进行计量检定。

第二节　废气

油品销售企业主要的废气是VOCs，其主要是油品在装卸、储存、运输和加注过程中挥发的烃类气体。本节主要针对销售企业特点，介绍油库、加油站的油气排放及检测管理要求，以及日常检测仪器的使用方法。

一　油库

油库废气主要包括汽车装车排放、油轮装卸排放、铁路槽车装卸排放、储罐呼吸排放等，目前针对油库废气最为主要的监测内容是油气回收系统的密闭性以及尾气排放浓度是否符合要求。油库废气排放一般执行《储油库大气污染物排放标准》（GB 20950—2007），如地方有制定标准的应按照地方标准执行。

（一）监测点位、监测项目及频次

油库废气排放口的监测点位、监测项目及监测频次具体见表5-7。

表5-7　油库排污单位废气排放监测点位、监测项目和最低监测频次

<table>
<tr><th colspan="2" rowspan="2">监测点位</th><th rowspan="2">监测项目</th><th colspan="2">监测频次</th></tr>
<tr><th>重点管理</th><th>简化管理</th></tr>
<tr><td rowspan="2">有组织排放源</td><td>油气回收装置废气排气筒①</td><td>挥发性有机物</td><td colspan="2">月</td></tr>
<tr><td>污水处理设施有机废气收集处理装置排气筒</td><td>挥发性有机物</td><td>季度</td><td>半年</td></tr>
<tr><td rowspan="2">无组织排放源</td><td>汽油油气收集系统泄漏点</td><td>油气体积分数浓度</td><td>半年</td><td>年</td></tr>
<tr><td>汽油油罐车底部发油结束断开快速接头泄漏点</td><td>汽油泄漏量</td><td colspan="2">底部装油结束并断开快接头时</td></tr>
</table>

续表

监测点位		监测项目	监测频次	
			重点管理	简化管理
无组织排放源	泵、压缩机、搅拌器（机）、阀门、开口阀或开口管线、泄压设备、取样连接系统②	挥发性有机物	半年	
	法兰及其他连接件、其他密封设备②	挥发性有机物	年	
企业边界		挥发性有机物、硫化氢③	半年	年

注：① 汽油储油库油气回收处理装置需同时监测进口废气中挥发性有机物浓度。
② 按照GB 37822要求开展监测。
③ 当储存物料为凝析油时，需监测硫化氢。

说明：① 本表未规定的其他监测因子指标按照HJ 819等标准规范执行，储油库排污单位适用的自行监测技术指南发布后，从其规定。
② 列入大气环境重点排污单位名录的储油库排污单位应依法落实安装自动监控设施的相关要求。

（二）排放限值

（1）油气密闭收集系统（以下简称油气收集系统）任何泄漏点排放的油气体积分数浓度不应超过0.05%，每年至少检测1次。

（2）油气回收处理装置（以下简称处理装置）的油气排放浓度和处理效率应同时符合表5-8规定的限值，排放口距地平面高度应不低于4m，每年至少检测1次。

表5-8　处理装置排放限制

油气排放浓度/（g/m^3）	≤25
油气处理效率/%	≥95

（3）底部装油结束并断开快接头时，汽油泄漏量不应超过10mL，泄漏检测限值为泄漏单元连续3次断开操作的平均值。

（4）储油库油气收集系统应设置测压装置，收集系统在收集油罐车罐内的油气时对罐内不宜造成超过4.5kPa的压力，在任何情况下都不应超过6kPa。

（5）储油库防溢流控制系统应定期进行检测，检测方法按有关专业技术规范执行。

（6）储油库给铁路罐车装油时应采用顶部浸没式或底部装油方式，顶部浸没式装油管出油口距罐底高度应小于200mm。

（三）收集系统泄漏浓度检测

1. 检测方法

（1）泄漏浓度检测应在发油相对集中时段进行。

（2）使用烃类气体探测器对油气收集系统可能的泄漏点进行检测，探头距泄漏点（面）25mm，移动速度4cm/s。发现超过限值的泄漏点（面）应再检测2次，以3次平均值作为检测结果。

（3）检测应在环境风速小于3m/s气象条件下进行。

2. 检测设备

（1）烃类气体探测器。检测分辨率体积分数不低于0.01%，应经过中国质量、安全和环保等部门认证。

（2）探测管。烃类气体探测器应备有长度不小于200mm的探测管。

（3）风速计。测量范围0～10m/s，检测分辨率不低于0.1m/s。

（四）处理装置油气排放检测

1. 检测条件

（1）处理装置进、出口应设置采样位置和操作平台。

（2）采样位置应优先选择在垂直管段上，采样位置距上下游的弯头、阀门、变径下游方向不小于6倍管径和距离上述部件上游方向不小于3倍管道直径处。

（3）在选定的采样位置上应开设带法兰的采样孔，如图5-2所示。采样孔内径40mm，孔管高度35mm，用法兰盖板密封。法兰尺寸：法兰盘直径100mm；法兰孔距法兰圆心半径40mm；法兰厚度6mm；法兰孔内径8mm，4个对称布置。

（4）操作平台面积应不小于1.5m^2，并设有1.1m高的护栏，采样孔距平台地面高度1.2～1.3m。如果采样位置距地平面高度低于1.5m，可不设置监测操作平台和护栏。

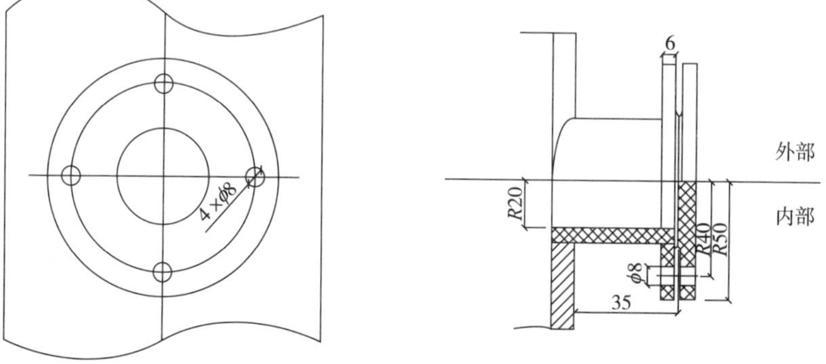

图5-2　带有法兰盖板的采样孔示意图

（5）采样孔和操作平台的安装应与油气回收处理工程同时完成和验收。

2. 检测方法

（1）处理装置排放浓度和处理效率的检测应在环境温度不低于20℃、发油相对集中的时段进行。

（2）同步检测处理装置进、出口油气浓度，每台处理装置都应进行检测。采样时间不少于 1h，可连续采样或等时间间隔采样，等时间间隔采集的样品数不少于3个，取平均值作为检测结果。

3. 处理效率计算

处理装置处理效率按式（5–1）计算。

$$E=\left[1-\frac{(1-\varphi_1)C_2}{(1-\varphi_2)C_1}\right]\times 100\% \qquad (5\text{–}1)$$

式中 E——处理装置处理效率；

C_1——标态下进口干排气中油气质量浓度，g/m^3；

φ_1——标态下进口干排气中油气体积分数，%；

C_2——标态下出口干排气中油气质量浓度，g/m^3；

φ_2——标态下出口干排气中油气体积分数，%。

（1）干排气中油气体积分数φ按式（5–2）计算。

$$\varphi=\frac{22.4C}{1000M} \qquad (5\text{–}2)$$

式中 φ——标态下干排气中油气体积分数；

C——标态下干排气中油气质量浓度，g/m^3；

22.4——标态下摩尔数和体积量的转换系数，L/mol；

M——干排气中油气的平均相对分子质量，进口取65，出口取45。

（2）标态下干排气中油气浓度C按式（5–3）计算。

$$C=C_{样}\frac{273+t_f}{273}\cdot\frac{101300}{B_a-P_{fv}} \qquad (5\text{–}3)$$

式中 $C_{样}$——样品中油气质量浓度（以碳计），g/m^3；

t_f——室温，℃；

B_a——大气压力，Pa；

P_{fv}——在t_f时饱和水蒸气压力，Pa。

二　加油站

在加油站废气排放主要环节包括卸油油气排放、加油油气排放、储罐呼吸油气排放，还有油气回收装置的油气排放。加油站废气排放一般执行《加油站大气污染物排放标准》（GB 20952—2007），地方有制定标准的应执行地方标准。例如北京市制定了《加油站油气排放控制和限值》（DB11/ 208—2019），北京地区加油站应按照地方标准执行。

（一）监测点位、监测项目及频次

各类废气污染源通过排气筒等方式排放至外环境的废气，应在排气筒上设置废气排放口监测点位。加油站废气排放口的监测点位、监测项目及监测频次具体见表5-9。

表5-9　加油站废气排放监测点位、监测项目和最低监测频次

监测点位	监测项目	监测频次	
		重点管理	简化管理
油气处理装置排气筒	挥发性有机物	半年	年
油气回收系统	气液比、液阻、密闭性	半年①	年
企业边界	挥发性有机物	年	

注：① 汽油年销售量大于8000t、臭氧浓度超标城市汽油年销售量大于5000t或者省级生态环境主管部门要求安装在线监测的，排污单位应开展气液比和密闭性压力的在线监测。

说明：① 本表未规定的其他监测因子指标按照HJ 819等标准规范执行，加油站排污单位适用的自行监测技术指南发布后，从其规定。

② 列入大气环境重点排污单位名录的加油站排污单位应依法落实安装自动监控设施的相关要求。

（二）主要检测指标

（1）液阻。凝析液体滞留在油气管线内或因其他原因造成气体通过管线时的阻力。

（2）密闭性。油气回收系统在一定气体压力状态下的密闭程度。

（3）气液比。加油时收集的油气体积与同时加入油箱内的汽油体积的比值。

如加油站安装有三次回收处理装置，其排放口高度距离地面不应小于4m，装置的油气排放浓度应小于等于25mg/L，排放浓度至少每年检测一次。

（三）指标限值

（1）加油油气回收管线液阻检测值应小于表5-10规定的最大压力限值。液阻应每年检测1次。

表5-10 加油站油气回收管线液阻最大压力限值

通过氮气流量/（L/min）	最大压力/Pa
18.0	40
28.0	90
38.0	155

（2）油气回收系统密闭性压力检测值应大于等于表5-11规定的最小剩余压力限值。密闭性应每年检测1次。

表5-11 加油站油气回收系统密闭性检测最小剩余压力限值 Pa

储罐油气空间体积/L	受影响的加油枪数				
	1~6	7~12	13~18	19~24	>24
1893	182	172	162	152	142
2082	199	189	179	169	159
2271	217	204	194	184	177
2460	232	219	209	199	192
2650	244	234	224	214	204
2839	257	244	234	227	217
3028	267	257	247	237	229
3217	277	267	257	249	239
3407	286	277	267	257	249
3596	294	284	277	267	259
3785	301	294	284	274	267
4542	329	319	211	304	296
5299	349	341	334	326	319
6056	364	356	351	344	336
6813	376	371	364	359	351
7570	389	381	381	371	364
8327	396	391	391	381	376
9084	404	399	399	389	384

续表

储罐油气空间体积/L	受影响的加油枪数				
	1～6	7～12	13～18	19～24	>24
9841	411	406	406	396	391
10598	416	411	411	404	399
11355	421	418	418	409	404
13248	431	428	428	421	416
15140	438	436	436	428	426
17033	446	443	443	436	433
18925	451	448	448	443	441
22710	458	456	456	451	448
26495	463	461	461	458	456
30280	468	466	466	463	461
34065	471	471	471	466	466
37850	473	473	473	468	468
56775	481	481	481	478	478
75700	486	486	483	483	483
94625	488	488	488	486	486

注：如果各储罐油气管线连通，则受影响的加油枪数等于汽油加油枪总数。否则，仅统计通过油气管线与被检测储罐相连的加油枪数。

（3）各种加油油气回收系统的气液比均应在≥1.0和≤1.2范围内，但对气液比进行检测时的检测值应符合技术评估报告给出的范围。气液比应每年至少检测1次，依次检测每支加油枪的气液比。

（4）处理装置的油气排放浓度应小于等于25g/m^3，排放口距地平面高度应不低于4m。排放浓度每年至少检测1次。

（四）技术措施

1. 卸油油气排放控制

（1）应采用浸没式卸油方式，卸油管出油口距罐底高度应小于200mm。

（2）卸油和油气回收接口应安装*DN*100的截流阀、密封式快速接头和帽盖，现有加油站已采取卸油油气排放控制措施但接口尺寸不符的可采用变径连接。

（3）连接软管应采用*DN*100的密封式快速接头与卸油车连接，卸油后连接软管内不能存留残油。

（4）所有油气管线排放口应按GB 50156的要求设置压力/真空阀。

（5）连接排气管的地下管线应坡向油罐，坡度不应小于1%，管线直径不小于*DN*50。

（6）未采取加油和储油油气回收技术措施的加油站，卸油时应将量油孔和其他可能造成气体短路的部位密封，保证卸油产生的油气密闭置换到油罐汽车罐内。

2. 储油油气排放控制

（1）所有影响储油油气密闭性的部件，包括油气管线和所联接的法兰、阀门、快接头以及其他相关部件都应保证在小于750Pa时不漏气。

（2）埋地油罐应采用电子式液位计进行汽油密闭测量，宜选择具有测漏功能的电子式液位测量系统。

（3）应采用符合相关规定的溢油控制措施。

3. 加油油气排放控制

（1）加油产生的油气应采用真空辅助方式密闭收集。

（2）油气回收管线应坡向油罐，坡度不应小于1%。

（3）新、改、扩建的加油站在油气管线覆土、地面硬化施工之前，应向管线内注入10L汽油并检测液阻。

（4）加油软管应配备拉断截止阀，加油时应防止溢油和滴油。

（5）油气回收系统供应商应向有关设计、管理和使用单位提供技术评估报告、操作规程和其他相关技术资料。

（6）应严格按规程操作和管理油气回收设施，定期检查、维护并记录备查。

（7）当汽车油箱油面达到自动停止加油高度时，不应再向油箱内加油。

4. 在线监测系统和处理装置

（1）在线监测系统应能够监测气液比和油气回收系统压力，具备至少储存1年数据、远距离传输和超标预警功能，通过数据能够分析油气回收系统的密闭性、油气回收管线的液阻和处理装置的运行情况。

（2）在线监测系统对气液比的监测：当气液比超出0.9～1.3范围时轻度警告，若连续7d处于轻度警告状态应报警；当气液比超出0.6～1.5范围时重度警告，若连续24h处于重度警告状态应报警。在线监测系统对系统压力的监测：当压力超过300Pa时轻度警告，若连续30d处于轻度警告状态应报警；当压力超过700Pa时重度警告，若连续7d处于重度警告状态应报警。

（3）处理装置压力感应值宜设定在超过150Pa时启动，低于-150Pa时停止。

（4）处理装置应符合国家有关标准。

（五）液阻检测

1. 检测条件

（1）开启对应油罐卸油口、油气回收口阀门。

（2）开启真空泵旁通阀门。

（3）开启二次回收主管通往油罐的所有阀门。

（4）如预留有测试液阻阀门，应开启阀门。

2. 检测方法

（1）保持油气回收系统的正常运行状态，打开卸油口处回气口球阀，使罐压降至正常。

（2）从每台加油机检测口分别用不同流速充入规定量的氮气，查看测试仪压力读数变化结果。

（3）将测试仪压力读数结果与下表相对应的压力数值比较，判定结果。

（4）检测设备连接流程如图5-3所示。

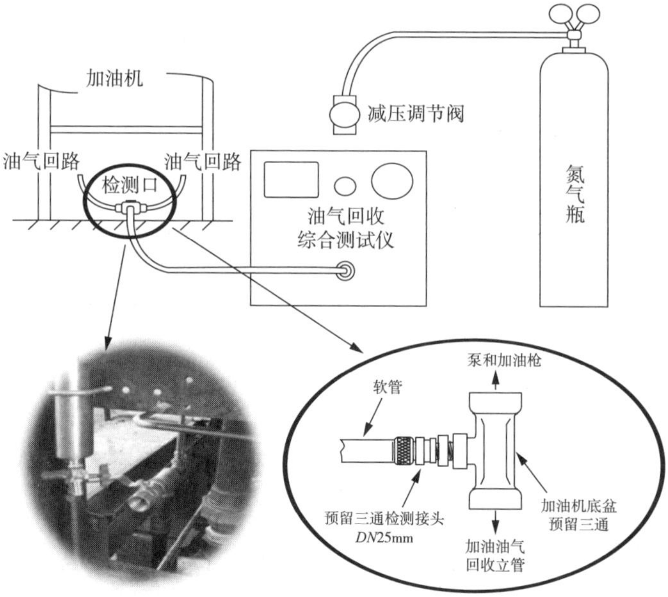

图5-3　液阻（密闭性）检测示意图

3. 监测流程

（1）打开被检测加油机的底盆，找到预留在加油油气回收立管上的三通和检测接头。

（2）通过软管将液阻检测装置与三通检测接头连接。

（3）氮气瓶接地，将氮气管与液阻检测装置的氮气入口接头连接。

（4）开启对应油罐的卸油油气回收系统油气接口阀门。

（5）如检测新、改、扩建加油站，应在油气管线覆土、地面硬化施工之前向管线内注入10L汽油。

（6）开启氮气瓶，设置低压调节器的压力为35kPa。用浮子流量计控制阀调节氮气流量，从表中低氮气流量开始，分别检测3个流量对应的液阻。在读取压力表数值之前，氮气流量稳定的时间应大于30s。

（7）如果3个液阻检测值中有任何1个大于规定的大压力限值，则加油站液阻检测不合格。如果因压力表指针抖动无法确定检测数值时，则认定液阻检测不合格。

（8）取下三通检测接头上连接的软管，恢复原来油气回收管线的连接。

（9）关闭对应油罐的油气接口阀门。

（10）记录。

（六）密闭性检测

1. 检测条件

（1）在检测之前24h内无气液比的检测。

（2）在检测之前3h内或在检测中，不得卸油。

（3）在检测之前30min和检测中不得加油。

（4）检测前30min计时，测量储油罐压力，如果超过125Pa，应释放压力。

（5）完成30min计时后，在向系统充入氮气之前，如果有必要，应再次降低储油罐压力，使其不超过125Pa。

（6）所检测的加油站应属正常工作的加油站，检查压力/真空阀是否良好，处理装置是否关闭，所有加油枪都正确地挂在加油机上。

2. 检测方法

（1）保持油气回收系统的正常运行状态，测定油槽油气空间数据（由液位仪、量油尺等测量获取），标定罐空表数值。

（2）从距油槽最远的一台加油机检测口先测定正常的罐压，然后充氮气至500Pa

稳定压力，维持5min（每隔1min记录1次数据）后查看测试仪压力读数结果。

（3）将油气回收综合检测仪压力读数结果与罐空表相对应的压力数值（单位为Pa）比较，判定结果。

（4）检测设备连接流程如图5-4所示。

（5）向油气回收系统（或独立子系统）充压。打开氮气瓶阀门，设置低压调节器的压力为35kPa，调节氮气流量在30～100L/min，开启秒表。充压至约550Pa，在充压过程中如果到达500Pa所需的时间已超过公式计算值的2倍，则停止检测，说明系统不具备检测条件。

（6）充压至约550Pa时关闭氮气阀门，调节泄压阀使压力降至500Pa初始压力时开启秒表。

（7）每隔1min记录1次系统压力。5min之后，记录终的系统压力。根据加油站的安全规定释放油气回收系统压力。

（8）取下三通检测接头上连接的软管，恢复原来油气回收管线的连接。

（9）如果油气回收系统由若干独立的油气回收子系统组成，那么每个独立子系统都应做密闭性检测。

（10）将5min之后的系统压力检测值与表中最小剩余压力限值进行比较，判定加油站是否符合标准。如果实际油气空间数值处于表中所列两油气空间数值之间时，用内插公式计算最小剩余压力限值。

（七）气液比检测

1. 检测条件

（1）如加油枪喷管与适配器不匹配，则不能进行检测；

（2）如果被检测加油枪的加油流量不能达到20L/min以上，则不能进行检测；

（3）如与被检测加油枪共用一个真空泵的其他枪被密封，会产生偏差；

（4）如被检测的加油枪使汽油进入检测装置，则此枪的气液比检测值将被认作无效；

（5）检测前，不要排空加油软管气路和加油机油气管中的汽油，否则将产生偏差；检测前，气液比适配器的O形圈应正确润滑，否则将产生偏差。

注意：液阻检测前，检测用油桶需做好接地！

2. 检测方法

（1）保持油气回收系统的正常运行状态。

（2）加油枪套上气液比适配器，档位放置在高档或低挡位上。

（3）加油20L（加油速率不得低于20L/min，掐表计算时间）。

（4）查看油气回收综合检测仪读数结果。

（5）气液比（A/L）范围（1～1.2）：1。

（6）检测示意图如图5–4～图5–6所示。

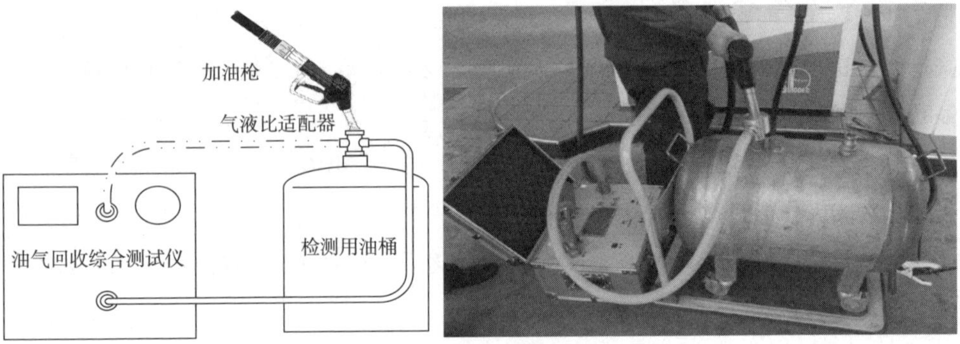

图5–4　气液比检测示意图

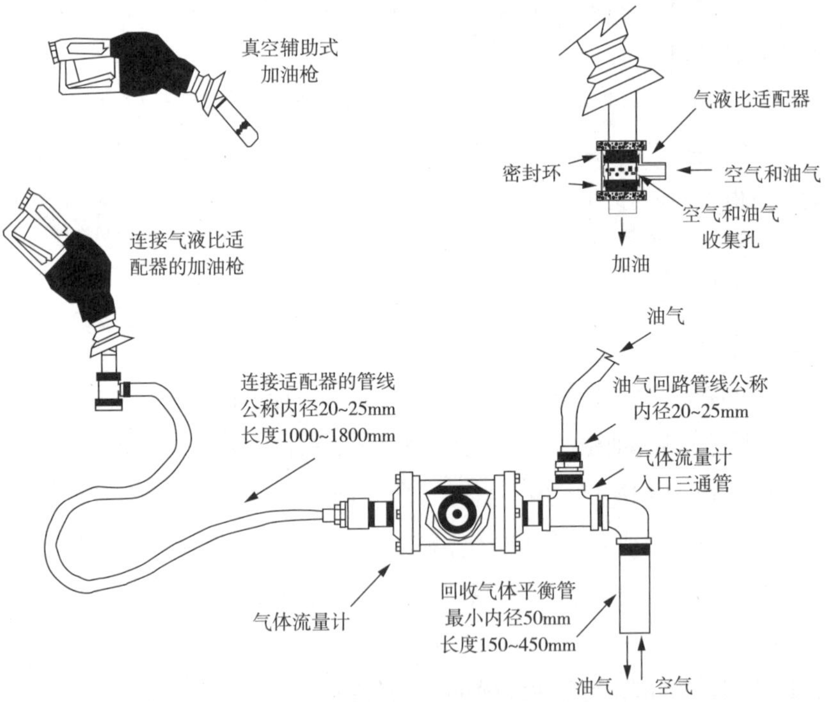

图5–5　气体流量计和气液比适配器安装示意图

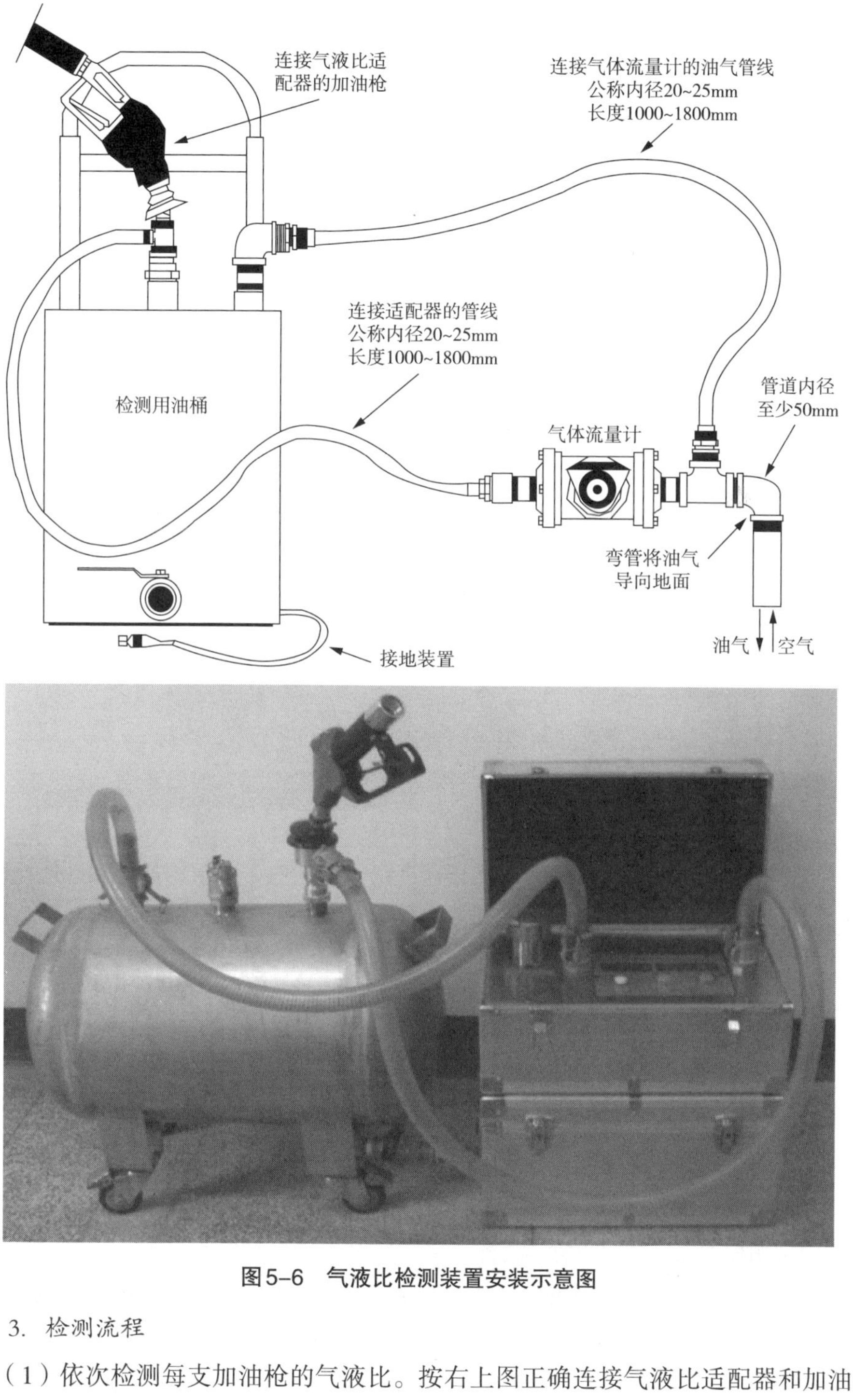

图5-6　气液比检测装置安装示意图

3. 检测流程

（1）依次检测每支加油枪的气液比。按右上图正确连接气液比适配器和加油枪喷管，将加油枪的油气收集孔包裹起来，并且确保连接紧密。

（2）记录每次检测之前气体流量计的初读数。

（3）将秒表复位。将加油机上的示值归零。

（4）确定检测时的加油流量。未安装在线监测系统的加油站，仅将加油枪开启至加油机允许的大流量，每支加油枪获得1个气液比。开始往检测用油桶中加油，确保在加油过程中加油枪喷管与检测用油桶（确定已经接地）上的加油管之间是密封的。当加油机开始加油时开启秒表。

（5）加入15～20L汽油。

（6）加油完毕，同时停止秒表计时和加油。

（7）每一次检测之后应记录以下信息：

① 加油机编号；

② 汽油标号；

③ 加油枪的型号和序列号；

④ 气体流量计的初读数，L；

⑤ 加油机流量计上的初读数，L；

⑥ 气体流量计的终读数，L；

⑦ 加油机流量计上的终读数，L；

⑧ 加油时间。

（8）如果按公式计算出的气液比在标准限值范围内，则被测加油枪气液比检测达标。如果气液比不在标准限值范围内，而气液比检测值与限值的差小于或等于0.1时，应再做2 次气液比检测，但之间不要对加油管线或油气回收管线做任何调整。为了保证测量的准确，允许对气液比检测装置进行必要的调整，包括气液比适配器和加油枪。如果对气液比检测装置进行了调整，那么这条枪前一次的检测结果作废。计算3次检测结果的算术平均数。如果气液比平均值在给出的限值范围内，则加油枪气液比检测达标；如果在限值范围之外，说明该加油枪气液比检测不达标。

（9）如果气液比不在规定的限值范围内，而且气液比检测值与限值的差大于0.1，则被测加油点气液比检测不达标。

（10）为了避免汽油的积聚，在每次检测之后，将气体流量计和检测用油桶部件之间软管，以及气液比适配器和气体流量计之间软管中凝结的汽油排净。

（11）检测后，从加油枪上拆下气液比适配器。

（12）谨慎地把加出的汽油倒回相应的汽油储罐，并且在倒油之前一直保持检测用油桶接地。在没有得到加油站业主的同意，不要在油桶中混合不同标号的汽油。如果不同标号的汽油在油桶中混合了，应将混合汽油倒回低标号的储油罐。

（13）在最终得出气液比检测是否达标之前，按照图5-7对适配器进行一次检测后泄漏检查。如果检测装置不能通过泄漏检查，那么气液比检测期间获得的所有数据都将无效。

（14）在运输之前，将气体流量计的入口和出口小心地密封上，以防止外来异物进入流量计。

（15）检测完成之后，注意运输和保管检测用设备。

第三节　噪声

在油品销售企业，环境噪声监测一般针对具有声源、在日常生产经营活动中产生噪声的油库或加油站，其监测按照工业企业环境噪声标准执行。油库、加油站等开展建筑施工活动时，应按国家相关标准和地方要求控制噪声污染。本节主要介绍环境噪声相关标准要求，以及厂家噪声监测管理要求。

一　声环境功能区类别

按区域的使用功能特点和环境质量要求，声环境功能区分为以下五种类型。

（1）0类声环境功能区：指康复疗养区等特别需要安静的区域。

（2）1类声环境功能区：指以居民住宅、医疗卫生、文化教育、科研设计、行政办公为主要功能，需要保持安静的区域。

（3）2类声环境功能区：指以商业金融、集市贸易为主要功能，或者居住、商业、工业混杂，需要维护住宅安静的区域。

（4）3类声环境功能区：指以工业生产、仓储物流为主要功能，需要防止工业噪声对周围环境产生严重影响的区域。

（5）4 类声环境功能区：指交通干线两侧一定距离之内，需要防止交通噪声对周围环境产生严重影响的区域，包括4a类和4b类两种类型。4a类为高速公路、一级公路、二级公路、城市快速路、城市主干路、城市次干路、城市轨道交通（地面段）、内河航道两侧区域；4b类为铁路干线两侧区域。

二 噪声排放限值

噪声的大小用声强级表示，单位是dB（分贝）。为防治噪声污染，保障城乡居民生活工作和学习的声环境质量，国家环境保护部门根据行业特征，先后发布了《声环境质量标准》（GB 3096—2008）、《工业企业厂界环境噪声排放标准》（GB 12348—2008b）、《社会生活环境噪声排放标准》（GB 22337—2008）、《建筑施工场界环境噪声排放标准》（GB 12523—2011）。在油品销售企业的油库和加油（气）站，日常生产经营活动对外环境排放噪声按照《工业企业厂界环境噪声排放标准》（GB 12348—2008b）执行。开展建筑施工活动时，执行《建筑施工场界环境噪声排放标准》（GB 12523—2011）。

按照表5-12排放限制执行时，夜间频发噪声的最大声级超过限值的幅度不得高于10dB（A）；夜间偶发噪声的最大声级超过限值的幅度不得高于15dB（A）；工业企业若位于未划分声环境功能区的区域，当厂界外有噪声敏感建筑物时，由当地县级以上人民政府参照GB 3096和GB/T 15190的规定确定厂界外区域的声环境质量要求，并执行相应的厂界环境噪声排放限值；当厂界与噪声敏感建筑物距离小于1m时，厂界环境噪声应在噪声敏感建筑物的室内测量，并将表5-12中相应的限值减10dB（A）作为评价依据。

表5-12 工业企业厂界环境噪声排放限值 dB（A）

边界处声环境功能区类型	时段	
	昼间	夜间
0	50	40
1	55	45
2	60	50
3	65	55
4	70	55

三 测量条件

（一）气象条件

噪声测量应在无雨雪、无雷电天气，风速为5m/s以下时进行。不得不在特殊气象条件下测量时，应采取必要措施保证测量准确性，同时注明当时所采取的措施及气象情况。

（二）测量工况

噪声测量应在被测声源正常工作时间进行，同时注明当时的工况。

四 测点位置

（一）测点布设

根据工业企业声源、周围噪声敏感建筑物的布局以及毗邻的区域类别，在工业企业厂界布设多个测点，其中包括距噪声敏感建筑物较近以及受被测声源影响大的位置。

（二）测点位置一般规定

一般情况下，测点选在工业企业厂界外1m、高度1.2m以上、距任一反射面距离不小于1m的位置。

（三）测点位置其他规定

（1）当厂界有围墙且周围有受影响的噪声敏感建筑物时，测点应选在厂界外1m、高于围墙0.5m以上的位置。

（2）当厂界无法测量到声源的实际排放状况时（如声源位于高空、厂界设有声屏障等），应按（二）设置测点，同时在受影响的噪声敏感建筑物户外1m处另设测点。

（3）室内噪声测量时，室内测量点位设在距任一反射面至少0.5m以上、距地面

1.2m高度处，在受噪声影响方向的窗户开启状态下测量。

（4）固定设备结构传声至噪声敏感建筑物室内，在噪声敏感建筑物室内测量时，测点应距任一反射面至少0.5m以上、距地面1.2m、距外窗1m以上，窗户关闭状态下测量。被测房间内的其他可能干扰测量的声源（如电视机、空调机、排气扇以及镇流器较响的日光灯、运转时出声的时钟等）应关闭。

五 测量频次和时段

（1）厂界环境噪声每季度至少开展一次监测，夜间生产的要监测夜间噪声。

（2）噪声应分别在“昼间”“夜间”两个时段测量。“昼间”是指6：00~22：00的时段；“夜间”是指22：00~次日6：00的时段。

（3）被测声源是稳态噪声，采用1min的等效声级。

（4）被测声源是非稳态噪声，测量被测声源有代表性时段的等效声级，必要时测量被测声源整个正常工作时段的等效声级。

第四节 土壤和地下水环境监测

当土壤中含有害物质过多，超过土壤的自净能力，就会引起土壤的组成、结构和功能发生变化，微生物活动受到抑制，有害物质或其分解产物在土壤中逐渐积累。土壤污染物大致可分为无机污染物和有机污染物两大类。无机污染物主要包括酸、碱、重金属，盐类、放射性元素铯、锶的化合物，含砷、硒、氟的化合物等。有机污染物主要包括有机农药、酚类、氰化物、石油、合成洗涤剂、3，4–苯并芘以及由城市废水、污泥及厩肥带来的有害微生物等。土壤污染往往会造成地下水化学成分、物理性质和生物学特性发生改变，而使地下水质量下降的现象。地表以下地层复杂，地下水流动极其缓慢，因此，地下水污染具有过程缓慢、不易发现和难以治理的特点。地下水一旦受到污染，即使彻底消除其污染源，也得十几年，甚至几十年才能使水质复原。

土壤和地下水是唇齿关系，当土壤受到污染，含有的有害物质会随着大气降水、农田灌溉水转移至地下水中，导致地下水有害物质超标，造成污染。反之地下水受到污染，也会造成土壤的污染。

国家根据建设用地性质不同，对土壤分类制定污染风险筛选值和管制值。

一　建设用地分类

在建设用地中，城市建设用地根据保护对象暴露情况的不同，可划分为以下两类。

（一）第一类用地

第一类用地包括GB 50137规定的城市建设用地中的居住用地（R），公共管理与公共服务用地中的中小学用地（A33）、医疗卫生用地（A5）和社会福利设施用地（A6），以及公园绿地（G1）中的社区公园或儿童公园用地等。

（二）第二类用地

第二类用地包括GB 50137规定的城市建设用地中的工业用地（M），物流仓储用地（W），商业服务业设施用地（B），道路与交通设施用地（S），公用设施用地（U），公共管理与公共服务用地（A）（A33、A5、A6除外），以及绿地与广场用地（G）（G1中的社区公园或儿童公园用地除外）等。

城市以外的其他建设用地可参照以上第1点划分类别。在油品销售企业，加油加气站一般属于商业服务业设施用地（B），油库属于物流仓储用地（W）。

二　监测项目及限值标准

对于建设用地，土壤和地下水相对应的污染物限值标准，按表5-13执行。

表5-13　土壤和地下水污染物限值标准

监测对象	执行标准
土壤	土壤环境质量　建设用地土壤污染风险管控标准（试行）（GB 36600—2018）筛选值
地下水	地下水质量标准（GB/T 14848）

在油品销售企业，土壤和地下水污染特征污染物为石油烃类，在初步调查阶段

一般可通过监测石油烃类含量来判断污染情况。如初步调查发现土壤或地下水受到相应污染，应进一步扩大土壤采样范围和点数，并通过进一步监测地下水的其他指标来判断污染程度，地下水监测指标见表5-14。

表5-14　地下水监测项目

指标类型		指标名称	指标数量
特征指标	挥发性有机物	萘	1
		苯、甲苯、乙苯、邻二甲苯、间（对）二甲苯	5
		甲基叔丁基醚	1

三　工作程序

企业用地土壤地下水环境初步调查工作程序分为二个阶段，见图5-7。

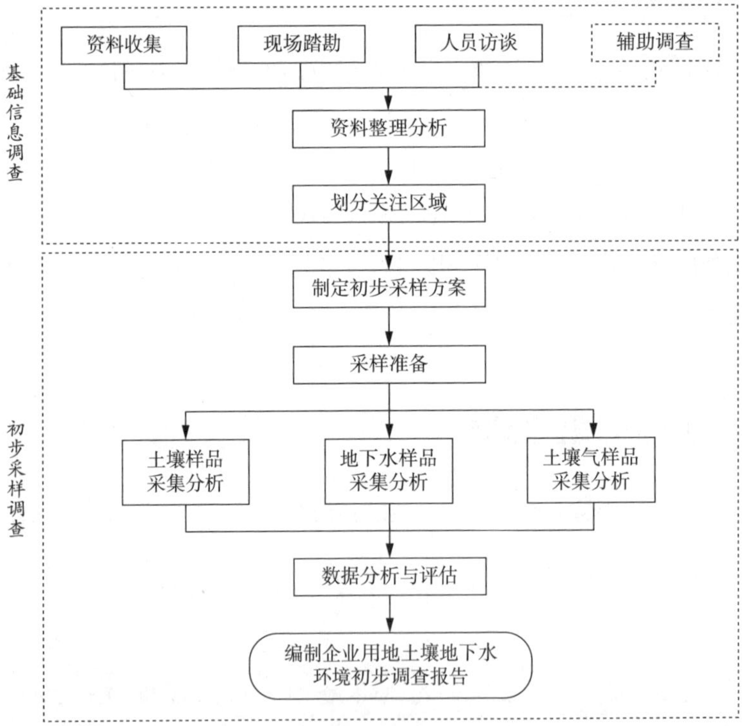

图5-7　企业用地土壤地下水环境初步调查工作流程

（注：虚线框“辅助调查”为具备条件时开展，非必要项。）

（一）基础信息调查阶段

通过资料收集、现场踏勘、人员访谈等形式，对企业用地历史、污染源、周边环境、迁移途径和敏感受体信息进行分析，识别企业用地污染风险，划分企业用地土壤地下水环境关注和非关注区域。本阶段原则上不进行现场采样分析，具备条件的专业调查机构可采用现场快速检测设备、物探设备、无人机等辅助调查。关注区域以及因信息不全等原因导致无法判断污染风险的区域，应进入下一阶段，开展初步采样调查。

（二）初步采样调查阶段

针对关注区域制定初步采样调查方案，通过采样地质条件调查，土壤、地下水及土壤气样品采集分析，确认关注区域土壤地下水是否受到污染，以及初步确定超标污染物种类、浓度和空间分布。

四　基础信息调查

为满足关注区域划分、初步采样调查需求，企业用地基础信息调查工作主要包括调查企业基本信息、污染源信息、迁移途径信息、敏感受体信息、地块已有的环境调查与监测信息。企业用地信息分类如表5-15所示。

表5-15　企业用地信息分类

分类	信息项目
企业基本信息	企业名称、法定代表人、地址、地理位置、企业类型、企业建厂时间、占地面积、职工人数、产值、主要产品及产量、主要原材料及用量、营业期限、行业类别、行业代码、所属工业园区或集聚区地块面积、现使用权属、地块利用历史（包括企业用地内建筑设施等变化情况，历史航片或卫星图片）、地块规划用途
污染源信息	生产区（装置）、储存区、废水治理区、固体废物储存或处置区等重点区域平面布置、面积；主要产品和原辅材料；工艺流程；废气、废水、固体废物排放及处理记录；管道或地下设施（包括但不限于管线、储罐）分布图；环境污染事故（件）记录、污染痕迹；其他有助于评价企业用地污染的历史资料
迁移途径信息	土壤质地、地面覆盖、土壤分层情况；地形地貌资料；水文地质资料（主要包括区域地下水流场、地下水补径排条件、含水层结构框架）；气象气候资料（主要包括降雨量、主导风向）
敏感受体信息	1km范围内的敏感目标分布，包括：人口数量；地下水用途；地表水分布情况及用途；居民区、医院、幼儿园、学校、食用农产品产地、自然保护区等分布情况。10km范围内重点敏感受体，如水源保护区、自然保护区、生态敏感与脆弱区等信息以及涉及该区域的地表地下地质条件资料

续表

分类	信息项目
已有的环境调查与监测信息	企业土壤和地下水环境调查监测数据、调查评估数据。企业用地所在区域的背景调查资料，如区域土地化学质量调查成果、区域地下水污染调查成果等，获取该区域内主要元素的背景含量值

（一）资料收集

收集地块内及周边区域环境与污染信息，优先保证基本资料收集，尽量收集辅助资料。若企业用地上曾发生过企业变更、行业变更、生产工艺或产品变更，需收集相关历史资料，如各时期平面布置图、产品及原辅材料清单等。具体收集资料可参阅表5-16。

表5-16 资料收集清单

序号	资料类别	资料名称	应用（对应的信息）	来源
1	基本资料	环境影响评价报告书（表）、环境影响评价登记表	企业基本信息、主要产品、原辅材料、生产工艺、排放污染物名称、周边环境及敏感受体相关信息	企业
2		清洁生产审核报告	地块利用历史、企业平面布置、主要产品及产量、原辅材料及使用量、生产工艺、周边敏感受体、特征污染物、企业清洁生产审核等相关信息	
3		安全评价报告	企业基本信息、主要产品、原辅材料、生产工艺、储存区、储存物质等相关信息	
4		排放污染物申报登记表	企业基本信息、主要产品、原辅材料、废气、废水和固废排放量、排放污染物名称、监测装置、治理设施等信息	
5		工程地质勘察报告	土壤与地下水特性相关信息	
6		平面布置图	生产车间、储存区、废水治理区、固体废物储存或处置场等各区域分布	
7	辅助资料	营业执照	企业名称、法定代表人、地址、营业时间、登记注册类型	
8		全国企业信用信息公示系统	企业名称、法定代表人、地址、营业时间、登记注册类型	网络查询
9		土地使用证或不动产权证书	地址、位置、占地面积及使用权属	企业
10		土地登记信息、土地使用权变更登记记录	地址、位置、占地面积及使用权属、地块利用历史	土地行政主管部门

续表

序号	资料类别	资料名称	应用（对应的信息）	来源
11	辅助资料	区域土地利用规划	地块及周边用地类型、地块规划用途	国土资源、发展改革、规划等部门
12		危险化学品清单	危险化学品名称、产量或使用量、特征污染物	企业
13		危险废物转移联单	固体废物、危险废物名称、危险废物产生量	
14		环境统计报表	固体废物储存量、危险废物产生量	
15		竣工环境保护验收监测报告	企业基本信息、主要产品、原辅材料、排放污染物名称	
16		环境污染事故记录	环境污染事故发生情况	
17		责令改正违法行为决定书	企业环境违法行为	环保部门、网络查询
18		土壤及地下水监测记录	土壤和地下水监测数据和污染相关信息	企业
19		调查评估报告或相关记录	调查评估结果、土壤和地下水污染信息	
20		区域土地质量地球化学调查报告	调查结果、企业所在区域土壤元素含量	地质调查部门
21		区域地下水污染调查报告	调查结果、企业所在区域地下水污染信息	地质调查部门

（二）现场踏勘

1. 安全防护准备

现场工作人员在踏勘前，应根据企业用地具体情况掌握相应的安全卫生防护知识，并装备必要的防护用品。遵守企业安全管理规定，按照程序和要求开展调查工作。

2. 踏勘内容

工作人员主要针对企业用地内及周边区域的环境、敏感受体、建构筑物及设施、现状及使用历史等进行现场踏勘，观察、记录污染痕迹，核实收集资料的准确性，获取与污染有关的线索。

现场踏勘的重点区域包括企业用地内涉及有毒有害物质使用、处理、处置的场所或储存容器（含废弃填埋场），刺激性气味的区域，污染与腐蚀痕迹，污水池或其他地表水体、污雨水管道、排水沟渠、回填土区域、河道、暗沟等。

根据现场踏勘情况，在遥感图像或平面图上勾画出企业用地边界，并标出生产车间、储罐、产品及原辅材料储存区、废水治理区、固体废物储存或处置场等地块内重要区域和周边1km范围内的学校、医院、居民区、幼儿园、集中式饮用水水源地、饮用水井、食用农产品产地、自然保护区、地表水体等敏感区域。

3. 踏勘方法

踏勘时应采用专业调查表格、GPS定位仪、摄/录像设备等手段，仔细观察、辨别、记录企业用地及其周边重要环境状况和疑似污染痕迹，并可采用X射线荧光分析仪（XRF）、光离子检测仪（PID）等野外便携式筛查仪器进行现场快速检测，辅助识别和判断企业用地污染状况。

（三）人员访谈

1. 访谈内容

访谈内容应包括资料收集和现场踏勘所涉及的疑问，以及信息补充和已有资料的考证。重点包括地块使用历史和规划、生产工艺、地块可疑污染源、污染物泄漏或环境污染事故（件）、地块周边环境及敏感受体状况。

2. 访谈对象

访谈对象为熟悉企业用地历史及环境现状的人员，如企业现场工作人员、设计施工单位人员、企业相邻区域的工作人员和居民等。

3. 访谈方式

可采取当面、电话咨询、书面调查等方式进行访谈，工作人员应填写访谈记录表。

（四）辅助调查

具备条件的专业调查机构可使用物探、快速检测、薄膜界面探测等手段，辅助调查企业用地内埋地设施等可能存在的泄漏区域，核实水文地质信息，对土壤和地下水的疑似污染区域的污染物浓度进行初步判断，为污染识别、布点采样、分析判断提供依据。

（五）资料整理与分析

工作人员应对通过资料收集、现场踏勘、人员访谈及辅助调查等方式收集的信息与文件资料进行整理、汇总与分析。

分析企业产品、原辅材料、储存物质是否有危险化学品，产生的固体废物是否有危险废物；根据企业所属行业、产品、原辅材料、三废情况分析地块内的特征污染物；分析地块周边敏感受体、距地块重点区域的距离等；若已有调查数据，根据建设用地土壤污染风险筛选指导值或地下水质量标准分析是否存在污染物含量超标。

综合以上情况，结合地理信息系统，判断企业用地受到污染的可能性，划分土壤地下水环境关注或非关注区域，并提出初步采样调查的建议。

（六）提交成果

1. 信息调查表

填写信息调查表。调查表可采用重点行业企业用地调查信息采集技术规定相应表格。

2. 关注和非关注区域划分结果图

在企业用地高分辨率遥感底图或平面布置图上勾画出用地边界、关注区域、非关注区域，并标注相应区域的面积。

3. 调查总结

主要内容包括基础信息调查的工作组织与过程、资料收集情况、信息甄别情况说明、关注和非关注区域划分情况及依据、一企一档资料建立情况、调查不确定性分析、建议等。

4. 一企一档资料

按照一企一档资料存档表要求，汇总基础信息调查阶段的资料、成果，建立一企一档资料。

五 初步采样调查

（一）制定采样分析工作计划

1. 核查已有信息

对基础信息调查阶段收集的污染源分布、污染物类型、污染物迁移途径、曾发生的泄露或环境污染事故（件）等信息的准确性和真实性进行核查，核实关注区域划分是否准确合理，为制定布点采样方案提供可靠依据。

2. 制定布点采样方案

主要包括布点方案、采样计划、组织实施、样品采集、样品保存和流转、样品分析测试、质量保证与质量控制、安全防护计划等要求。其中，具体布点位置、布点数量、钻探深度、采样深度、采样数量、采样方法等应满足《重点行业企业用地调查疑似污染地块布点技术规定》《重点行业企业用地调查样品采集保存和流转技术规定》《在产企业土壤及地下水自行监测技术指南》等标准规范要求。

3. 制定样品分析方案

应按照基础信息采集阶段确定的场地内外潜在污染源和污染物，同时考虑污染物的迁移转化，结合国家和地方相关标准中的基本项目要求，判断样品的检测分析项目，选定分析测试方法。

土壤检测项目原则上应包括《土壤环境质量建设用地土壤污染风险管控标准（试行）》（GB 36600）中的必测项目，以及有测试方法的该企业用地特征污染物。地下水检测项目原则上应包含土壤检测项目，并依据《地下水质量标准》（GB/T 14848），适当考虑当地关注的地下水水质指标。

样品分析测试方法，原则上应优先采用国家和地方推荐的分析方法，也可选用监测实验室资质认定范围内的国际标准、区域标准、国家标准及行业标准方法，但不得选用其他非标准方法或实验室自制方法。

4. 制定HSSE管理措施

应根据有关法律法规和企业安全管理规定，结合现场实际情况，制定企业用地调查HSSE管理措施，符合企业现场实际的采样工作安全防护工作要点，保证调查人员的健康，确保现场采样工作期间不发生安全事故和二次污染事件。

（二）采样准备

1. 现场确认

应确认采样点避开地下构筑物，以免钻探工作造成泄漏或安全事故。采样点现场确定时应充分掌握采样点所在位置及周边地下设施、储罐和管线等的分布情况，必要时可采用手工钻探、探地雷达等手段辅助判断。当现场条件受限无法实施采样时，例如影响在产企业正常生产、受建筑或设施影响不能进入、采样点位置存在地下管线、钻探过程可能存在安全隐患等情况时，采样点位置可根据现场情况进行适当调整。

2. 采样地质条件调查

目的是摸清水文地质条件，初步了解污染物在土壤和地下水中的迁移途径、转化和分布规律，为现场合理调整采样层位等提供依据。主要包括包气带结构、地下水补径排条件、地下水开发利用状况。

3. 施工准备

正式施工前的准备工作包括：

（1）依据采样方案，选择适合的钻探方法和设备，与钻探单位和检测单位进行技术交底，明确任务分工和要求。

钻探设备的选取应综合考虑地块的建构筑物条件、安全条件、地层岩性、采样深度和污染物特性等因素，并满足取样的要求。其中，挥发性有机物（VOCs）和恶臭污染土壤的采样，应采用低扰动的钻探设备。

（2）与企业沟通并确认采样计划，提出现场采样调查需协助配合的具体要求。

（3）由采样调查单位、企业组织进场前安全培训，培训内容包括设备的安全使用、现场人员安全防护及应急预案等。

（4）采样工具应根据土壤样品检测项目进行选择。非扰动采样器用于检测VOCs土壤样品采集，不锈钢铲或表面镀特氟龙膜的采样铲可用于检测非挥发性和半挥发性有机物（SVOCs）土壤样品采集，塑料铲或竹铲可用于检测重金属土壤样品采集。

（5）根据地下水样品采集需要，选择并准备合适的洗井和采样设备，检查洗井和采样设备运行情况，确定设备材质不会对样品检测产生影响。针对含VOCs的地下水洗井和采样，优先考虑采用气囊泵或低流量潜水泵，或具有低流量调节阀的贝勒管。针对氯代有机污染物的地下水洗井和采样，避免使用氯乙烯或苯乙烯类共聚物材质的洗井及采样设备。

（6）根据土壤采样现场监测需要，准备pH计、溶解氧仪、电导率和氧化还原电位仪等现场快速检测设备，检查设备运行状况，使用前进行校准。

六　监测点位的布设

（一）土壤场地环境调查初步采样监测点位的布设

根据地块土壤污染状况调查阶段性结论确定的地理位置、地块边界及各阶段工作要求，确定布点范围。在所在区域地图或规划图中标注出准确地理位置，绘制地块边界，并对场界角点进行准确定位。地块土壤环境监测常用的监测点位布设方法包括系统随机布点法、系统布点法及分区布点法等。监测点位布设方法如图5-8所示。

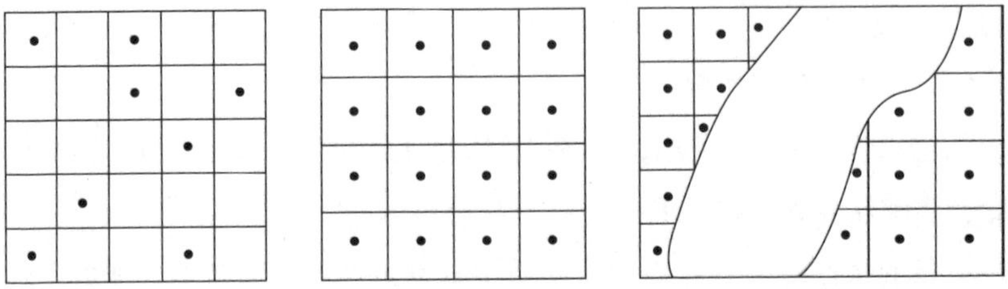

（a）系统随机布点法　（b）系统布点法　（c）分区布点法

图5-8　监测点位布设方法示意图

（1）可根据原场地使用功能和污染特征，选择可能污染较重的若干地块，作为土壤污染的监测地块。原则上监测点位应选择地块的中央或有明显污染的部位，如油库罐区、废水处理场、装卸作业区周边，加油站罐区、卸油区周边等。

（2）对于地块内土壤特征相近、土地使用功能相同的区域，可采用系统随机布点法进行监测点位的布设。

① 系统随机布点法是将监测区域分成面积相等的若干工作单元，从中随机（随机数的获得可以利用掷骰子、抽签、查随机数表的方法）抽取一定数量的工作单元，在每个工作单元内布设一个监测点位。

② 抽取的样本数要根据地块面积、监测目的及地块使用状况确定。

（3）如果地块土壤污染特征不明确或地块原始状况严重破坏，可采用系统布点法进行监测点位布设。系统布点法是将监测区域分成面积相等的若干工作单元，每个工作单元内布设一个监测点位。

（4）对于地块内土地使用功能不同及污染特征明显差异的地块，可采用分区布点法进行监测点位的布设。

① 分区布点法是将地块划分成不同的小区，再根据小区的面积或污染特征确定布点的方法。

② 地块内土地使用功能的划分一般分为生产区、办公区、生活区。原则上生产区的工作单元划分应以构筑物或生产工艺为单元，包括各生产车间、原料及产品储库、废水处理及废渣储存场、场内物料流通道路、地下储存构筑物及管线等。办公

区包括办公建筑、广场、道路、绿地等，生活区包括食堂、宿舍及公用建筑等。

③ 对于土地使用功能相近、单元面积较小的生产区也可将几个单元合并成一个监测工作单元。

（5）监测点位的数量与采样深度应根据场地面积、污染类型及不同使用功能区域等调查结论确定。

（6）对于每个监测地块，表层土壤和深层土壤垂直方向层次的划分应综合考虑污染物迁移情况、构筑物及管线破损情况、土壤特征等因素确定。采样深度应扣除地表非土壤硬化层厚度，原则上建议3m以内深层土壤的采样间隔为0.5m，3～6m采样间隔为1m，6m至地下水采样间隔为2m，体间隔可根据实际情况适当调整。

（7）一般情况下，应根据场地环境调查结论及现场情况确定深层土壤的采样深度，最大深度应直至未受污染的深度为止。

（二）土壤场地环境调查详细采样监测点位的布设

（1）对于污染较均匀的场地（包括污染物种类和污染程度）和地貌严重破坏的场地（包括拆迁性破坏、历史变更性破坏），可采用系统布点法划分监测地块，在每个地块的中心采样。

（2）如场地不同区域的使用功能或污染特征存在明显差异，则可根据环境调查获得的原使用功能和污染特征等信息，采用分区布点法划分监测地块，在每个地块的中心采样。

（3）单个监测地块的面积可根据实际情况确定，原则上不应超过1600m^2。对于面积较小的场地，应不少于5个监测地块。采样深度应至环境调查初步采样监测确定的最大深度，深度间隔应符合相关要求。

（4）如需采集土壤混合样，可根据每个监测地块的污染程度和地块面积，将其分成1～9个均等面积的网格，在每个网格中心进行采样，将同层的土样制成混合样（挥发性有机物污染的场地除外）。

（三）地下水监测点位的布设

（1）对于地下水流向及地下水位，可结合环境调查结论间隔一定距离按三角形或四边形至少布置3～4个点位监测判断。

（2）地下水监测点位应沿地下水流向布设，可在地下水流向上游、地下水可能污染较严重区域和地下水流向下游分别布设监测点位。确定地下水污染程度和污染范围时，应参照详细监测阶段土壤的监测点位，根据实际情况确定，并在污染较重区域加密布点。

（3）应根据监测目的、所处含水层类型及其埋深和相对厚度来确定监测井的深度，且不穿透浅层地下水底板。地下水监测目的层与其他含水层之间要有良好的止水性。

（4）一般情况下采样深度应在监测井水面下0.5m以下。对于低密度非水溶性有机物污染，监测点位应设置在含水层顶部；对于高密度非水溶性有机物污染，监测点位应设置在含水层底部和不透水层顶部。

（5）一般情况下，应在地下水流向上游的一定距离设置对照监测井。

（6）如场地面积较大，地下水污染较重，且地下水较丰富，可在场地内地下水径流的上游和下游各增加1～2个监测井。

（7）如果场地内没有符合要求的浅层地下水监测井，则可根据调查结论在地下水径流的下游布设监测井。

（8）如果场地地下岩石层较浅，没有浅层地下水富集，则在径流的下游方向可能的地下蓄水处布设监测井。

（9）若前期监测的浅层地下水污染非常严重，且存在深层地下水时，可在做好分层止水条件下增加一口深井至深层地下水，以评价深层地下水的污染情况。

七 现场采样

（一）采样前的准备

现场采样应准备的材料和设备包括：定位仪器、现场探测设备、调查信息记录装备、监测井的建井材料、土壤和地下水取样设备、样品的保存装置和安全防护装备等。

（二）定位和探测

采样前，可采用卷尺、GPS卫星定位仪、经纬仪和水准仪等工具在现场确定采样点的具体位置和地面标高，并在图中标出。可采用金属探测器或探地雷达等设备探测地下障碍物，确保采样位置避开地下电缆、管线、沟、槽等地下障碍物。采用水位仪测量地下水水位，采用油水界面仪探测地下水非水相液体。

（三）现场检测

现场检测可采用便携式有机物快速测定仪、重金属快速测定仪、生物毒性测试等现场快速筛选技术手段进行定性或定量分析；可采用直接贯入设备现场连续测试地层和污染物垂向分布情况；也可采用土壤气体现场检测手段和地球物理手段初步判断地块污染物及其分布，指导样品采集及监测点位布设；采用便携式设备现场测定地下水水温、pH值、电导率、浊度和氧化还原电位等。

（四）土壤样品采集

（1）土壤样品分表层土壤和下层土壤。下层土壤的采样深度应考虑污染物可能释放和迁移的深度（如地下管线和储槽埋深）、污染物性质、土壤的质地和孔隙度、地下水位和回填土等因素。可利用现场探测设备辅助判断采样深度。

（2）采集含挥发性污染物的样品时，应尽量减少对样品的扰动，严禁对样品进行均质化处理。

（3）土壤样品采集后，应根据污染物理化性质等，选用合适的容器保存。汞或有机污染的土壤样品应在4℃以下的温度条件下保存和运输。

（4）土壤采样时应进行现场记录，主要内容包括：样品名称和编号、气象条件、采样时间、采样位置、采样深度、样品质地、样品的颜色和气味、现场检测结果以及采样人员等。

（五）地下水水样采集

地下水采样一般应建地下水监测井。监测井的建设过程分为设计、钻孔、过滤管和井管的选择和安装、滤料的选择和装填，以及封闭和固定等。监测井的建设可参照《地下水环境监测技术规范》（HJ/T 164）中的有关要求。所用的设备和材料应清洗除污，建设结束后需及时进行洗井。监测井建设记录和地下水采样记录的要求参照HJ/T 164。样品保存、容器和采样体积的要求参照该标准的附录A。

八 销售企业土壤和地下水污染监测

（一）地下水

1. 监测井设置

在营加油站、油库地下水采样井应建成长期监测井，并定期开展地下水监测。

1）加油站

处于地下水饮用水水源保护区和补给径流区的加油站，设两个地下水监测井；在保证安全和正常运营的条件下，地下水监测井尽量设置在加油站场地内，与埋地油罐的距离不应超过30m。

处于地下水饮用水水源保护区和补给径流区外的加油站，可设置一个地下水监测井。地下水监测井尽量设置在加油站内。当现场只需布设一个地下水监测井时，地下水监测井应设在埋地油罐区地下水流向的下游，在保证安全的情况下，尽可能靠近埋地油罐。当现场需要布设两个地下水监测井时，第二个地下水监测井宜设在埋地油罐区地下水流向的上游，作为背景监测井。在保证安全的情况下，尽可能靠近埋地油罐。

地下水监测井结构采用一孔成井工艺。设计需结合当地水文地质条件，并充分考虑区域10年内地下水位变幅，滤水管长度和设置位置应覆盖水位变幅。监测井设置的其他要求可参照《场地环境监测技术导则》（HJ/T 25.2）执行。

2）油库

油库可根据所在环境功能区划以及周边的地下水状况设置专用监测井，也可利用自备水井和民用水井作为地下水检测井，监测井确定后不宜随意变更，应尽量保持监测井监测数据的连续性。监测井应布设在油罐区、装卸作业区等重点设施周边并尽量接近重点设施。监测井应位于油罐区等重点设施所处位置的地下水流向下游50m内，10～30m为宜。背景值观测井宜选择油罐等重点设施地下水流向的上游，与油罐的距离宜为10～50m。

2. 日常监测

设置地下水监测井的加油站、油库应定期开展检测，建立监测台账，做好日常检测记录。

1）定性监测

定性监测由加油站、油库等基层单位负责组织落实，监测频次每月一次。可通过肉眼观察、使用测油膏、便携式气体监测仪等其他快速方法判定地下水监测井中是否存在油品污染。记录如表5-17所示。

表5-17　地下水环境定性监测记录表

序号	单位名称	所在位置	监测井类型	监测井编号	监测方式	监测情况描述	监测结果	监测日期	备注

注：1. 单位名称填写地市级公司名称；
2. 所在位置填写，××油库或××加油站；
3. 监测井类型填写专用监测井、自备水井、民用水井等；
4. 监测方式填写肉眼观察、测油膏测验或便携式气体监测仪监测等；
5. 监测结果填写合格或不合格。

2）定量监测

若定性监测发现地下水存在油品污染，应立即启动定量监测；若定性监测未发现问题，则每年度监测1次，具体监测项目应包括实测项目：pH值、石油类、高锰酸盐指数、溶解性总固体、总硬度、挥发酚、氨氮。记录如表5-18所示。

表5-18　地下水环境定量监测记录表

序号	单位名称	所在位置	监测井类型	监测井编号	采样深度	污染物浓度/(mg/L)(pH值除外)							功能区	水期	采样日期	备注
						pH值	石油类	高锰酸盐指数	溶解性总固体	总硬度	挥发酚	氨氮				

注：1. 单位名称填写地市级公司名称；
2. 所在位置填写，××油库或××加油站；
3. 监测井类型填写专用监测井、自备水井、民用水井等；
4. 水期填写丰水期、枯水期或平水期。

（二）土壤

1. 土壤监测点

加油站、油库应设置土壤监测点，参照《场地环境调查技术导则》（HJ 25.1）中对于专业判断布点法的要求开展土壤一般监测工作。取样点确定前应对取样点的地下情况进行甄别，避开地下管线、电缆等设施，在安全条件确认无误的情况下确定采样位置，并遵循以下原则确定各监测点的数量、位置及深度。

1）监测点数量及位置

加油站埋地油罐区周边布设1～2个土壤监测点，油库每个油罐区周边布设2～3个土壤监测点，具体数量可根据设施大小或区域内设施数量等实际情况进行适当调整。

2）采样深度

土壤一般监测应以监测区域内表层土壤（0.2m处）为重点采样层，在加油站、油库的油罐区等重要油品储存区域周边开展采样工作。

加油站地下油罐的实测点位在地表以下20～40cm、200cm以及油罐埋深深度各取一样（水网地区以潜水层上边界为准）；油库地面油罐的实测点位在地表以下20～40cm及200cm各取一样（水网地区以潜水层上边界为准）。实测点位样品存在超标的（石油类>500mg/kg），继续向下取样监测，直至污染边界。

加油站防渗改造，在土壤气及地下水采样建井过程中钻探出的土壤样品，应作为地块初次采样时的土壤背景值进行分析测试并予以记录，同时作为竣工资料留存，如表5-18所示。

2. 日常监测

加油站、油库土壤监测实测项目为石油类，监测频率根据企业实际情况或地方政府要求开展，当发生油品泄漏并渗入土壤时应开展土壤检测。

1）采样方法

用铁锹、铁铲、圆状取土钻、螺旋取土钻等工具采样，采样器应垂直于地面，入土至规定的深度。

2）样品保存

土壤中石油类的测定需要使用鲜样，采样时将混合均匀的鲜样（1kg左右）装入干净的自封袋（食品级），排出袋内空气，密封，加标签写明采集地点、土层深度、采样日期和采样人等信息，再次装入密封袋并排出袋内空气（双层密封），密封，加标签（标签内容同上），于采样5日内送达监测单位测定。

土壤监测记录表如表5-19所示。

表5-19　土壤监测记录表

序号	单位名称	实测点位	采样深度/cm	采样日期	石油类浓度/（mg/kg）	功能区	备注
1			30				
			200				
			……				
2			30				
			200				
			……				

注：1——单位名称填写地市级公司名称；2——实测点位填写××油库或××加油站。

第五节　危险废物的鉴别

危险废物的鉴别方法主要有两种：一是根据《国家危险废物名录》对危险废物定义；二是按照危害特性鉴别。

一　危险废物判定

根据危险废物的定义，某种废物只要具备以下一种或一种以上的危险特性就属于危险废物。

（1）具有腐蚀性、毒性、易燃性、反应性或者感染性等一种或者几种危险特性的。

（2）不排除具有危险特性，可能对环境或者人体健康造成有害影响，需要按照危险废物进行管理的。

（3）废弃危险化学品属于危险废物，盛装废弃危险化学品的容器和受废弃危险化学品污染的包装物，需要按照危险废物进行管理的。

二 危险废物鉴别标准

我国在1996年正式发布了国家危险废物的鉴别标准——《危险废物鉴别标准》（GB 5085.1 ~ GB 5085.3—1996）规定了腐蚀性鉴别、急性毒性初筛和浸出毒性的鉴别标准。2007年国家环境保护总局重新修订发布了《危险废物鉴别标准》替代了原标准，新标准分为七部分。

1.《危险废物鉴别标准通则》（GB 5085.7—2007）

通则规定了危险废物的鉴别程序和鉴别规则。鉴别程序规定危险废物的鉴别应依据《中华人民共和国固体废物污染环境防治法》《固体废物鉴别导则》判断待鉴别的物品、物质是否属于固体废物，不属于固体废物的，则不属于危险废物。经判断属于固体废物的，则依据《国家危险废物名录》判断。凡列入《国家危险废物名录》的，属于危险废物，不需要进行危险特性鉴别（感染性废物根据《国家危险废物名录》鉴别）；未列入《国家危险废物名录》的，应按照第43条的规定进行危险特性鉴别。依据GB 5085.1 ~ GB 5085.6鉴别标准进行鉴别，凡具有腐蚀性、毒性、易燃性、反应性等一种或一种以上危险特性的，属于危险废物。对未列入《国家危险废物名录》或根据危险废物鉴别标准无法鉴别，但可能对人体健康或生态环境造成有害影响的固体废物，由国务院环境保护行政主管部门组织专家认定。

2.《危险废物鉴别标准毒性物质含量鉴别》（GB 5085.6—2007）

规定了含有毒性、致癌性、致突变性和生殖毒性物质的危险废物鉴别标准和实验方法，并规定了30项剧毒物质、143项有毒物质、63项致癌性物质、七项致突变物质的名录。

3.《危险废物鉴别标准反应性鉴别》（GB 5085.5—2007）

规定了反应性危险废物的鉴别标准。

4.《危险废物鉴别标准腐蚀性鉴别》（GB 5085.1—2007）

规定了符合下列条件之一的固体废物，属于危险废物。

（1）按照GB/T 1555.12—1995的规定制备的浸出液，pH ≥ 12.5，或者pH ≤ 2.0。

（2）在55℃条件下，对GB/T 699中规定的20号钢材的腐蚀速率≥ 635mm/a。

5.《危险废物鉴别标准急性毒性初筛》（GB 5085.2—2007）

规定了急性毒性危险废物的初筛标准的鉴别标准为符合下列条件之一的固体废物，属于危险废物。

经口摄取：固体 LD_{50} ≤ 200mg/kg，液体 LD_{50} ≤ 500mg/kg。

经皮肤接触：LD_{50} ≤ 1000mg/kg。

蒸气、烟雾或粉尘吸入：LC_{50} ≤ 10mg/ L 。

6.《危险废物鉴别标准浸出毒性鉴别》（GB 5085.3—2007）

该标准规定了浸出毒性鉴别标准值，凡是按照HJ/T 299制备的固体废物浸出液中任何一种危害成人含量超过标准值则可判定为具有浸出毒性废物特征的危险废物

7.《危险废物鉴别标准易燃性鉴别》（GB 5085.4—2007）

该标准规定了易燃性危险废物的鉴别标准和实验方法。其中，液态易燃性危险废物的鉴别标准为：闪点温度低于60℃（闭杯试验）的液体、液体混合物或含有固体物质的液体；固态易燃性危险废物的鉴别标准为：在标准温度和压力（25℃，1013kPa）下因摩擦或自发性燃烧而起火，经点燃后能剧烈而持续地燃烧并产生危害的固态废物；气态易燃性危险废物的鉴别标准为：在20℃，1013kPa状态下，在与空气的混合物中体积分数≤13%时可点燃的气体，或者在该状态下，不论易燃下限如何，与空气混合，易燃范围的易燃上限与易燃下限之差大于或等于12个百分点的气体。

在油品销售企业，最常见的危险废物是废矿物油（HW08），其主要包括的废机油，废润滑油（脂），油罐清洗、油/水处理等产生的油泥、浮渣，废液压油，废变压器油，加油机滤芯、油气回收活性炭、废水处理核桃壳等含油类的废过滤介质。另外，还有生产经营过程中产生的废油漆（HW12）、石棉废物（HW36）、实验室废液（HW49）等。

思考题

1．你所在的企业废水排放应该执行什么标准，废水排放口的设置有何要求？

2．油品销售企业日常经营活动产生的噪声、建筑施工时产生的噪声，分别应该执行哪个标准？厂界噪声的测量点位、时段和频次是如何要求的？

第六章

环境突发事件应急管理

扫码即获更多阅读体验

环境突发事件是指在短时间内发生的，造成或可能造成较大范围的生态环境状况、人类生命健康、社会财产严重损害，危及环境公共安全而超出了政府、社会和组织的常态管理能力，要求政府、社会和组织采取特殊的措施加以应对的一种紧急事件。其具有突发性、公共性、危害性、多变性和多样性等特点。本章针对油品销售企业特点，从应急管理办法、应急管理体系、现场应急处置阐述环境突发事件应急管理相关内容。

要点导图

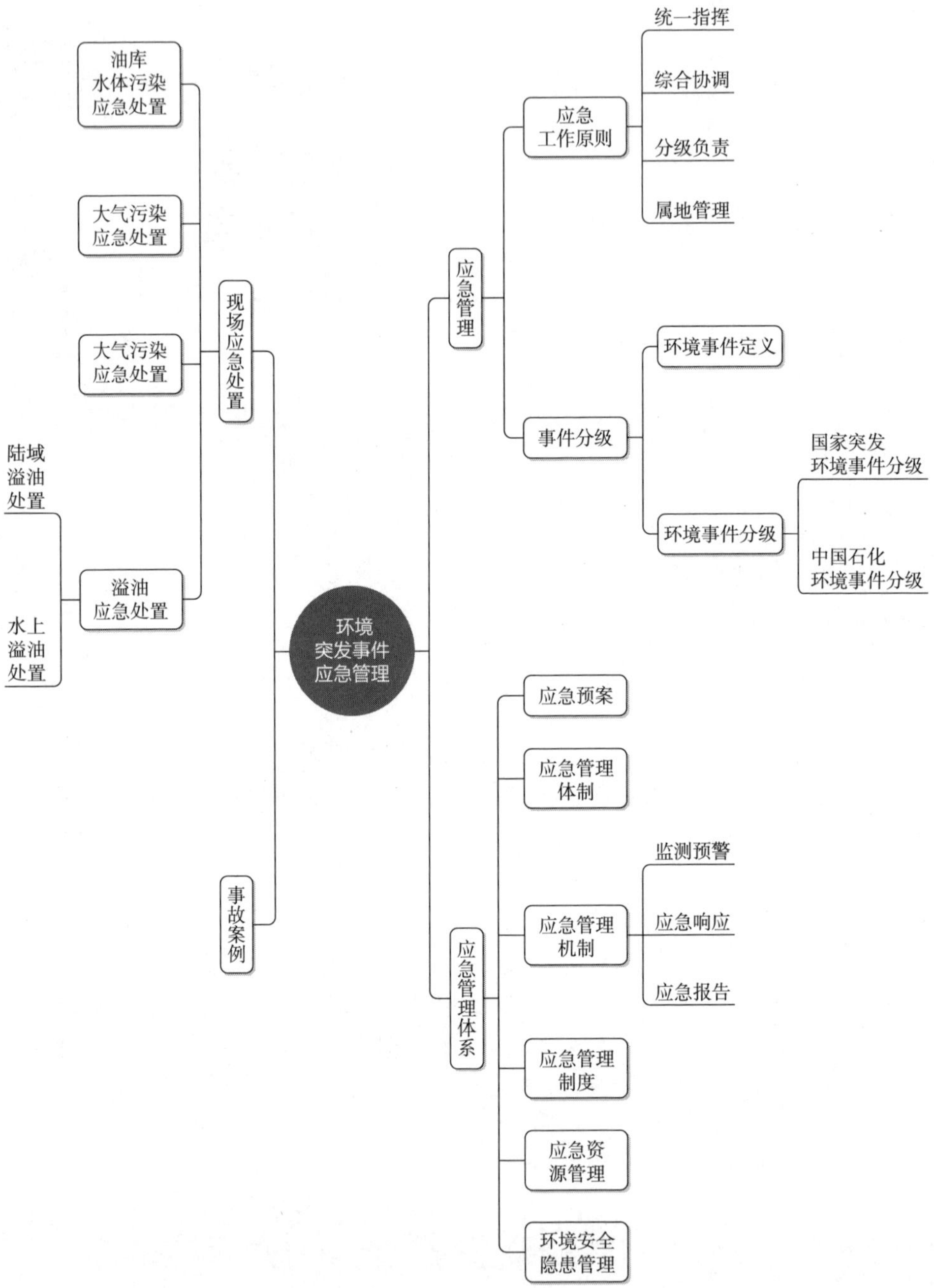
环境
突发事件
应急管理
应急管理
应急工作原则
统一指挥
综合协调
分级负责
属地管理
事件分级
环境事件定义
环境事件分级
国家突发环境事件分级
中国石化环境事件分级
应急管理体系
应急预案
应急管理体制
应急管理机制
监测预警
应急响应
应急报告
应急管理制度
应急资源管理
环境安全隐患管理
现场应急处置
油库水体污染应急处置
大气污染应急处置
大气污染应急处置
溢油应急处置
陆域溢油处置
水上溢油处置
事故案例

第一节　应急管理

一　应急工作原则

销售企业突发环境事件应急工作应遵循以下五个原则。

（一）统一指挥

各省级销售公司成立应急指挥机构统一指挥。各专业在应急指挥机构的领导下，依照法律、行政法规和有关规范性文件的规定，展开各项应对处置工作。环境应急管理体制，从纵向看包括自上而下的组织管理体制，实行垂直领导，下级服从上级的关系。

（二）综合协调

环境应急过程中，参与主体是多样的，既有政府部门，也有社会组织、企业上级主管单位、基层单位、公民个人甚至还有国际援助力量，综合协调人力、物力、财力、技术、信息等保障力量，形成统一的突发事件信息系统、统一的应急指挥系统、统一的救援队伍系统、统一的物资储备系统等，以整合各类行政应急资源，最后形成各部门协同配合、社会参与的联动工作局面。

（三）分级负责

对于应急处置，不同级别的事件需要动用的人力和物力是不同的。无论是哪一种级别的突发事件，企业都有义务和责任做好预警和监测工作，做好信息的收集、分析，定期向上一级应急指挥机构报告相关信息，对可能出现的突发事件做出预测预警。省、市、县以及各油库加油（气）站均应编制环境应急预案，其中油库加油（气）站环境应急预案应以现场应急处置方案为主，并按期组织应急预案的演练和教育及培训。

（四）属地管理为主

若突发环境事件的应急处置能力超过企业自身能力，应及时上报发生事故公司所在地地方政府主管部门。大量的事故灾难类突发事件统计表明，80%死亡人员发生在事发最初2h内，是否在第一时间实施有效救援，决定着突发事件应对的关键。实行属地管理为主，让地方政府能迅速反应、及时处理，是适应反应灵敏的应急管理机制的必然要求。当然，属地管理为主并不排斥上级主管单位的指导。

二 事件分级

（一）环境事件定义

环境事件是指企业在生产经营、项目建设及服务过程中，由于意外因素或不可抗拒的自然灾害等原因致使环境受到污染，生态系统受到干扰，人体健康受到危害，社会财产遭受损失，或因环保问题造成企业经济损失、产生不良舆情影响导致企业社会形象受损的事件。

（二）环境事件分级

1. 国家突发环境事件分级

2014年发布的《国家突发环境事件应急预案》（国办函〔2014〕119号），按照事件严重程度，突发环境事件分为特别重大、重大、较大和一般四级，并从造成的人员伤亡情况、经济损失、环境危害、社会危害、放射源事故等方面进行了量化说明。

1）特别重大突发环境事件

凡符合下列情形之一的，为特别重大突发环境事件：

（1）因环境污染直接导致30人以上死亡或100人以上中毒或重伤的；

（2）因环境污染疏散、转移人员5万人以上的；

（3）因环境污染造成直接经济损失1亿元以上的；

（4）因环境污染造成区域生态功能丧失或该区域国家重点保护物种灭绝的；

（5）因环境污染造成设区的市级以上城市集中式饮用水水源地取水中断的；

（6）Ⅰ、Ⅱ类放射源丢失、被盗、失控并造成大范围严重辐射污染后果的；放射性同位素和射线装置失控导致3人以上急性死亡的；放射性物质泄漏，造成大范围辐射污染后果的；

（7）造成重大跨国境影响的境内突发环境事件。

2）重大突发环境事件

凡符合下列情形之一的，为重大突发环境事件：

（1）因环境污染直接导致10人以上30人以下死亡或50人以上100人以下中毒或重伤的；

（2）因环境污染疏散、转移人员1万人以上5万人以下的；

（3）因环境污染造成直接经济损失2000万元以上1亿元以下的；

（4）因环境污染造成区域生态功能部分丧失或该区域国家重点保护野生动植物种群大批死亡的；

（5）因环境污染造成县级城市集中式饮用水水源地取水中断的；

（6）Ⅰ、Ⅱ类放射源丢失、被盗的；放射性同位素和射线装置失控导致3人以下急性死亡或者10人以上急性重度放射病、局部器官残疾的；放射性物质泄漏，造成较大范围辐射污染后果的；

（7）造成跨省级行政区域影响的突发环境事件。

3）较大突发环境事件

凡符合下列情形之一的，为较大突发环境事件：

（1）因环境污染直接导致3人以上10人以下死亡或10人以上50人以下中毒或重伤的；

（2）因环境污染疏散、转移人员5000人以上1万人以下的；

（3）因环境污染造成直接经济损失500万元以上2000万元以下的；

（4）因环境污染造成国家重点保护的动植物物种受到破坏的；

（5）因环境污染造成乡镇集中式饮用水水源地取水中断的；

（6）Ⅲ类放射源丢失、被盗的；放射性同位素和射线装置失控导致10人以下急性重度放射病、局部器官残疾的；放射性物质泄漏，造成小范围辐射污染后果的；

（7）造成跨设区的市级行政区域影响的突发环境事件。

4）一般突发环境事件

凡符合下列情形之一的，为一般突发环境事件：

（1）因环境污染直接导致3人以下死亡或10人以下中毒或重伤的；

（2）因环境污染疏散、转移人员5000人以下的；

（3）因环境污染造成直接经济损失500万元以下的；

（4）因环境污染造成跨县级行政区域纠纷，引起一般性群体影响的；

（5）Ⅳ、Ⅴ类放射源丢失、被盗的；放射性同位素和射线装置失控导致人员受到超过年剂量限值的照射的；放射性物质泄漏，造成厂区内或设施内局部辐射污染后果的；铀矿冶、伴生矿超标排放，造成环境辐射污染后果的；

（6）对环境造成一定影响，尚未达到较大突发环境事件级别的。

在上述分级标准有关数量的表述中，“以上”含本数，“以下”不含本数。

2. 中国石化环境事件分级

中国石化于2019年修订管理办法，按照环境事件的紧急性和危害程度，环境事件分为特别重大环境事件、重大环境事件、较大环境事件和一般环境事件四级。

1）特别重大环境事件

凡符合下列情形之一的，为特别重大环境事件：

（1）因环境污染直接导致30人以上死亡或100人以上中毒或重伤的；

（2）因环境污染疏散、转移人员5万人以上的；

（3）因环境污染造成直接经济损失1亿元以上的；

（4）因环境污染造成区域生态功能丧失或该区域国家重点保护物种灭绝的；

（5）因环境污染造成设区的市级以上城市集中式饮用水水源地取水中断的；

（6）造成重大跨国境影响的境内突发环境事件；

（7）发生在水体环境敏感区的油品泄漏量10吨以上，或在非环境敏感区油品泄漏量超过100吨的。

2）重大环境事件

凡符合下列情形之一的，为重大环境事件：

（1）因环境污染直接导致10人以上30人以下死亡或50人以上100人以下中毒或重伤的；

（2）因环境污染疏散、转移人员1万人以上5万人以下的；

（3）因环境污染造成直接经济损失2000万元以上1亿元以下的；

（4）因环境污染造成区域生态功能部分丧失或该区域国家重点保护野生动植物种群大批死亡的；

（5）因环境污染造成县级城市集中式饮用水水源地取水中断的；

（6）造成跨省级行政区域影响的突发环境事件；

（7）发生在水体环境敏感区的油品泄漏量1吨以上10吨以下，或在非环境敏感区油品泄漏量10吨以上100吨以下的。

3）较大环境事件

凡符合下列情形之一的，为较大环境事件：

（1）因环境污染直接导致3人以上10人以下死亡或10人以上50人以下中毒或重伤的；

（2）因环境污染疏散、转移人员5000人以上1万人以下的；

（3）因环境污染造成直接经济损失500万元以上2000万元以下的；

（4）因环境污染造成国家重点保护的动植物物种受到破坏的；

（5）因环境污染造成乡镇集中式饮用水水源地取水中断的；

（6）造成跨设区的市级行政区域影响的突发环境事件。

4）一般环境事件

（1）因环境污染直接导致3人以下死亡或10人以下中毒或重伤的；

（2）因环境污染疏散、转移人员5000人以下的；

（3）因环境污染造成直接经济损失500万元以下的；

（4）因环境污染造成跨县级行政区域纠纷，引起一般性群体影响的；

（5）对环境造成一定影响，尚未达到较大突发环境事件级别的。

在上述分级标准有关数量的表述中，“以上”含本数，“以下”不含本数。

第二节　应急管理体系

突发环境事件应急管理的“一案三制”，是具有中国特色的应急管理体系。“一案”为环境应急预案，“三制”为环境应急管理体制、运行机制和法制。应急管理体制主要指建立健全集中统一、坚强有力、政令畅通的指挥机构；运行机制主要指建立健全监测预警机制、应急信息报告机制、联动机制；而法制建设方面，主要通过依法行政，努力使突发公共事件的应急处置逐步走上规范化、制度化和法制化轨道。对于石油石化企业的环境应急管理而言，同样可按照国家的应急管理体系要求建立具有企业特色的应急管理体系，即环境应急专项预案，环境应急运行机制和应急管理的制度体系等。

一 环境应急预案

对于突发环境事件风险种类较多、可能发生多种类型突发事件的，企业应当编制综合环境应急预案。环境应急综合预案体现战略性，应当包括本单位的应急组织机构及其职责、预案体系及影响程序、事件预防及应急保障、应急培训及预案演练等内容。经过风险评估确定为较大以上环境风险的企业，可以结合经营性质、规模、组织体系和环境风险状况、应急资源状况，按照环境应急综合预案、专项预案和现场处置预案的模式建立环境应急预案体系。

对某一种类的突发环境事件风险，企业应当根据存在的重大风险源和可能发生的突发事件类型，编制相应的专项环境应急预案。环境应急专项预案体现战术性，应当包括危险性分析、可能发生的事件特征、主要污染物类型、应急组织机构与职责、预防措施、应急处置程序和应急保障等内容。

对危险性较大的重点岗位，企业应当编制重点工作岗位的现场处置预案。环境应急现场处置预案体现操作性，应当包括危险性分析、可能发生的事件特征、应急处置程序、应急处置要点和注意事项等内容。

企业环境应急预案属于总体应急预案体系的一部分。企业的应急预案体系应包括总体应急预案、专项应急预案、二级单位应急预案、基层单位突发事件现场应急处置方案。

环境应急预案主要分为总则、应急组织机构和职责、预防与预警、应急响应、安全防护、次生灾害防范、应急终止、善后处理、应急保障、预案管理和突发环境事件风险评价报告、环境应急能力评估报告等11部分组成。同时，突发环境事件风险评价报告。

企业根据相关要求，制定应急预案分级培训计划、方式等，通过培训，使各级责任人明确岗位职责，掌握相应的应急处置措施；如预案涉及周围居民、企业、政府，预案相关内容对其进行宣传、告知。

不同级别企业的应急预案设置相应的演练方式、频次，演练方式包括专项实战演练、与其他应急预案联合实施综合演练、桌面推演等；演练频次可以根据预案的级别、风险度大小确定为月度、季度或年度；每半年至少组织一次环境应急实战演练，二级单位每季度至少组织一次演练，雨季来临前开展一次水体防控专项演练，基层单位每月至少组织一次环境应急现场处置方案演练。演练结束针对过程中存在问题实施预案评估、修订，实现持续改进。

二　环境应急管理体制

环境应急管理体制主要指组织结构及职责分工。企业应建立应急指挥机构和日常应急管理机构，明确各专业组（生产调度组、应急监测组等）职责分工。

三　环境应急管理机制

应急管理机制包括监测预警、应急响应、应急信息报告等机制。

（一）监测预警

监测预警是对环境事件的超前管理，将最大限度地防止环境事件的形成和爆发；并且在事件发生后，可使企业沉着应对、及时有效地处理事件。

（1）污染物监测。对废水及雨水外排口进行定期监测，油库的罐区、装卸区等重点区域安装可燃有毒气体报警仪，实现早发现、早报告、早处置。

（2）应急监测。制定应急监测计划，配置相应的应急检测仪器，开展应急监测演练。如自身监测力量不能满足监测要求，可委托第三方实施。

（3）预警。当出现下列情况时，应急指挥机构应发出预警指令：

① 环境大气预警。当生产、存储设施及环保设施运行出现异常工况时，如装置开停工、检维修，罐区清罐、倒罐，安全设施运行状态不正常（高低液位报警失效、有毒/可燃气体报警器失灵等），预警浓度依据《工作场所有害因素职业接触限值》中的“最高容许浓度”或“短时间接触容许浓度”判定。

② 水体污染预警。当地方气象台发布气象灾害蓝色（Ⅳ级）及以上预警信息时，或油库区内雨水监控池、废水系统及雨水系统不能正常发挥作用时。

③ 溢油预警。国家或地方发布台风、暴雨、海啸等自然灾害预警；临水罐、泵、输油管线、事故池等设施出现异常工况；接到油品码头及涉水的输油管线附近水域

有溢油报告时。

（二）应急响应

应建立分级响应机制。该机制应包括三方面工作内容，第一，根据突发环境事件的级别，确定突发环境事件自下至上应急报告程序及应急指令分级下达程序；第二，确定一级、二级、三级应急响应程序；第三，明确各级应急预案启动条件。

对各级销售企业而言，一级响应的应急处置一般指油库、加油（气）站生产单位的环境事件，启动现场处置方案即可；二级应急响应一般指各省县市级销售企业能够控制的环境事件，需启动二级单位环境综合或专项应急预案；三级应急响应指中国石化最高应急指挥中心下达指令实施处置的环境事件。

（三）应急报告

环境事件发生单位在发现或者得知环境事件信息后，对环境事件的性质和级别做出初步认定。

对初步认定为特别重大（Ⅰ级）、重大（Ⅱ级）或者较大（Ⅲ级）环境事件的，应当在1h内上报应急指挥中心；对初步认定为一般（Ⅳ级）环境事件的，应当在4h内上报。若环境事件发生初期无法按事件分级标准确认级别，报告上应注明初步判断的可能级别。随着事件的发展，进一步核定环境事件等级，事件级别发生变化时，应按照变化后的级别报告信息。

环境事件应急报告分初报、续报和处理结果报告。

（1）初报在发现或者得知突发环境事件后首次上报；续报在查清有关基本情况、事件发展情况后随时上报；处理结果报告在突发环境事件处理完毕后上报。

初报应当报告环境事件的发生时间、地点、信息来源、事件起因和性质、基本过程、主要污染物和数量、监测数据、人员受害情况、对周边环境污染情况、事件发展趋势、事件初步原因分析、采取的应对措施、事件潜在危害程度等初步情况，并提供可能受到突发环境事件影响的环境敏感点的分布示意图。

（2）续报应当在初报的基础上，报告有关处置进展情况。

（3）处理结果报告应当在初报和续报的基础上，报告处理突发环境事件的措施、过程和结果，突发环境事件潜在或者间接危害以及损失、社会影响、处理后的遗留问题、责任追究等详细情况。

环境事件信息应当采用书面报告。在情况紧急时，初报可通过电话报告，但应当在事件发生2h内补充书面报告。

四　环境应急管理制度

企业应根据国家、地方行政主管部门及上级公司要求，制定环境应急管理制度。制度至少应包括环境事件管理、环境应急管理、环境应急资源管理、环境应急联动、环境安全隐患管理等内容。

五　环境应急资源管理

环境应急资源包括应急反应人力资源和应急物资：人力资源是指训练有素的应急队伍，对于大规模环境污染事故，还需要有关行业、部门的配合与支援；应急物资是用来控制和清除溢油的设备，主要有围油栏、撇油器、吸油材料、浮油回收船、运输设备、化学制剂等。

对于应急反应队伍是应急反应人力资源的主干部分，负责污染事故现场处理，包括一定规定规模和数量的污染清理设备、器材和训练有素的操作人员。应急队伍在环境应急过程中的具体任务由现场指挥安排，同一应急队伍在不同层级的应急反应中所处的地位和承担的责任是不同的。如某油库的应急队伍在一级反应中，可能独立承担溢油事故的围控和清除责任，而在高一级的反应中，只能作为应急力量的一部分，承担部分或区段的作业任务，其队伍的组织者（或指挥）要服从高一级指挥的具体安排。

对于应急物资的配置和管理，目前国家已出台《港口码头溢油应急设备配备要求》（JT/T 451—2009），其中规定了港口各类码头的等级划分、溢油应急设备的配备原则、配备数量和种类、配备基本要求等，适用于沿海、内河装卸油品、散杂货、集装箱的码头、泊位和装卸站，以及从事船舶修造、拆解的单位（除装卸油品的码头、泊位和装卸站外，其余简称“其他码头”），其中要求配备的溢油应急物资包括围油栏、收油机、吸油材料、溢油分散剂、浮油回收船等。对于其他企业应急物资的配备管理，各企业可根据自身的情况，合理配备。企业应建立应急物资管理制度，配备专人进行管理维护，加强培训，提高应急人员对于应急物资的熟练程度。也可与周边的专业清污公司、队伍、地方政府等单位建立应急联动协议，一旦发生事故的情况下可在第一时间内调动足够的应急物资用于清污。

六 环境安全隐患管理

各级销售企业应建立环境安全隐患排查制度，定期开展环境安全隐患排查工作，排查内容包括环境应急管理体系建立情况、环境应急设施（事故池）完好情况等。

第三节 现场应急处置

一 油库水体污染应急处置

针对涉水油库、加油站发生水体环境污染事故时，应急处置遵循“三关原则”，即：

第一关：优先把事故废水控制在罐区防火堤内，优先把事故废水调入调、储、处理能力强的与含油雨水池相连通的含油废水（雨水）系统；

第二关：把事故废水控制在油库、加油站界区内；

第三关：即便在最不利的情况下，也要避免大量污染物进入敏感水域。

事故应急处置过程中，应遵循以下步骤：

第一，确定事故废水排放系统畅通。

第二，尽可能减少事故汇水区水量。对事故区域事故废水的有效控制与阻断，合理分流、减少事故汇水区其他设施产生的废水或雨水，减少事故状态下废水的产生量，尽可能降低事故罐（池）负荷。

第三，设施废水转输、暂存。根据事故汇水区面积，结合消防水量及降雨量，预测事故罐（池）的接受能力，制定合理的废水转输方案，及时实施废水转输暂存。

此外，企业的水突发环境事件风险防控应作为一项系统工程统筹考虑和部署，还应特别注意以下几点：

（1）坚持“三关原则”，即便在最不利的情况下，也要设法避免大量污染物进入敏感水体。各级环境应急预案之间应设置接口，并规定响应内容，以确保整体预案协调有效运行。

（2）加强应急演练。结合国家法规要求和企业实际，持续完善突发环境事件风险应急预案并定期演练，加强应急人员能力培训。

（3）加强应急设施和物资配备。按照风险防控全过程的“三关原则”，梳理并配齐需要的应急设施和物资，并保证其数量、型号、质量能够满足应急的要求。

（4）加强风险预警。如出现水体风险预案中的主要设施不在完好状态（调、储、输送设施在检修或被临时占用等），或是出现暴雨等最为不利的情况，应启动预警机制。除应采取有效措施化解不利因素外，在此期间还应要求各有关人员（含指挥员、战斗员）24h值班，以防不测。

二　大气污染应急处置

大气污染应急处置原则：首先要保证救援人员的自身安全；其次采取有效措施切断有毒有害气体的泄漏源；最后利用喷洒解毒剂等方法对空气中的有毒有害气体进行洗消、控制，并通知下风向人员进行安全撤离。

对于大气中的油气，采用喷水雾可有效降低大气中的水溶性有害气体和蒸汽的浓度，是控制有害气体和蒸汽最有效的方法。对于不溶于水的有害气体和蒸汽，也可以喷水雾驱赶，保护泄漏区内人员和泄漏区域附近的居民免受伤害。喷水稀释时，将产生大量的被污染水。为了避免污染水流入附近的河流、下水道等敏感区域，喷水雾的同时必须修筑围堤或挖掘沟槽收容产生的大量废水。

三　固/危险废物污染应急处置

固/危险废物污染应急处置原则是：

（1）封锁、隔离事故现场，采取措施防止污染范围扩大。

（2）联系有资质的固/危险废物处置单位，尽快将污染物进行安全处置。

四 土壤污染应急处置

由于土壤的自净能力较弱，其危害期更长。因此，必须在应急处理阶段考虑及时切断泄漏源，堵截油品扩散，尽可能引流、回收土壤表面的油品，避免土壤受到污染。如土壤受到污染，可采取以下措施。

（1）将受污染的表层土壤清除，装到密闭容器或密封隔离存放，待有条件在做处置。

（2）如土壤污染程度较严重，在事故得到控制后，应及时挖出受到深度污染的土壤，避免污染范围进一步扩大。

（3）对受污染的土壤进行检测调查，制定方案并及时修复。

五 溢油应急处置

泄漏物被控制后，要及时将现场泄漏物通过覆盖、稀释、吸附、固化等处理方式，使泄漏物得到安全可靠的处置，防止二次事故的发生。

（一）陆域溢油处置

一旦发生陆域溢油应立即切断泄漏源，然后采取拦挡、挖截流沟等方式截断泄漏油品，防止污染面积进一步扩大。控制一切火种与火源，防止产生燃烧或爆炸等更严重的后果。用合适的设备或设施收集地表低洼处的油品，铲除受油品污染的表土，以防止油品继续向下渗漏并污染地下水。

1. 修筑围堤

修筑围堤是控制陆地上的液体泄漏物最常用的收容方法。常用的围堤有环形、直线型、V形等。通常根据泄漏物流动情况修筑围堤拦截泄漏物。如果泄漏发生在平地上，则在泄漏点的周围修筑环形堤。

2. 挖掘沟槽

挖掘沟槽分为陆上和水下两种形式。陆上挖掘沟槽是控制陆地上的液体泄漏物最常用的收容方法。通常根据泄漏物的流动情况挖掘沟槽收容泄漏物。如果泄漏物沿一个方向流动，则在其流动的下方挖掘沟槽；如果是四散而流，则在泄漏点的周围挖掘环形沟槽。

3. 使用土壤密封剂避免泥土和地下水污染

使用土壤密封剂的目的是避免液体泄漏物渗入土壤中污染泥土和地下水。一般泄漏发生后，迅速在泄漏物要经过的地方使用土壤密封剂，防止泄漏物渗入土壤中。土壤密封剂既可单独使用，也可以和围堤或沟槽配合使用。直接用在地面上的土壤密封剂分为3类：反应性的、不反应性的和表面活性的。常用的反应性密封剂有环氧树脂、脲/甲醛和尿烷，这类密封剂要求在现场临时制成，能在恶劣的气候下较容易地成膜，但有一个温度使用范围。常用的不反应性密封剂有沥青、橡胶、聚苯乙烯和聚氯乙烯，温度同样是影响这类密封剂使用的一个重要因素。

（二）水上溢油处置

在发生水上溢油时，一般先把溢油围起来，防止其继续扩散，以便于回收和处理。目前防止溢油扩散的成形技术主要有集油剂、围油栏和气幕法三种方法。

1. 喷洒集油剂

集油剂是一种防止油扩散的界面活性剂，亦可以说是一种化学围油栏。集油剂能够防止溢油沿水平方向扩散的机理是其成分中的表面活性剂可以大大减少水的表面能，因此改变了水—油—空气三相界面的张力平衡，驱使入海溢油进入厚层。

当溢油层较薄，使用回收机械很难收效时，宜喷洒集油剂。比例为每平方千米溢油面喷洒50L集油剂。集油剂应用于整片溢油区的外围，阻止溢油扩散，缩小溢油面积，使油层厚度增加到5～10mm。在操作过程中，定时添加少量集油剂，使油保持状态，便于回收装置的操作，提高油回收器的使用效率。

液态的集油剂采用压力喷头由岸边或船上喷到水面上，先使集油剂形成一薄膜，随后不断添加，以补充风引起的集油剂的损失，维持其围油的效果。当集油剂以小滴或半固体集合体停留在水面上时就说明集油剂过量了。可暂时停止喷洒集油剂，待这种现象消失后再添加，避免浪费。

油厚对集油效果有直接影响。研究结果表明，油层厚度每增加0.4mm，油面回缩的面积会减少10%，此时即使增加集油剂也无法提高集油率。正确的做法是一旦油层在集油剂的作用下增厚到5～10mm，就可使用回收装置，并及时回收集化的溢油。

集油剂宜在海岸、港区、海滨附近或炼油厂排水口使用，当风与海岸平行或远离海岸时，集油剂集油效果理想。当风速大于2m/s时不宜使用，因为此时风产生的风压水流速度超过了集油剂形成的表面膜的伸展速度。

集油剂撒布作业比围油栏容易而且迅速，所以，一旦溢油时，作为应急措施，首先撒布集油剂，阻止溢油的扩散，然后再配置围油栏，也是一种理想的程序。另外，为了防止溢油向特定的水域（如鱼场）扩散，撒布集油剂也是可行的手段。根据试验和使用的经验证明，集油剂对防止非持续性油（煤油、柴油、轻油等）和重油的扩散是有效的。

2. 铺设围油栏

围油栏是防止溢油扩散、缩小溢油面积、配合溢出油回收的有效器材。为了能最理想地防止溢油扩散，根据溢油性质和溢油海区水文气象条件及周围环境状况确定围油栏铺设方法也是相当重要的。围油栏铺设方法基本有以下六种。

（1）包围法。在溢油初期或者单位时间溢出量不多以及风和潮流的影响因素都较小的情况下，采用包围溢油源的方法。如果由于风和潮流的原因溢油有可能从围油栏漏出的情况下，可铺设两道围油栏。根据溢油回收作业的需要，应设作业船、油回收船的进出口。

（2）等待法。在溢油量大、围油栏不足或者风和潮流影响大、包围溢油困难的情况下，采用等待法拦油。该法是根据风向、潮流情况在离溢出源一定距离铺设围油栏，等待拦油。也可根据具体情况铺设两道或三道围油栏。

（3）闭锁法。在港域狭窄的水路、运河等地发生溢油时，可采用围油栏将水路闭锁的方法防止溢油扩散。若在水的流速大、闭锁有困难或者全闭锁会影响交通的情况下，可采用中央开口式的铺设法，也可铺设两道或三道围油栏。

（4）诱导法。在溢出油油量大，风、潮流的影响也大、溢油现场用围油栏围油不可能的时候，或者为了保护海岸以及水产资源，可利用围油栏将溢油诱导到能够进行回收作业或者污染影响较小的海面上，根据现场实际情况可设多道围油栏。

（5）移动法。在深水的海面或风、潮流大的情况下，以及使用锚不可能或者溢油在海面漂流的范围已经很广的场合，多采用移动法围拉拦油。该法需要两艘作业船拖。实际铺设时可根据具体情况灵活应用。也可以两种方法或两种以上方法同时并用，并且还应考虑随时变化的自然条件，以便有计划地采取相应的措施。

（6）气幕法。气幕法是一种特殊形式的防止溢油扩散装置。它是由空气压缩机、多孔管构成。多孔管铺设在水下，由空压机供给压缩空气，当空气从管孔中逸出时在水中形成气泡上浮，同时伴随产生的上升水流在海表面形成表面流，利用表面流防止溢油扩散。

气幕法拦油多用于港区、运河地区。该法的优点是使用方便、迅速、受风浪的影响较小，造价低；另外海底式的气幕船舶可以自由航行，快速赶赴现场，但多孔管气孔易被沉积物以及海洋附着生物堵塞，这个问题应予以重视。

3. 人工回收

人工回收是相对使用专门回收机械而言。就其使用的工具来讲，轻便、简单易行。当溢油量少、气象条件好的情况下，溢油发生以后，可立即组织人员，用舢板、小船、渔船或拖轮等（也可用网具、撒油器、吸油材料、油处理剂等），将溢油回收处理。另外，当溢油扩散到岸边时，采用人海战术回收也是最常用的方法之一。

1）吸油材料回收

利用吸油材料回收海面溢油，是经常采用的一种简单而有效的方法。而且由于该法不产生二次公害，所以被广泛用来防除油污。

能够用作吸油材料的物质很多，其中主要有：

（1）高分子材料：聚丙烯、聚氨酯、聚乙烯和聚酯等；

（2）天然纤维：稻草、麦秆、草碳纤维、纸渣、纸、木屑、芦苇、鸡毛等；

（3）无机材料：碳粉、珍珠岩、浮石、硅藻土、玄武石等。

至今，应用最多的是聚丙烯和聚氨酯为原料制成的吸油材料，以及利用天然纤维加工处理制成的吸油材料。聚丙烯、聚氨酯制成的吸油材料，吸油性能好，效率高，吸油量至少在自重的10倍以上，而且不易变质，弹性、韧性好，能够反复使用，但价格比天然纤维吸油材料贵。

利用吸油材料回收溢油时，通常是直接向溢油上撒布，并应尽量向油多的地方撒布。当吸油量达到饱和状态时，及时回收。当使用二道围油栏拦截溢油时，亦可利用吸油材料回收第一道围油栏漏出的油。

当撒布的吸油材料数量少时，在岸上或围油栏外侧，乘小船或作业船，人工用工具将吸油材料捞起，放入桶里或塑料袋里即可。如果大量撒布时，可用作业船拖带网袋回收。在风浪较大的现场，吸油材料的回收是很困难的。为此，国外也有采用把吸油材料装在长形网袋中，形成一条围油栏的形状用拖船拖带，当吸油材料吸油饱和后，收拢网袋，回收吸收材料。这种方法的优点是吸油材料不需单独撒布，不会跑掉，而且在一定程度上又起到了拦油作用。

常用的吸油材料都能重复使用，但有些天然纤维吸油材料只能使用一次。不论一次性使用的吸油材料，还是重复性使用的吸油材料，最终处理方法几乎都是燃烧处理。

值得注意的是，国外某些聚氨酯吸油材料虽然容易燃烧，但会产生少量的有害气体。而聚丙烯吸油材料燃烧处理困难，要求高温，需专用炉来处理，并且容易固结。

2）机械回收

用于回收水面溢油的机械通常有：油回收船、油吸引装置、网袋回收装置和油拖把装置等。由于每种油回收装置都有一定的局限性，故近年来在溢油回收实际应用中往往针对溢出油油种和发生溢油海区的现场海况，采用两种或多种回收装置共同作业。

（1）油回收船。油回收船的种类繁多，各有长处和短处，共同的特点是在平静的水面和油层厚的情况下，回收效果好，但由于溢油的性状和海上水文气象条件等不同，差别也很大。

溢油回收船按船体分，有单体船和双体船之分。单体船的回收装置又有单侧和双侧回收两种；双体船的回收装置在双体之间，这种形式对溢油回收很有利，所以新近建造的油回收船大多都是双体船。

回收船的溢油回收效果好坏，除船本身的性能外，更主要取决于船上的溢油回收装置性能，根据被回收溢油的种类，在海上漂浮的性状以及回收船所适应的海域等情况，现已经设计制造出多种类型的油回收装置。其主要类型分别为：倾斜板式、吸引式、可变堰流入式、皮带式、转筒吸附式、刮板式以及混合式等。

（2）网袋回收装置。高黏度的溢油漂浮在海面上，由于风浪的作用逐渐形成片、块状，尤其在冬季低温度时更容易形成。另外，亦可以使用凝油剂使一些黏度低的油在海面凝结成块。对于这样的溢油可采用网袋回收装置回收。

网袋回收装置进行回收作业时，将网袋回收装置放到海上，由两艘拖船和一艘作业船指挥，监视浮油回收，封闭袋口，拆、装网袋等。网袋回收油块满后，拆卸下并拖带到船或岸边，吊送到接受设备里，运至处理设施中进行处理。

网袋回收装置具有结构简单、造价低、便于保管的优点，并且它除了回收溢油外，还可以回收漂浮在海面上的吸油材料和垃圾等。

（3）油拖把回收装置。油拖把回收装置是以聚丙烯等吸油性能好并且能够反复使用的纤维吸油材料制成的松软油拖把，由于聚丙烯具有亲油疏水的特性，因此对浮油有良好的吸附功能。油拖把有直径为10m、15m、22m、30m、60m、90m、100m 6种规格，随着直径的增加，吸油率提高。一般小规格应用于内河及港湾码头，而大直径的油拖把可用于外海域大面积的溢油处理。

油拖把是靠油拖把机传动的。当油拖把接触水面油层时，油就被油拖把上的纤维吸收；当油拖把离开水面，在后面导轮上进行反向移动和经过油拖把机中的两个滚轮当中时，吸附的浮油被挤压出来流入油槽，然后油拖把继续进入水面重复吸油过程。通常在溢油回收时，是将油拖把机及油拖把装于双体船上，配以输油泵等成为浮油回收船。作业时，利用油拖把机的变速将油拖把速度调整到与水流速度相等（即相对速度为0），此时油拖把接触水面吸收浮油，不致扰动油层使油水混合，因此有较好的回收效果。

水面溢油的应急处置措施一般可以分为物理法、化学法和生物处理法。在清除海面和海岸溢油时，油膜较厚时采用物理方法和机械装置是最有效的，但该法不适合清除乳化油。常见的处置设施有围油栏、收油机、吸油材料；在油膜较薄，难以用机械方法回收或可能引发火灾的情况下，宜采取化学处理方法。常见的化学药剂有分散剂/消油剂、固化剂/凝油剂。物理法消油很难去除海水表面的油膜和海水中的溶解油，采用化学法实际上是向海水中投入化学物质，容易造成二次污染。海洋微生物具有数量大、种类多、特异性和适应性强、分布广的特点，因此利用微生物降解油污染的生物修复具有物理、化学法不可比拟的优点。

第四节　事故案例

【案例1】 松花江特别重大水污染责任事件

2005年11月13日，吉林某石化公司双苯厂一车间发生爆炸。截至同年11月14日，共造成5人死亡、1人失踪，近70人受伤。爆炸发生后，约100吨苯类物质（苯、硝基苯等）流入松花江，造成了江水严重污染，沿岸数百万居民的生活受到影响。爆炸导致松花江江面上产生一条长达80公里的污染带，主要由苯和硝基苯组成。污染带通过哈尔滨市，该市经历长达5天的停水，是一起工业灾难。2005年11月21日，哈尔滨市政府向社会发布公告称全市停水4天，“要对市政供水管网进行检修”。此后市民怀疑停水与地震有关出现抢购。同年11月22日，哈尔滨市政府连续发布2个公告，证实上游化工厂的爆炸导致了松花江水遭受污染，动员居民储水。同年11月23日，原国家环保总局向媒体通报，受该公司双苯厂爆炸事故的影响，松花江发生重大水污染事件。

上述公司双苯厂"11.13"爆炸事故和松花江水污染事件是一起特大生产安全责任事故和特别重大水污染责任事件。污染事件的主要原因：一是吉化分公司及双苯厂对可能发生的事故会引发松花江水污染问题没有进行深入研究，有关应急预案有重大缺失。二是吉林市事故应急救援指挥部对水污染估计不足，重视不够，未提出防控措施和要求。三是该公司的主管部门对环保保护工作重视不够，对分公司环保工作中存在的问题失察，对水污染估计不足，重视不够，未能及时督促采取措施。四是吉林市环保局没有及时向事故应急救援指挥部建议采取措施。五是吉林省环保局对水污染问题重视不够，没有按照有关规定全面、准确地报告水污染程度。六是国家环保总局在事件初期对可能产生的严重后果估计不足，重视不够，没有及时提出妥善处置意见。

据此，给予12名事故责任人作出党纪、政纪处理。其中：吉林市环保局局长吴扬，对事件负有领导责任，给予行政警告处分。吉林省环保局局长、党组书记王立英对事件负有重要领导责任，给予行政记大过、党内警告处分。污染事件发生后，原国家环境保护总局局长解振华乔辞去职务。

【案例2】 *济南章丘市普集镇发生危险废物倾倒致人中毒死亡事件*

犯罪分子张某、陈某租赁山东省章丘市普集镇上皋村已废弃的明皋2号煤矿井院落，专门收集、倾倒危险废物。2015年10月21日凌晨2时左右，张某、陈某雇用罐车运输化工废液向煤矿井内倾倒时，张某、陈某、罐车司机和押运员共4人中毒死亡。

山东省环保厅在接到举报后，立即派出由分管副厅长带队的应急处置指导组赶赴现场指导应急处置工作。济南、章丘市政府迅速启动应急预案，组织公安、环保、安监等部门人员赶赴现场，制定监测方案，开展应急监测。山东省环保厅多次组织召开专家会议，研究现场处置意见；委托专业处置机构对现场罐车和院内挖出的固体废物进行无害化处理。章丘市政府委托山东省地矿院801水文地质大队对受污染区域进行帷幕注浆，至2016年1月21日，共计打孔106个，实现了污染区域的全封闭。随后组织有资质的施工单位彻底清理废矿井内的危险废物。

事件发生后，山东省迅速启动环保、公安联勤联动机制，全力组织对案件侦破。公安机关查明山东淄博桓台某重油化工公司、济宁泗水某有机硅新材料公司、日照莒县某新能源公司、滨州博兴某生物科技公司、东营某化工科技公司等5家企业与这一团伙进行非法转运危险废物的交易，并依法刑事处理25名犯罪嫌疑人。目前，尚有部分犯罪嫌疑人在逃，公安机关正在加大案件侦破和涉案人员追逃力度，争取尽快结案。山东省环保厅对5家涉案企业环境违法案件实施挂牌督办，并指导有关地方政府依法责令涉案企业全部停产整顿，实施顶格经济处罚。

事件发生后，原国家环境保护部启动了突发环境事件调查程序，派出调查组督促指导地方开展事件责任认定、环境损失评估以及责任追究等工作。同时按照《环境保护法》的规定，协调有关社会组织启动了针对这起事件的环境公益诉讼。

【案例3】 甘肃某锑业公司选矿厂尾矿库溢流井破裂致尾砂泄漏事件

2015年11月23日21时左右，陇南市西和县甘肃某锑业公司选矿厂尾矿库溢流井破裂，导致大量尾矿浆泄漏，造成甘肃境内太石河约23公里河段、甘肃和陕西境内西汉水约125公里河段、陕西和四川境内嘉陵江约196公里河段的水体锑浓度超标。

事件发生后，党中央、国务院高度重视并作出重要批示，要求妥善应对处理，防止河水污染影响危害沿线群众安全健康。甘肃、陕西、四川三省迅速启动重大突发环境事件应急响应，建立协调联动机制，负责同志第一时间赶赴现场，组织陇南、汉中、广元等地市和相关部门全面开展应急处置工作。环境保护部主要负责同志带领工作组和专家紧急赶赴现场，按照“甘肃断源截污、陕西降污减荷、四川保障供水”的思路，统筹指导三省妥善处置污染，科学保障供水。住房城乡建设部、水利部和卫生计生委分别派出工作组和专家，赴现场指导工作。

甘肃、陕西、四川三省在344公里河道沿线建设200余座拦截坝，拦截污染物；现场运行10套应急处置设施，投药沉降污染物；统筹调度葫芦头水电站、巨亭水电站的蓄水量和下泄流量，调节污染物浓度、削减污染物峰值。至2016年1月28日，太石河、西汉水和嘉陵江受污染河段全部实现水体锑浓度稳定达标。

应急处置期间，三省还采取多项措施保障沿线群众饮水安全。四川省广元市赶在污染带抵达前，建成并启用1处备用水源，改造两座自来水厂的处理工艺，建设3条应急调水管道，确保了自来水厂出厂水质达标和供水水质稳定。

事件发生后，原国家环境保护部在指导应急处置工作的同时，同步启动了突发环境事件调查程序。目前，调查工作还在进行中，待调查工作全部完成后，将及时公布调查结果。

【案例4】 河北省邢台市某县城区地下水污染事件

2015年3月26日，河北省邢台市某县城区西北部的供水管网末端受到污染，导致附近企业81名职工因饮用受污染的自来水出现身体不适赴医院诊治，其中9人住院治疗（3月28日全部康复出院）。为确保群众饮水安全，新河县整个城区停止供水约3小时；城区西北部停水约5天，包括22家企业、83户居民和两个村庄，约2000人接受临时供水保障。

事件发生后，该县委、县政府立即启动应急预案，成立指挥部，组织开展人员救治和事件调查工作。邢台市委、市政府主要负责同志赶赴现场指挥。河北省委、省政府和原国家环境保护部高度重视，主要负责同志分别作出重要批示，要求全面排查污染原因，妥善处置污染事件，确保群众饮水安全。原国家环境保护部、河北省环保厅工作组连夜赶赴现场，协助指导该县开展应急处置工作。

经调查，某生化制品公司违法生产、违规操作，生产过程中产生的废水进入城区供水管网，造成管网末端自来水污染。这家公司于2015年3月25日检修时，由于职工违规操作和管道布置不合理，导致水汽分离装置内的废水回流到自备井压力罐中；又由于自备井压力罐的止回阀故障，废水进一步回流到自备井中，造成自备井水体污染。这家公司擅自将自备井管网与城区供水管网通过三通阀门相连，且自备井管网压力大于城区供水管网压力。最终，因误开启三通阀门，导致自备井中受污染的水体进入并污染了城区供水管网。

该县政府按照专家建议，采用抽出处理法对受污染的自备井进行污染修复。至3月28日，该生化制品公司自备井及周边1公里范围内其他企业的自备井均未检出特征污染物，并符合饮用水水质标准。该县政府委托专业机构评估事件环境损害，核定直接经济损失约18万元；受影响人群属于短暂接触有毒物质造成的急性中毒，在短时间内得到及时治疗并且康复，不存在长期的、潜伏的健康影响；污染物进入城区供水管网，致使局部自来水受到污染，但没有扩散到环境中，未造成生态环境损害。

邢台市政府依据《突发环境事件调查处理办法》等有关规定，组织安监、监察、公安、水务、环保、工信、卫生等部门成立调查组，开展事件调查和责任追究工作。根据调查结果，该县政府关停取缔了某生化制品有限公司，对该县供水公司、县经济开发区管委会、县水务局、县环保局、县政府等单位的7名有关责任人分别给予撤职、开除、行政记过或行政警告等处分。

思考题

1．国家突发环境事件分为为几级，其分级主要从哪几方面进行量化说明？

2．简述土壤污染应急处置的措施。

参考文献

[1] 中华人民共和国生态环境部. 建设项目环境影响评价分类管理名录(2018 修订版)(生态环境部　部令第 1 号). [EB/OL]. http://fgs.mee.gov.cn/gz/sthjbmgz/201811/t20181129_676593.shtml.

[2] 中华人民共和国环境保护税法. [EB/OL]. http://www.npc.gov.cn/npc/c12435/201612/c305c6c912054177bbc3143628983e87.shtml.

[3] 中华人民共和国生态环境部. 固定污染源排污许可分类管理名录(2019 年版)(生态环境部　部令第 11 号). [EB/OL]. http://www.mee.gov.cn/xxgk2018/xxgk/xxgk02/202001/t20200103_757178.html.

[4] 陈玲,赵建夫. 环境监测 [M]. 北京:化学工业出版社,2003.

[5] 含油废水处理工程技术规范(HJ 580—2010). [EB/OL]. http://www.mee.gov.cn/ywgz/fgbz/bz/bzwb/other/hjbhgc/201010/t20101018_195666.htm.

[6] 陈蕾,张杰,郭宏伟. 汽车服务行业洗车废水处理技术分析 [J]. 资治文摘(管理版),2010(4):191-192.

[7] 孔繁荣,赵堂玉. 油品储运过程中油气挥发问题的研究 [J]. 油气储运,2004,23(8):48-50.

[8] 王久香,曹德军. 加油站污水排放的治理方案研究 [J]. 资源与环境 2018,44(10):221-222.

[9] 柯英,苏月姑,张伟,等. 高速公路服务区加油站含油混合污水微动力处理技术研究—龙瑞高速公路服务区 [J]. 自然科学:文摘版,2016,(2):10-11.

[10] 马虎臣,马振州,程艳艳. 美丽乡村规划与施工新技术. [M]. 北京:机械工业出版社,2015.

[11] 黄维秋,饶原刚,吕艳丽. 固定顶油罐与油气回收集成工艺研究 [J]. 油气储运,2009,28(11):20-23.

[12] 黄维秋,袁旭,赵书华. 活性炭吸附汽油蒸气动力学性能测定 [J]. 油气储运,2001,20(10):39-42.

[13] 危险废物储存污染控制标准(GB 18597—2001). [EB/OL]. http://www.mee.gov.cn/ywgz/fgbz/bz/bzwb/gthw/gtfwwrkzbz/200207/t20020701_63217.shtml.

[14] 危险废物收集、储存、运输技术规范(HJ2025—2012). [EB/OL]. http://www.mee.gov.cn/gkml/hbb/bgg/201212/t20121231_244487.htm.
[15] 地表水环境质量标准(GB3838—2002). [EB/OL]. http://www.mee.gov.cn/ywgz/fgbz/bz/bzwb/shjbh/shjzlbz/200206/t20020601_66497.shtml.
[16] 排污单位自行监测技术指南总则(HJ 819—2017). [EB/OL]. http://www.mee.gov.cn/ywgz/fgbz/bz/bzwb/shjbh/xgbzh/201705/t20170511_413871.shtml.
[17] 声环境功能区划分技术规范(GBT 15190—2014). [EB/OL]. http://www.mee.gov.cn/ywgz/fgbz/bz/bzwb/wlhj/shjzlbz/201412/t20141211_292874.shtml.
[18] 土壤环境质量 建设用地土壤污染风险管控标准(试行)(GB 36600—2018). [EB/OL]. http://www.mee.gov.cn/ywgz/fgbz/bz/bzwb/trhj/201807/t20180703_446027.shtml.
[19] 加油站地下水污染防治技术指南(试行). [EB/OL]. http://www.mee.gov.cn/gkml/hbb/bgth/201703/t20170324_408758.htm.